Russell & Stephen Hart

MODERNE PANZER

Die wichtigsten Ketten- und Radpanzer im weltweiten Einsatz

WIELAND

Russell & Stephen Hart

MODERNE PANZER

Die wichtigsten Ketten- und Radpanzer im weltweiten Einsatz

Titel der Originalausgabe: MODERN TANKS AND AFVs – 1991-Present

Lektorat der Originalausgabe: Michael Spilling
Design der Originalausgabe: Andrew Easton
Bildredaktion: Terry Forshaw

1. Auflage der deutschen Ausgabe, 2024

ISBN 978-3-948264-24-6

Satz und Layout der deutschen Fassung: Caroline Wydeau
Ins Deutsche übersetzt von: Jürgen Brust
Lektorat: Birgit Arnold
Schlussredaktion: Karola Wieland

Druck: Print Consult
Printed in EU

MIX
Papier aus verantwortungsvollen Quellen
FSC® C084279

63A

INHALT

EINLEITUNG

Mit brüllendem Motor und heißen Abgasen jagt der furchteinflößende Riese über das taktische Gefechtsfeld. Sein Turm dreht sich, während die Schützen versuchen, ein weit entferntes Ziel vor ihre Kanone zu bekommen. Wie ein antiker Koloss beherrscht der moderne Kampfpanzer das aktuelle Gefechtsfeld. Er hat einen entscheidenden Einfluss auf die Verteidigungspolitik und die militärischen Operationen.

Dieses Buch präsentiert die 42 wichtigsten Kampfpanzer aus aller Welt, die aktuell im Einsatz sind. Sie wurden in 26 verschiedenen Ländern entwickelt und dienen derzeit in den Armeen von 57 Ländern. Zu diesen 42 Kampfpanzern werden zudem 120 Versionen, Varianten und Ableitungen beschrieben.

Es wird eingegangen auf die drei Hauptpunkte der Effektivität eines jeden Kampfpanzers: Vernichtungswirkung (Feuerkraft), Überlebensfähigkeit (Schutz) und Beweglichkeit (Geschwindigkeit).

- Die Vernichtungswirkung wird bestimmt von Präzision, Reichweite, Durchschlagsleistung und Feuerfolge der Kanone sowie der Effizienz von Zielerfassung und Gefechtsführungssystemen.
- Die Überlebensfähigkeit eines Panzers hängt ab von der Schutzwirkung und Widerstandsfähigkeit der aktiven/passiven Panzerung.
- Zur Beweglichkeit zählen die Geschwindigkeit, die Reichweite und die Geländegängigkeit eines Kampfpanzers.

Die zahlreichen technischen Verbesserungen und Weiterentwicklungen der Kampfpanzer werden anhand dieser Punkte untersucht. Dazu gibt es einen kurzen Überblick über einige wichtige Schützenpanzer, Mannschaftstransportwagen und Spähpanzer, die die Kampfpanzer im Gefecht unterstützen.

Ein russischer Kampfpanzer T-90 durchquert während einer Übung ein Gewässer. Der T-90 kam 1999 im Kaukasus, ab 2014 in der Ukraine und 2017 in Syrien zum Einsatz. Auf allen Kriegsschauplätzen hat er seine hohe Überlebensfähigkeit bewiesen.

Ein M1 Abrams der US Army unter einem Tarnnetz 1991 während der Operation Wüstensturm. Der Abrams hat sich in den letzten 30 Jahren als einer der besten Kampfpanzer erwiesen. Er hat eine bessere Panzerung und mehr Feuerkraft als seine Gegner.

Ein M1A1 Abrams des US Marine Corps marschiert während des Irakkriegs zum Sammelplatz seines Bataillons in Bagdad.

KAMPFPANZER

In diesem Kapitel zeigen wir die Kampfpanzer der NATO und ihrer Verbündeten (wie den amerikanischen Abrams, den britischen Challenger 2 und den deutschen Leopard 2) sowie Russlands und seiner Verbündeten (wie den russischen T-72, den chinesischen Typ 59 und den pakistanischen Al-Zarrar).

DIESES KAPITEL UMFASST DIE FOLGENDEN FAHRZEUGE:

- T-54/T-55
- T-62
- T-64
- T-72
- Safir-74
- Zulfiqar I-III
- T-80
- T-84
- T-90
- T-14 Armata
- TR-85
- M1 Abrams
- Challenger I
- Challenger II
- AMX-30
- AMX-56 Leclerc
- Leopard 2
- Leonardo
- Ariete C1 und C2
- Altay
- Sabra
- Merkava III und IV
- Magach 7
- Olifant
- Osório
- TAM 2C
- Typ 59
- Al Zarrar
- Typ 80
- Typ 88
- Jagdpanzer Typ 89
- Type 96
- Type 99
- Al Khalid
- Chonma Ho
- Pokpung Ho
- Songun Ho
- K1-88
- K1A1
- K2 Black Panther
- Typ 90
- Typ 10
- Stingray
- Arjun

T-54/T-55

Die Ursprünge des mittleren Panzers T-54/T-55 reichen zurück bis in die frühen 1950er-Jahre. Es ist schon erstaunlich, dass diese überholten Panzer oder zumindest aktualisierte Versionen noch in den 1990er-Jahren im Gefecht waren und sogar heute noch eingesetzt werden.

Zwischen 1955 und 1960 entstanden in der Sowjetunion 35.000 T-54A, in anderen Staaten wurden unter Lizenz weitere 26.000 gebaut. So fertigte China von 1962 bis 2003 10.000 Typ 59 (Lizenzkopien des T-54A) sowie vier Folgegenerationen mit gesteigertem Kampfwert. Der sowohl zuverlässige als auch robuste T-54A wog 36 Tonnen und verfügte über die bewährte 100-mm-Zugrohrkanone vom Typ D-10TG L/53,5. An Bord hatte er 35 Geschosse, darunter panzerbrechende Geschosse mit Kappe (APBC), panzerbrechende Sprenggeschosse (APHE) und Sprengpatronen mit Splitterwirkung (HE-FRAG). Geschützt war der T-54A durch 20 bis 203 Millimeter dicken homogenen gewalzten Panzerstahl. Er besaß einen V12-Dieselmotor mit 520 PS und eine Drehstabfederung mit fünf großen Laufrollen pro Seite.

T-54B

Im 1957 eingeführten T-54B wurden die Kanone DT-10T2S mit Zwei-Achsen-Stabilisator sowie ein Infrarotsichtgerät und zwei Infrarotscheinwerfer verbaut. Noch im Jahr 1979 erhielten neu gebaute Panzer (wie die letzten Typ 59 von China) ebenfalls die Kanone DT-10T2S.

Ab 1967 konnten beide Versionen des T-54 die neue panzerbrechende Munition mit Hartkern und Treibkäfig 3BM6, ab 1973 das Hohlladungsgeschoss 3BUK4 und ab 1982 das KE-Pfeilgeschoss mit Treibspiegel und Wolframkarbidkern 3BM5 verschießen.

Der kampfwertgesteigerte T-55 wurde 1960 in den Dienst gestellt. In den Folgejahren wurden Tausende T-54 auf den Standard des T-55 aufgerüstet, was zu zahlreichen, kaum zu unterscheidenden Hybridmodellen führte. Der T-55 hatte einen V12-Motor mit 580 PS und alle modernen Komponenten der letzten T-54, dazu eine ABC-Schutzbelüftungsanlage sowie Platz für neun weitere Geschosse für die Kanone.

Beim T-55A wurden der ABC-Schutz weiter verbessert und das Maschinengewehr in der Wanne weggelassen. Zwischen 1960 und 1983 entstanden in der Sowjetunion

T-54A

Baujahr	1955
Stückzahl	35.000 (+ 26.000 unter Lizenz im Ausland)
Gewicht	36,0 t
Länge (mit Rohr)	9,01 m
Breite	3,15 m
Höhe	2,40 m
Antrieb	V12-Dieselmotor W-55 mit 520 PS
Höchstgeschwindigkeit (Straße)	50 km/h
Besatzung	4 Mann
Panzerung	Gewalzter homogener Panzerstahl, 20 – 203 mm
Hauptbewaffnung	100-mm-Zugrohrkanone DT-10TG L/53,5
Kampfbeladung	34 Geschosse

T-54A

Die afghanische Regierung (ehemals Nordallianz) setzte von 2001 bis 2018 noch einige alte T-54A ein. Dieser Panzer hat eine Schutzabdeckung über seinem 12,7-mm-MG.

T-55AM	
Baujahr	1978
Stückzahl	2.900
Gewicht	36,0 t
Länge (mit Rohr)	9,01 m
Breite	3,45 m
Höhe	2,40 m
Antrieb	V12-Dieselmotor W-55 mit 520 PS
Höchstgeschwindigkeit (Straße)	50 km/h
Besatzung	4 Mann
Panzerung	Gewalzter homogener Panzerstahl, 20 – 203 mm + Zusatzpanzerung
Hauptbewaffnung	100-mm-Zugrohrkanone DT-10TG L/53,5
Kampfbeladung	34 Geschosse

T-55AM

Die „augenbrauenförmigen" Zusatzpanzermodule sind an diesem rumänischen Lizenzprodukt deutlich sichtbar (das linke Modul trägt die taktische Kennung „43P28").

T-55AM2

Im Jahr 1992 trug dieser in der Tschechoslowakei gebaute T-55AM2 Kladivo des serbischen Heeres einen großen, rechteckigen Laser-Entfernungsmesser auf der Kanone.

27.500 T-55 verschiedener Generationen, von denen die meisten bis 1999 zahlreiche weitere Modifikationen erfuhren. Zu diesen Unterversionen zählen T-55A, AD, AK1-3, AM1-3, D, K1-3, M, M1-2, M5-6, MW und MW1. Diese modernisierten T-54/T-55 blieben bis in die 1980er-Jahre im Dienst und wurden allmählich mit dem Erscheinen der moderneren T-62, T-72 und T-80 aus dem aktiven Dienst genommen.

LIZENZMODELLE

Zwischen 1960 und 1998 bauten die Verbündeten der Sowjetunion bzw. Russlands Tausende T-55 in Lizenz, oft dem örtlichen Bedarf angepasst. So baute die Tschechoslowakei von 1982 bis 1984 den T-55AM1 Kladivo mit einer vor Ort entwickelten Feuerleitanlage, die mit einem Laser-Entfernungsmesser und einem Querwindsensormast ausgestattet war. Der nachfolgende, von 1984 bis 1986 gebaute T-55AM2 Kladivo verfügte über eine modifizierte 100-mm-Kanone, die den sowjetischen Panzerabwehrlenkflugkörper 9M117M Bastion (AT-10 Stabber) über eine Entfernung bis zu 4.000 Metern verschießen konnte.

T-55H

Baujahr	1989
Stückzahl	35.000 (+ 26.000 unter Lizenz im Ausland)
Gewicht	39,0 t
Länge (mit Rohr)	9,01 m
Breite	3,45 m
Höhe	2,40 m
Antrieb	V12-Dieselmotor W-55 mit 520 PS
Höchstgeschwindigkeit (Straße)	50 km/h
Besatzung	4 Mann
Panzerung	Gewalzter homogener Panzerstahl, 20 – 203 mm + Zusatzpanzerung + Reaktivpanzerung
Hauptbewaffnung	100-mm-Zugrohrkanone DT-10TG L/53,5
Kampfbeladung	34 Geschosse

In Polen entstanden zwischen 1986 und 1990 insgesamt 640 T-55AM Merida, die bis 2002 im Dienst waren. Bei diesen Panzern handelte es sich um Varianten des AM mit der in Polen entwickelten Feuerleitanlage „Merida", dem Laserwarnsystem „Bobrawa" und einem stärkeren Dieselmotor W-55 mit 640 PS.

In der Ukraine wurde der T-55AGM gebaut und exportiert. Er hatte einen stärkeren Motor und die vor Ort gebaute 125-mm-Glattrohrkanone KBM1/2.

IM FRONTEINSATZ IN DEN 1990ER-JAHREN

Während der 1990er-Jahre waren noch etwa 7.000 T-54/T-55 in Ländern außerhalb Russlands und Chinas im Fronteinsatz, zum Beispiel in Afghanistan, Angola, Kambodscha, im Irak und im ehemaligen Jugoslawien. Dabei waren sie oft auch im Gefecht. So waren etwa 300 dieser Panzer am Bürgerkrieg in Angola (1972 – 2002) beteiligt.

1991 bis 1992 kämpften 1.500 T-54/T-55 in den neu aufgestellten kroatischen, serbischen und slowenischen Bodentruppen, während Jugoslawien Stück für Stück in seine Bestandteile zerfiel. Jugoslawien hatte in den 1970er- und 1980er-Jahren modernisierte T-55AM, AMB und M aus der Sowjetunion, Polen und der Tschechoslowakei erhalten. In ihre T-55AMB – die tschechische Version mit der tschechischen Feuerleitanlage – wurden mehrere jugoslawische Komponenten eingebaut, darunter ein stärkerer Motor, anders gezahnte Laufrollen, ein verbessertes 12,7-mm-Fla-MG und aufgeschraubte Kacheln aus Reaktivpanzerung (ERA).

T-55H

Im Krieg in Jugoslawien trug dieser modernisierte serbische T-55H gummierte Schürzen und einen markanten Granatwerfer mit sechs Rohren seitlich am Turm.

T-55AD-1 Enigma

Dieser irakische Führungspanzer hat hinten am Turm einen Träger für Ausgleichsgewichte, in den bis zu vier Gewichtsblöcke eingehängt werden konnten.

T-55AD-1 ENIGMA

Baujahr	1990
Stückzahl	80
Gewicht	41,0 t
Länge (mit Rohr)	9,01 m
Breite	3,45 m
Höhe	2,40 m
Antrieb	V12-Dieselmotor W-55 mit 520 PS
Höchstgeschwindigkeit (Straße)	50 km/h
Besatzung	4 Mann
Panzerung	Gewalzter homogener Panzerstahl, 20 – 203 mm + Schottpanzerung + Zusatzpanzerung
Hauptbewaffnung	100-mm-Zugrohrkanone DT-10TG L/53,5
Kampfbeladung	30 Geschosse

Angehörige des Kroatischen Verteidigungsrats feuern bei einer Übung ein 12,7-mm-MG von der Fla-Lafette eines Kampfpanzers T-55 ab. Der T-55 ist noch in vielen Heeren der ehemals kommunistischen Staaten im Einsatz.

DER ERSTE GOLFKRIEG

In derselben Zeit, im Januar/Februar 1991, setzte der Irak etwa 700 T-54/T-55 und 1.500 aus China gelieferte Typ 59/Typ 69 mit katastrophalen Ergebnissen im ersten Golfkrieg ein. Zu den vom Irak zu Beginn des Krieges eingesetzten Panzern zählten 150 sowjetische T-55MW mit zusätzlicher Reaktivpanzerung, 200 T-55QM1 und QM2 (vor Ort kampfwertgesteigerte T-55 mit Zusatzpanzerung und einer 125-mm-Kanone) und 80 T-55AD-1 Enigma, modernisierte irakische Führungspanzer mit zahlreichen Zusatzpanzerplatten und -kacheln und einem auffälligen, großen Gegengewicht hinten am Turm.

In diesem kurzen, aber intensiven Konflikt vertrieb die technologisch weit überlegene Koalition die irakischen Kräfte schnell aus dem besetzten Kuwait, wobei diese vernichtende Verluste erlitten. Bei diesen Kämpfen wurde deutlich, dass selbst die frisch modernisierten T-55 gegen die aktuellen westlichen Kampfpanzer wie M1 Abrams und Challenger nicht den Hauch einer Chance hatten.

KÄMPFE IN DEN 2000ER-JAHREN

Während des Bürgerkriegs in Afghanistan nutzten sowohl die Nordallianz als auch die Taliban insgesamt 700 T-54/T-55, die entweder in den 1980er-Jahren beim von der Sowjetunion gestützten afghanischen Heer eingesetzt oder von den Sowjets bei ihrem Rückzug im Jahr 1989 aufgegeben worden waren. Außerdem lieferte Russland der Nordallianz Ende der 1990er-Jahre weitere T-55. Noch einmal 60 Stück erhielten sie nach den terroristischen Anschlägen auf die USA im September 2001. Viele dieser Panzer kamen Ende 2001 zum Einsatz, als die Nordallianz mit amerikanischer Unterstützung die Taliban aus fast ganz Afghanistan vertrieb. Auch bei der von den USA angeführten Invasion des Irak 2003 dienten die verbliebenen T-54/T-55 den irakischen Truppen bei dem vergeblichen Versuch, den Vormarsch aufzuhalten. Während der Invasion und der darauf folgenden erbitterten Kämpfe verlor das irakische Heer fast alle Panzer durch Feindfeuer, eigenes Feuer, Stilllegung, Aufgabe oder Erbeutung.

Mitglieder des Islamischen Staats (IS) schafften es, 19 irakische und syrische T-55A, AM, AMW und MW während des syrischen Bürgerkriegs (2015–heute) und des Konflikts im Nordirak (2014–heute) zu erbeuten. Einige der syrischen T-55 hatten in den 1980er-Jahren nordkoreanische Zielerfassungskomponenten (mitsamt Feuerleitsystem) erhalten. Diese Panzer wurden 2014 bis 2017 in der IS-Werkstatt in ar-Raqqa überholt und unter anderem mit umfangreicher Käfigpanzerung ausgestattet.

RAMSES-II

Einige Länder bauten aus Teilen des T-54/T-55 und anderen Typen ganz neue Kampfpanzer, wie den rumänischen TR-85 (siehe eigener Artikel) und den Ramses-II von Ägypten. 1984 erhielt die US-Firma Teedyne (heute General Dynamics) einen Vertrag über die Modernisierung des T-54-Bestands zum T-54E/Ramses-II. Der Prototyp wurde von 1987 bis 1998 ausgiebig getestet und ging 1998 als Ramses-II in Serie, ein bizarres Hybridmodell aus Teilen des sowjetischen T-54 und des amerikanischen M60. Das Fahrzeug verfügte über die verlängerte Wanne des T-54 mit sechs kleinen Laufrollen pro Seite, einen 908 PS starken Dieselmotor TCM AVDS-1790-5A nach Art des M60 und eine verbesserte Panzerung mit Schürzen. Im unveränderten sowjetischen Turm befand sich die 105-mm-Kanone M68 des M60A3, verbunden mit dem Feuerleitsystem SABCA Titan und modernen Laser-Entfernungsmessern. Ab 2004 gab Ägypten die Umrüstung von 400 T-54 zu Ramses-II in Auftrag. Dies sollte teilweise in einheimischen Werken erfolgen, allerdings sind bis jetzt wohl nur 15 Panzer zu Ramses-II umgebaut worden.

Ende 2018 waren in aller Welt noch 4.932 T-54/T-55 oder modernisierte Versionen im Einsatz. Die robusten, wartungsfreundlichen Panzer sind auch von kaum ausgebildeten Besatzungen zu bedienen und deshalb geschätzt.

RAMSES-II [T-54E]

Baujahr	1998
Stückzahl	15 (+ 400 geplant)
Gewicht	55,9 t
Länge (mit Rohr)	10,80 m
Breite	3,50 m
Höhe	2,90 m
Antrieb	Turbodiesel TCM AVDS-1790-5A mit 908 PS
Höchstgeschwindigkeit (Straße)	48 km/h
Besatzung	4 Mann
Panzerung	Gewalzter homogener Panzerstahl, 35–195 mm
Hauptbewaffnung	105-mm-Kanone M68
Kampfbeladung	35 Geschosse

Ramses-II
Dieser seltene Prototyp des Ramses-II im hellbraun/dunkelbraunen Tarnmuster wurde Mitte der 1990er-Jahre bei diversen Ausstellungen gezeigt.

T-62A

Diese Exportversion des T-62A wurde 1991 vom Irak im Golfkrieg eingesetzt. Sie hat wellenförmige gummierte Seitenschürzen. Der Rauchabsauger in der Mitte des Rohres trägt ein taktisches Zeichen.

T-62A

Baujahr	1967
Stückzahl	7.050
Gewicht	43,0 t
Länge (mit Rohr)	9,33 m
Breite	3,30 m
Höhe	2,39 m
Antrieb	V12-Dieselmotor W-55U mit 620 PS
Höchstgeschwindigkeit (Straße)	52 km/h
Besatzung	4 Mann
Panzerung	Gewalzter homogener Panzerstahl + Verbundpanzerung + Reaktivpanzerung + Seitenschürzen 20 – 242 mm
Hauptbewaffnung	115-mm-Glattrohrkanone U-5TS (2A20) L/49,5
Kampfbeladung	42 Geschosse

T-62

Die Ursprüge der Entwicklung des sowjetischen Kampfpanzers T-62 liegen in den Jahren 1955 bis 1961. Der neue T-62 wurde als Reaktion auf die amerikanischen Kampfpanzer M48A5 und M60A1 mit der 105-mm-Kanone entwickelt. Er war der erste Panzer überhaupt mit einer Glattrohrkanone. Bis dahin hatte man ausschließlich Zugrohrkanonen eingesetzt.

Die Sowjetunion baute von 1961 bis 1984 etwa 20.500 T-62 in verschiedenen Versionen. Weitere 3.000 wurden 1965 bis 1978 in der Tschechoslowakei in Lizenz gebaut. In Nordkorea wurden zwischen 1980 und 2002 insgesamt 1.250 Chonma-ho T-62 produziert. Im Export war der relativ teure T-62 nicht sehr erfolgreich, jedoch verkaufte die Sowjetunion 800 gebrauchte T-62 an Nordkorea (1984 – 1987) und 1.300 an Syrien (1973 – 1984). Von 1973 bis 1989 kaufte der Irak 900 gebrauchte sowjetische T-62 und 400 in der Tschechoslowakei gebaute Exportmodelle. Zwischen 1965 und 1997 kauften 21 weitere Staaten T-62 in geringer Anzahl.

Der 1961 eingeführte Kampfpanzer T-62 wog zunächst 40 Tonnen, hatte eine vierköpfige Besatzung und verfügte über die revolutionäre 115-mm-Glattrohrkanone U-5TS (2A20) L/49,5 in einem halb birnenförmigen Turm aus Stahlguss. An Bord befanden sich 40 Geschosse: eine Mischung aus panzerbrechenden Hartkerngeschossen, Hohlladungsgeschossen sowie Sprenggeschossen mit Splitterwirkung. Die Nebenbewaffnung umfasste ein koaxiales 7,62-mm-MG und ein auf dem Turmdach montiertes schweres 12,7-mm-Fla-MG. Geschützt war der Panzer durch 20 bis 214 Millimeter homogenen gewalzten Panzerstahl. Mit einem 580 PS starken Dieselmotor und fünf mittleren Laufrollen auf jeder Seite erreichte der T-62 auf der Straße eine Höchstgeschwindigkeit von 50 km/h. 1969 hatte er im chinesisch-sowjetischen Grenzkonflikt seinen ersten Einsatz. 1973 setzten die arabischen Heere im Jom-Kippur-Krieg gegen Israel 500 T-62 ein, von denen 190 verloren gingen, viele durch das Feuer der israelischen Magach (M60A1) und Sh'ot (Centurion).

Mit den Modellen von 1967 und 1972 kamen kleinere Änderungen, im letzteren Fall ein neu gestalteter Turm aus Gussstahl mit einer 242 Millimeter starken Panzerung. Das Modell von 1973 erhielt den hochmodernen Laser-Entfernungsmesser KDT-1. Ab 1983 wurde eine kleine Zahl der T-62D mit dem neu entwickelten radargesteuerten und abstandsaktiven Selbstschutzsystem Drosd („Drossel“) ausgestattet. Das System feuert Granatsplitter

T-62M
Dieser 2002 in Tschetschenien eingesetzte russische T-62M hat die Zusatzpanzerung an den Turmseiten und eine umfassende Käfigpanzerung.

T-62M
Dieser afghanische T-62M trägt ein dreifarbiges Tarnmuster, ein schweres MG und einen Entfernungsmesser auf dem Turm und die Zusatzpanzerung an den Turmseiten.

T-62M	
Baujahr	1983
Stückzahl	2.300
Gewicht	43,0 t
Länge (mit Rohr)	9,33 m
Breite	3,30 m
Höhe	2,39 m
Antrieb	V12-Dieselmotor W-55U mit 620 PS
Höchstgeschwindigkeit (Straße)	51 km/h
Besatzung	4 Mann
Panzerung	Gewalzter homogener Panzerstahl + Verbundpanzerung + Reaktivpanzerung + Seitenschürzen 20 – 242 mm
Hauptbewaffnung	115-mm-Glattrohrkanone U-5TS (2A20) L/49,5
Kampfbeladung	42 Geschosse

ab, die ankommende Flugkörper oder Panzerabwehrgranaten zur Detonation bringen, sobald sie sich in einer Entfernung von etwa sieben Metern vor der Front des Panzers befinden.

T-62M

Ebenfalls 1983 erschien mit dem T-62M eine stark modernisierte Version. Diese verfügte über das Wolna-Feuerleitsystem mit dem verbesserten Laser-Entfernungsmesser KDT-2, bessere Visiere und den Granatwerfer 902V. Die verbesserte 115-mm-Kanone konnte den Panzerabwehrlenkflugkörper 9K117 Bastion verschießen. Sie hatte einen 620 PS starken Dieselmotor W-55U und eine hufeisenförmige Laminat-Zusatzpanzerung. Die Bodenpanzerung gegen Minen wurde verstärkt und gummierte Schürzen serienmäßig eingeführt.

Mit der verbesserten Panzerung erreichte der T-62M die Überlebensfähigkeit des T 64 und des T 72 Ural. Der T-62M1 erhielt den Dieselmotor W-46-5M. Sowohl der T-62 als auch der T-62M kamen 1979 bis 1989 im Krieg gegen Afghanistan zum Einsatz. Dort erhielten viele T-62 die Zusatzpanzerung am Turm und eine Käfigpanzerung gegen Hohlladungsgeschosse. In diesem Zeitraum wurde der T-62M auch nach Afghanistan und Syrien exportiert.

1984 wurde mit dem T-62MW die Panzerung verstärkt. Diese Version verfügte über 220 Reaktivpanzerkacheln Kontakt-1, die das Gesamtgewicht des Fahrzeugs um 1,2 Tonnen erhöhten. In der Variante T-62MW1 wurde der stärkere Motor W46-5M des T-72 verbaut. Trotz dieser Verbesserungen konnten die T-62 und T-62M in den 1980er-Jahren mit den neuen westlichen Panzern wie dem M1A1 Abrams, aber auch mit dem T-64 und dem T-72 nicht mehr mithalten. Deshalb wurden nur 400 T-62M mit der Reaktivpanzerung auf den neuen Standard T-62MW gebracht. Im Golfkrieg 1991 zeigte sich die Unterlegenheit des T-62 sehr deutlich, als die Abrams und die Challenger I der Koalition mit nur minimalen eigenen Verlusten 310 irakische T-62 zerstörten.

DIE 1990ER-JAHRE NACH DER AUFLÖSUNG DER SOWJETUNION

Bei der Auflösung der Sowjetunion im Jahr 1991 gab es noch 11.300 T-62 im aktiven Dienst, die unter den 15 Folgestaaten aufgeteilt wurden. Zum größten Teil wurden sie eingemottet, verschrottet oder verkauft, um die knappen Mittel für die Erhaltung der moderneren T-64, T-72 und T-80 einzusetzen. So gab es im Jahr 2000 in Russland nur noch 191 aktive T-62M, weitere 1.929 waren eingelagert. 2013 wurden dort 1.070 der eingelagerten Panzer verschrottet. Zwischen 2011 und 2018 wurden aber 220 nach Syrien verkauft. Diese sollten die 258 T-62 und T-62M ersetzen, die Syrien während des Bürgerkriegs verloren hatte, und die Flotte wieder auf 980 Stück bringen.

Während der 1990er-Jahre blieben noch 5.000 T-62 und T-62M in 24 weiteren Staaten außerhalb der ehemaligen Sowjetunion im Fronteinsatz (unter anderem in Afghanistan, Angola, Kuba, Ägypten, Irak, Libyen und Syrien), die teilweise auch noch im Gefecht genutzt wurden. Zum Beispiel setzte Afghanistan 170 T-62, T-62M und T-62M1 während des Bürgerkriegs von 1992 bis 2001 ein. Darunter befanden sich auch die restlichen der 255 gebrauchten T62, die die Sowjetunion von 1973 bis 1991 an Afghanistan verkauft hatte, sowie die 22 beschädigten Panzer, welche die Sowjets bei ihrem Rückzug 1989 aufgegeben hatten.

Auch die Taliban setzten 22 T-62 ein, die sie von der afghanischen Armee erbeutet hatten. Diese gingen alle bei der Invasion der Amerikaner im Jahr 2001 verloren.

Ein in der Sowjetunion gebauter Kampfpanzer T-62 legt eine Nebelwand. Der T-62 war der erste moderne Panzer mit einer Glattrohrkanone.

Im Jahr 2018 nutzte das afghanische Heer immer noch 32 T-62M von 1983.

Ähnlich erging es dem Irak, der 2003 von den Koalitionskräften überrannt wurde. Dort waren noch 810 T-62M im Einsatz, von denen mehr als die Hälfte im Kampf verloren gingen. Während der Kämpfe zwischen dem irakischen Heer und dem IS von 2015 bis 2017 erbeuteten die Aufständischen zwölf irakische T-62 (zu den neun eroberten syrischen T62 von 1972), die sie allesamt auch einsetzten.

NEUERE ENTWICKLUNGEN

Zum Beginn dieses Jahrhunderts haben mehrere Folgestaaten der Sowjetunion ihre Reserve an T-62 verkauft. So hat die Ukraine von 2002 bis 2009 36 eingemottete T-62M für den Export zu T-62AG aufgerüstet. Der leichtere T-62AG (39,5 t) verfügt über die vor Ort entwickelte 120-mm-Kanone KBA-101, ein eigenes Feuerleitsystem, eine neue modulare abgeschrägte Zusatzpanzerung und den 700 PS starken Motor 5TDF. Die schwerere Version des T-62AG ist mit der 125-mm-Kanone KBM-1M ausgerüstet.

Dazu baute das Konstruktionsbüro Charkiw-Morosow mit dem T-62AGM einen moderneren und teureren Panzer, der in vier verschiedenen Kombinationen aus Kanone und Motor verfügbar war. Diese 50 Tonnen schweren Panzer besaßen eine 120- oder 125-mm-Kanone und konnten mit einem 850- oder 1.000-PS-Motor geliefert werden. Sie hatten 35 Geschosse für die Kanone sowie fünf Panzerabwehrlenkflugkörper AT-11 an Bord. Im Jahr 2016 entwickelte die russische Firma Omsktransmash einen Aufrüstsatz für den Export, bestehend aus Reaktivpanzerkacheln Relikt, dem Feuerleitsystem Om' und dem stärkeren Motor W-46-5MS mit 690 PS.

Ende 2018 gab es noch etwa 1.400 einsatzbereite T-62 in aller Welt. Sie werden wohl auch noch in den nächsten Jahren im Einsatz bleiben und in diversen Krisenherden eingesetzt werden. Das ist durchaus wahrscheinlich, denn viele Staaten modernisieren ihre T-62 auch heute noch. So ist der ägyptische Panzer RO120-III ein vor kurzem modernisierter T-62, der Mitte der 1970er-Jahre aus der Sowjetunion geliefert wurde. Er erhielt eine ägyptische 120-mm-Kanone M-393, einen in Lizenz gebauten deutschen MTU-Motor mit 890 PS und eine verbesserte Panzerung mit Reaktivpanzerkacheln.

T-62MV

Baujahr	1984
Stückzahl	400
Gewicht	42,0 t
Länge (mit Rohr)	9,33 m
Breite	3,30 m
Höhe	2,39 m
Antrieb	V12-Dieselmotor W-55U mit 620 PS
Höchstgeschwindigkeit (Straße)	52 km/h
Besatzung	4 Mann
Panzerung	Gewalzter homogener Panzerstahl + Verbundpanzerung + Reaktivpanzerung + Seitenschürzen 20–242 mm
Hauptbewaffnung	115-mm-Glattrohrkanone U-5TS (2A20) L/49,5
Kampfbeladung	42 Geschosse

T-62M ERA

Dieser russische Panzer ist ein in den frühen 1990er-Jahren zusätzlich gepanzerter T-62MW. Er verfügt über 63 Reaktivpanzerkacheln Kontakt-1 der ersten Generation links an der Wanne und weitere 31 links am Turm.

Ein in der Ukraine gebauter T-64 Bukat schwenkt während einer Übung im Juli 2008 seinen Turm.

T-64

Der T-64 als Kampfpanzer der zweiten Generation wurde 1964 in der Sowjetunion eingeführt. Während der T-62 von 1955 bis 1961 als konventionell modernisierter T-54/T-55 entwickelt wurde, arbeitete man in der Sowjetunion gleichzeitig an dem radikaleren T-64.

Dieser auf drei Mann ausgelegte Panzer verfügte über eine neuartige, voll stabilisierte 125-mm-Kanone mit Ladeautomat, einen flachen, kompakten Gegenkolbenmotor und eine fortschrittliche Verbundpanzerung. Anders als die einfachen, robusten T-54/T-55 und T-62 war der T-64 anspruchsvoll, kompliziert und schwierig zu warten. Trotzdem wurden von 1964 bis 1980 insgesamt 13.000 Stück aller Versionen gebaut. Die meisten von ihnen wurden in Osteuropa oder der westlichen Sowjetunion eingesetzt. Für den Export war er nicht gedacht.

Der Vorserienpanzer T-64 von 1964 wog mit 38 Tonnen weniger als der T-62 und hatte einen recht flachen Turm, der mittig auf der ebenfalls flachen Wanne saß. Die ersten 600 T-64, die von 1964 bis 1967 gebaut wurden, hatten noch die 115-mm-Kanone U-5TS (2A20) L/49,5, während an der eigentlich vorgesehenen 125-mm-Kanone noch Feinarbeit geleistet wurde. Die Hauptserie T-64A hatte dann die 125-mm-Glattrohrkanone D-81T (2A46) mit dem neuartigen Ladeautomaten 6ETs40, der sich wie ein Karussell auf dem Turmboden drehte. Damit war eine Feuerfolge von vier bis acht Schuss/min möglich.

TÖDLICHKEIT

An Bord waren 26 125-mm-Geschosse, darunter KE-Pfeilgeschosse mit Treibspiegel, Hohlladungsgeschosse und Splitter-Spreng-Geschosse (28 davon im Ladeautomaten). Dazu hatte der T-64 ein koaxiales 7,62-mm-MG PKMT. Gesteuert wurde das Feuer über ein modernes Feuerleitsystem 1A33, gekoppelt mit fortschrittlichen Tag-/Nacht-Sichtgeräten. Als erster sowjetischer Panzer mit Verbundpanzerung hatte der T-64 wechselweise Schichten von Stahl und GFK, die ihre maximale Stärke mit 355 Millimetern an der Turmfront erreichten. Angetrieben von dem aufwendig konstruierten, aber sehr kompakten Fünfzylinder-Gegenkolben-Dieselmotor 5-TDF, verfügte der T-64 über sechs mittelgroße Leichtbau-Laufrollen auf jeder Seite und eine Drehstabfederung. Erste Erfahrungen der Roten Armee zeigten aber, dass das erste Modell eines großen Wartungsaufwands bedurfte, um überhaupt kampfbereit zu sein.

Die 1967 eingeführte Hauptserie T-64A brachte eine neue Laminatpanzerung und die in zwei Achsen stabilisierte 125-mm-Glattrohrkanone D-81T (2A46). Ab 1972 hatte der T-64A ein auf dem Turm installiertes schweres 12,7-mm-Fla-MG, ein modernisiertes Feuerleitsystem, bessere Visiere und ein leistungsfähigeres Funkgerät R-123M. Die letzten T-64A hatten ab 1976 die verbesserte 125-mm-Glattrohrkanone D-81TM (2A46M-1) mit dem neuen Ladeautomaten 6ETs10. Diese Kanone konnte auch die Panzerabwehrlenkflugkörper 9M112M Kobra (AT-8 Songster) abfeuern, von denen sich acht Stück an Bord befanden. Zwischen 1967 und 1976 wurden in der Sowjetunion 7.000 T-64 gebaut. Nach dem T-64A wurde die Produktion eingestellt. Die vorhandenen Panzer wurden nach und nach aufgerüstet. So erhielten die Panzer mit der Bezeichnung T-64AV zwischen 1985 und 1987 die Reaktivpanzerung Kontakt-1.

T-64A

Baujahr	1967
Stückzahl	7.000
Gewicht	38,0 t
Länge (mit Rohr)	9,22 m
Breite	3,41 m
Höhe	2,17 m
Antrieb	Kompakter 5-Zylinder-Dieselmotor 5-DTF mit 700 PS
Höchstgeschwindigkeit (Straße)	60 km/h
Besatzung	3 Mann
Panzerung	Verbundpanzerung + teilweise Seitenschürzen 20 – 355 mm
Hauptbewaffnung	125-mm-Glattrohrkanone D-81T (2A46) L/48,6
Kampfbeladung	36 Geschosse

T-64B

1976 wurde der verbesserte T-64B vorgestellt, der ebenfalls über die Kanone D-81TM (2A46M-1) verfügte, die Lenkflugkörper verschießen konnte. Die Kanone des T-64B1 hatte diese Fähigkeit nicht. Der T-64B hatte dazu eine 16 Millimeter starke Zusatzpanzerung vorn an der Wanne, gummierte Seitenschürzen und einen modifizierten Vielstoffmotor 5-DTF. Die zuletzt gebauten Panzer hatten auch die seitlich am Turm montierte Nebelmittelwurfanlage 902 Tucha-1.

Bis zur Einstellung der Produktion im Jahr 1980 wurden in der Sowjetunion 5.400 T-64B aller Versionen gebaut. Später wurden viele T-64 der Roten Armee sukzessive modernisiert. Von 1971 bis 1981 wurden insgesamt 585 Vorserienpanzer mit der 115-mm-Kanone zu T-64R mit der 125-mm-Kanone umgerüstet. Zwischen 1983 und 1984 erhielten dazu 160 T-64B den neuen, 1.000 PS starken Motor 6TD und hießen dann T-64BM. Weiterhin wurden von 1985 bis 1988 insgesamt 170 T-64A und T-64B mit der Reaktivpanzerung Kontakt-1 ausgestattet und liefen dann als T-64AV, BV, BVK oder BV1K. Im Afghanistankonflikt von 1979 bis 1989 wurden die T-64A und T-64B jedoch nur begrenzt eingesetzt, weil der komplizierte Motor Probleme mit den Einsätzen in großer Höhe hatte.

Im September 1990 hatte die Sowjetunion westlich vom Ural 3.982 T-64 im Einsatz, darunter 578 T-64R, 1.386 T-64A, 220 Führungspanzer T-64AK, 1.192 T-64B, 159 T-64BV mit Reaktivpanzerung, 420 T-64B1, die keine Lenkflugkörper verschießen konnten, sowie 27 Führungspanzer T-64B1K/BV1K. Nach der Auflösung der Sowjet-

T-64B1
Ein sowjetischer T-64B1 von 1984. Der T-64B1 hatte gegenüber seinen Vorgängern eine verbesserte Watfähigkeit und konnte Gewässer bis zu einer Tiefe von 1,8 Metern durchqueren.

T-64BM2 mit Reaktivpanzerung Nosch
Dieser modernisierte ukrainische T-64BM hat die in der Ukraine entwickelten Reaktivpanzerkacheln Nosch und einen großen zylindrischen Zusatztank hinten am Turmdach.

T-64BM Bulat
Dieser T-64BM Bulat mit der ukrainischen 125-mm-Kanone KBA3 hat eine zweifarbige oliv/graue Paradetarnung mit einem weißen, horizontalen Streifen auf den Seitenschürzen.

union 1991 wurden die 6.600 vorhandenen T-64 auf drei Folgestaaten aufgeteilt: Russland erhielt 4.130, die Ukraine 2.320 und Usbekistan 150 Stück. Während der 1990er-Jahre wurden in Russland viele T-64 eingelagert oder verschrottet. Die T-62, T-72 und T-80 hingegen wurden weiter betrieben. In der Ukraine sah es anders aus: Da sich das Hauptwerk des T-64 in Charkiw befand, behielt die Ukraine ihren Bestand von 2.097 T-64B, BM und BV und modernisierte ihn. Nur 373 T-64 und 227 T-64R rosteten in der Langzeitlagerung vor sich hin.

MODERNISIERUNG IN DER UKRAINE

1999 legte die Ukraine ein Modernisierungspaket für den T-64BM auf, der dann als T-64BM2 bezeichnet wurde. Er erhielt das verbesserte Feuerleitsystem 1A43U, den leistungsfähigeren Ladeautomaten 6ETs43 und die Fähigkeit, Lenkflugkörper vom Typ 9M119 Swir (AT-11 Sniper) zu verschießen. Dazu gab es eine verbesserte Reaktivpanzerung Kontakt-5 und einen ukrainischen Vielstoffmotor 57-DFM mit 850 PS. Gleichzeitig wurde die Version T-64U entwickelt. Sie verfügte über die meisten Erweiterungen des T-64BM2 sowie bessere Visiere, ein verbessertes Feuerleitsystem 1A45 und die Möglichkeit, dass neben dem Richtschützen auch der Kommandant das schwere Fla-MG bedienen konnte. Zwischen 1999 und 2005 rüstete die Ukraine 160 T-64B und T-64BM zu T-64BM2 und T-64U um.

Von 2000 bis 2006 lief ein weiteres Modernisierungsprogramm für den T-64B unter der Bezeichnung T-64BM Bulat („Stahl“), bei dem viele ukrainische Komponenten zum Einsatz kamen. Auf dem 54 Tonnen schweren Bulat

T-64BM2

Baujahr	1999
Stückzahl	110
Gewicht	43,0 t
Länge (mit Rohr)	9,22 m
Breite	3,51 m
Höhe	2,17 m
Antrieb	Vielstoffmotor 57-DFM mit 850 PS
Höchstgeschwindigkeit (Straße)	56 km/h
Besatzung	3 Mann
Panzerung	Verbundpanzerung + Reaktivpanzerung + teilweise Seitenschürzen 20 – 355 mm
Hauptbewaffnung	125-mm-Glattrohrkanone D-81T (2A46) L/48,6
Kampfbeladung	34 Geschosse

war die vor Ort entwickelte 125-mm-Glattrohrkanone KBA3 montiert, gekoppelt mit einem ukrainischen Ladeautomaten, der eine Feuerfolge von vier bis acht Schuss/min ermöglichte. Der Panzer hatte 36 KE-Pfeilgeschosse mit Treibspiegel, Hohlladungsgeschosse und Splitter-Spreng-Geschosse an Bord, dazu acht Lenkflugkörper 9M119 Swir (AT-11 Sniper). Dazu gab es das moderne Feuerleitsystem 1A45 aus dem T-80.

Geschützt war der Panzer durch modulare Zusatzpanzerplatten an Turm und Wannenfront sowie den ukrainischen Reaktivpanzerkacheln Nosch („Messer") vorn an Turm und Wanne und an den Seitenschürzen. Von 2005 bis 2010 baute die Ukraine 104 T-64B zum Bulat um, was ihn auf Augenhöhe mit dem russischen T-90 brachte. Diese Umrüstungen kosteten nur ein Zehntel der Baukosten eines T-84 Oplot, der derzeit den modernsten ukrainischen Panzer darstellt. In den Jahren 2017 und 2018 exportierte die Ukraine 50 T-64BV1, die keine Lenkflugkörper verschießen können, aber mit Nosch-Reaktivpanzerung ausgestattet sind, an die kongolesische Armee.

T-64BV1

Baujahr	1999
Stückzahl	unbekannt
Gewicht	41,5 t
Länge (mit Rohr)	9,22 m
Breite	3,41 m
Höhe	2,17 m
Antrieb	Vielstoffmotor 57-DFM mit 850 PS
Höchstgeschwindigkeit (Straße)	56 km/h
Besatzung	3 Mann
Panzerung	Verbundpanzerung + teilweise Seitenschürzen 20 – 355 mm
Hauptbewaffnung	125-mm-Glattrohrkanone D-81T (2A46) L/48,6
Kampfbeladung	36 Geschosse

NEUERE ENTWICKLUNGEN

Im Jahr 2017 begann die Ukraine mit der Entwicklung des T-64 Tireks („T-Rex"), einer Umrüstung der vierten Generation für die älteren T-64BM, die in Depots eingelagert waren. Ziel war der Gleichstand mit dem stärksten russischen Kampfpanzer, dem T-14 Armata. Der Tireks hat sogar einige der Merkmale des T-14. Es war geplant, im Jahr 2019 zehn T-64BM zu Tireks umzurüsten. Diese fortschrittliche Konstruktion hat einen flachen, schlanken, rautenförmigen Turm, der unbemannt ist und über die fernbediente 125-mm-Kanone KBA-3 mit Ladeautomaten verfügt. Die dreiköpfige Besatzung befindet sich in einer gepanzerten Kapsel vorn in der Wanne. Von außen ist der Panzer an den Wannenseiten, an den Schürzen und an Teilen des Turms durch Nosch- und Duplet-Reaktivpanzerkacheln geschützt.

Während des Konflikts mit Russland setzte die Ukraine 310 T-64B, BM, BV und BM2 sowie 90 Bulat im Kampf gegen die prorussischen Separatisten in der östlichen Ukraine ein, die im Geheimen durch russische Kräfte unterstützt wurden. Auf Seiten dieser Milizen wurden 19 ex-ukrainische T-64B, T-64BM und T-64BV eingesetzt, dazu 210 russische T-72 Modell 1989, T-72BM, T-72B1 und T-72B3 sowie sieben T-64BV.

Während dieses Konflikts verlor die Ukraine bis 2018 350 T-64, die meisten durch das Feuer feindlicher Panzer und Panzerabwehrlenkflugkörper. Russland soll 45 Panzer verloren haben. Mitte 2018 verfügte die Ukraine theoretisch noch über 540 einsatzfähige T-64BV sowie 130 T-64BM, T-64BM2 und T64-U.

T-64BV1

In den Jahren 2015 bis 2018 exportierte die Ukraine 50 T-64BV1 mit verbesserter Panzerung in den Kongo. Sie verfügten über pfeilförmige Reaktivpanzerkacheln am Turm und pro Seite über zwei Granatwerfer mit je vier Rohren.

T-72A

Dieser Blick auf die linke Seite eines polnischen T-72A zeigt, dass er länger und flacher ist als seine Vorgängermodelle.

T-72

Obwohl bereits 1973 eingeführt, steht der T-72 (mit seinen aufgerüsteten Versionen) durch die 1990er-Jahre bis in dieses Jahrhundert in 41 Staaten im aktiven Dienst. Das gilt sowohl für die sowjetischen/russischen Panzer als auch für die dort produzierten Exportmodelle und die in Lizenz gebauten Panzer anderer Länder.

Der von 1970 bis 1973 entwickelte T-72 erwies sich als zuverlässiger Kampfpanzer und effektive Kombination aus tödlicher Feuerkraft, guter Überlebensfähigkeit und brauchbarer Beweglichkeit. Zwischen 1973 und 1991 entstanden in der Sowjetunion (und von 1992 bis 1995 in Russland) 22.000 fabrikneue T-72, darunter 6.000 Exportmodelle in einfacherer Ausführung. Dazu bauten 14 weitere Nationen von 1975 bis 2007 weitere 5.500 T-72 in Lizenz.

Der 41,5 Tonnen schwere T-72 Ural von 1973 mit seiner dreiköpfigen Besatzung war länger und flacher als seine Vorgänger, blieb aber im Vergleich zu den Panzern der NATO arg beengt. Der Ural hatte eine 125-mm-Glattrohrkanone 2A46M2 L/48, für die er 38 Schuss mitführte, darunter KE-Pfeilgeschosse mit Treibspiegel und Wolframkern, Hohlladungsgeschosse, Splitter-Spreng-Geschosse und flossenstabilisierte Schrapnellgeschosse. Mit dem halbautomatischen Ladeautomaten waren acht bis zehn Schuss/min möglich, und die Durchschlagskraft entsprach jener der 120-mm-Kanone L/44 des Leopard 2. Dazu hatte der T-72 zwei MGs, ein koaxiales 7,62-mm-MG PKT und ein nach hinten gerichtetes schweres 12,7-mm-Fla-MG NSVT oben auf dem Turm.

Eine Panzerung aus homogenem gewalztem Panzerstahl mit zusätzlicher Schottpanzerung, teilweise mit Sand gefüllt, sicherte den T-72. Das entsprach dem Schutz von 380 Millimetern Panzerstahl gegen ein aus 1.000 Metern abgefeuertes KE-Pfeilgeschoss mit Treibspiegel. Viele T-72 Ural hatten auch drei separate gummierte Seitenschürzen, die aber nicht über die gesamte Länge der oberen Ketten verliefen. Mit einem 780 PS starken Dieselmotor und sechs großen Laufrollen an Drehstabfedern auf jeder Seite kam der T-72 auf der Straße auf eine eher mäßige Höchstgeschwindigkeit von 42 km/h.

MODERNISIERTE VERSIONEN

Während der Serienproduktion des T-72 von 1973 bis 1995 gab es in der Sowjetunion/Russland elf modernisierte Varianten, dazu sechs Nachrüstungsprogramme. 1979 erschien der verbesserte T-72A mit einer umfangreicheren Schottpanzerung am Turm, einem neuen Feuerleitsystem und durchgehenden Seitenschürzen. Die Exportversion T-72M hatte eine weniger umfassende Panzerung und auch nicht das neueste Feuerleitsystem. Der T-72M1 von 1986, eine besser gepanzerte Version des T-72M, wurde auch in der Tschechoslowakei und in Polen in Lizenz gebaut.

Der 1985 eingeführte T-72B besaß einen stärkeren Motor mit 840 PS, eine verbesserte, stabilisierte Kanone zum Abschuß des Panzerabwehrlenkflugkörpers 9M119 Swir sowie ein modernisiertes Feuerleitsystem. Zudem verfügte er über weitere Zusatzpanzerung vorn an der Wanne, Verbundpanzerung und Reaktivpanzerkacheln Kontakt-1. Der T-27S von 1987 war eine vereinfachte Exportversion mit weniger Reaktivpanzerkacheln und ohne umfassenden ABC-Schutz. 1989 kam der T-72BM mit verbesserten Reaktivpanzerkacheln Kontakt-5 und Verbundpanzerung an den Turmseiten. Der Schutz entsprach somit dem von 690 bis 800 Millimeter Panzerstahl gegen ein aus 1.000 Metern abgefeuertes KE-Pfeilgeschoss

T-72B Aslan

Dieser modernisierte aserbaidschanische T-72B, der T-72SIM-2 Aslan („Löwe"), hat in Israel entwickelte Visiere, Granatwerfer mit sechs Rohren am Turm und eine pfeilförmig angeordnete Reaktivpanzerung.

T-72B

Dieser georgische T-72B hat eine ungewöhnliche dreifarbige Tarnung, ein graublauer Grund mit dunkelgrauen und rotbraunen Flecken.

T-72B

Baujahr	1985
Stückzahl	12.000 (+ 3.000 unter Lizenz im Ausland)
Gewicht	41,8 t
Länge (mit Rohr)	9,24 m
Breite	3,60 m
Höhe	2,37 m
Antrieb	V12-Dieselmotor W-55 mit 840 PS
Höchstgeschwindigkeit (Straße)	42 km/h
Besatzung	3 Mann
Panzerung	Gewalzter homogener Panzerstahl + Schottpanzerung + Verbundpanzerung + Reaktivpanzerung + Seitenschürzen
Hauptbewaffnung	125-mm-Glattrohrkanone 2A46M2 L/48
Kampfbeladung	38 Geschosse

mit Treibspiegel. Die letzte in der Sowjetunion entwickelte neue Version, der T-72 M-1990, hatte ein verbessertes Visier für den Kommandanten und ein Feuerleitsystem mit einem Querwindsensor.

T-72B

Zwischen 2006 und 2011 modernisierte Russland 300 T-72B auf den Standard T-72B2 Rogatka („Trompeter"). Sie erhielten die neue 125-mm-Kanone 2A46M5 mit ihrem Mündungsbezugssystem sowie ein neues Feuerleitsystem und Visier für den Richtschützen. Dazu hatte der T-72B2 verbesserte Relikt-Reaktivpanzerkacheln der dritten Generation und das elektro-optische Lenkwaffen-Abwehrsystem Schtora. Für den Antrieb sorgte ein stärkerer Dieselmotor W-92S2 mit 1.000 PS.

Von 2011 bis 2015 rüstete Russland dann 600 T-72B zum T-72B3 auf (auch als T-72B4 bekannt). Dieser 45 Tonnen schwere Panzer hatte den 1.130 PS starken Motor W-92S2F, verbesserte Feuerleit- und Zielerfassungskomponenten und Reaktivpanzerkacheln Kontakt-5.

Zwischen 2014 und 2016 wurden in Russland 150 noch unmodifizierte T-72B zum T-72B3M aufgerüstet, unter anderem mit der Kanone 2A46M5, verbesserten Feuerleit- und Zielerfassungskomponenten und leistungsfähigeren Reaktivpanzerkacheln Kontakt-3.

Von 1974 bis 1994 lieferte die Sowjetunion/Russland 6.000 einfachere Exportmodelle T-72M und T-72S an 32 Staaten, darunter Bulgarien, Finnland, Ungarn, Iran, Libyen und Nordkorea. Dazu bauten 13 Staaten (unter anderem die Tschechoslowakei, Polen, Jugoslawien und der Irak) 5.500 T-72 in Lizenz, teilweise mit eigenen Modifizierungen. Zwischen 1973 und 2018 war der T-28 in 28 Konflikten im Einsatz. So bekämpfte der Irak im Golfkrieg 1991 die Koalitionskräfte mit 300 in Polen und der Sowjetunion gebauten T-72M und 50 T-72M1 Asad Babil. Nach 2011 waren T-72 in den Bürgerkriegen in Libyen und Syrien im Einsatz. 2018 waren syrische und irakische T-72M und T-72S in erbitterte interne Konflikte verwickelt, während russische T-72B3M die Grenze zur Ukraine überquerten.

LIZENZMODELLE

13 Staaten haben den T-72 in Lizenz produziert, teilweise unter Einbeziehung vor Ort gefertigter Komponenten. Nach der Auflösung der Sowjetunion im Dezember 1991 setzten die Nachfolgestaaten ihre Bestände an T-72 weiter ein, bauten den T-72B und entwickelten eigene Versionen.

T-72M

Baujahr	1980
Stückzahl	3.400 (+ 320 unter Lizenz im Ausland)
Gewicht	41,5 t
Länge (mit Rohr)	9,24 m
Breite	3,60 m
Höhe	2,37 m
Antrieb	V12-Dieselmotor W-55 mit 780 PS
Höchstgeschwindigkeit (Straße)	42 km/h
Besatzung	3 Mann
Panzerung	Gewalzter homogener Panzerstahl + Schottpanzerung + Verbundpanzerung + Reaktivpanzerung + Seitenschürzen
Hauptbewaffnung	125-mm-Glattrohrkanone 2A46M2 L/48
Kampfbeladung	38 Geschosse

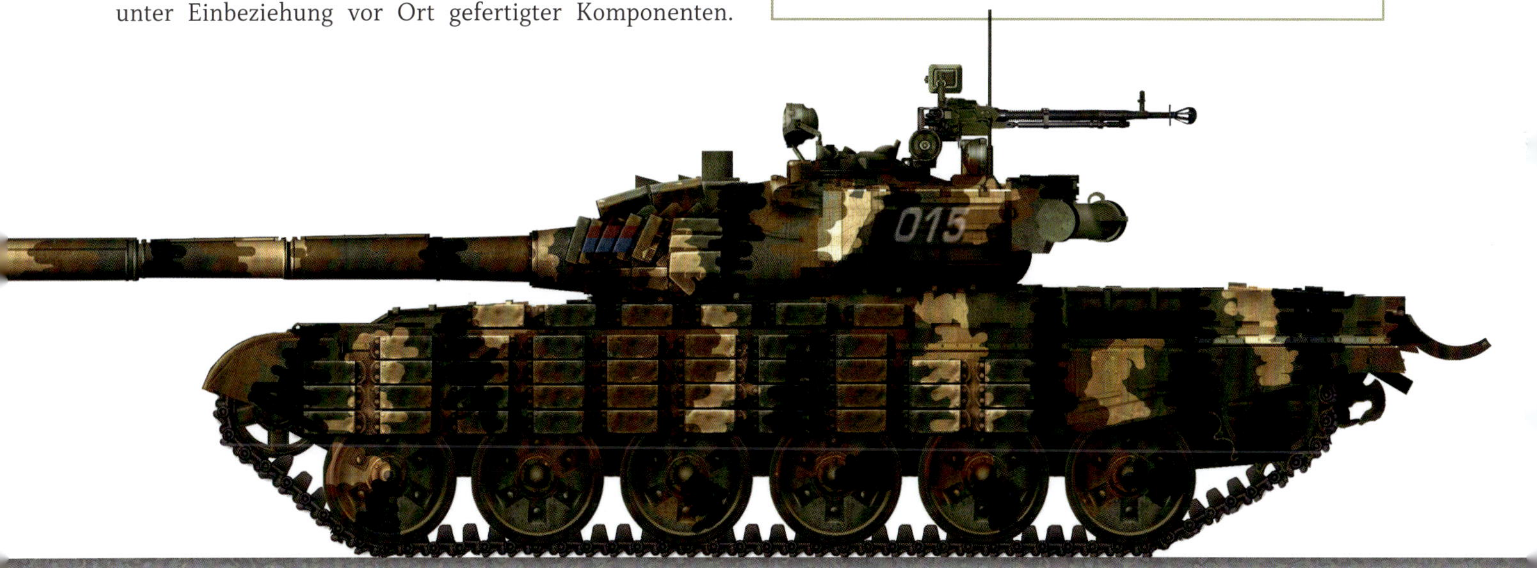

T-72M mit Reaktivpanzerung
Dieser armenische T-72M hat 43 Reaktivpanzerkacheln links an der Wanne und 14 weitere links vorn und seitlich am Turm.

T-72M mit Reaktivpanzerung
Dieser georgische Exportpanzer T-72M hat einen ungewöhnlichen Rauchgranatenwerfer an der Turmseite, mit zwei Reihen mit fünf Rohren und einer Reihe mit vier Rohren.

T-72S

Dieser im Iran wohl in Lizenz gebaute Exportpanzer T-72S hat zwei Reihen zu je zwölf Reaktivpanzerkacheln vorn und mittig an den Seitenschürzen.

T-72S

Baujahr	1987
Stückzahl	3.100 (+ 370 unter Lizenz im Ausland)
Gewicht	41,7 t
Länge (mit Rohr)	9,24 m
Breite	3,60 m
Höhe	2,37 m
Antrieb	V12-Dieselmotor W-55 mit 840 PS
Höchstgeschwindigkeit (Straße)	42 km/h
Besatzung	3 Mann
Panzerung	Gewalzter homogener Panzerstahl + Schottpanzerung + Verbundpanzerung + Reaktivpanzerung + Seitenschürzen
Hauptbewaffnung	125-mm-Glattrohrkanone 2A46M2 L/48
Kampfbeladung	38 Geschosse

Aserbaidschan besaß zwischen 1992 und 1994 insgesamt 664 T-72A/T-72M1, teilweise von der Ex-Sowjetunion übernommen, teilweise von Belarus, der Ukraine und Russland gekauft. Das benachbarte Armenien hatte zu jener Zeit 552 T-72A, AW, BM und M. Der AW war ein mit Reaktivpanzerkacheln Kontakt-1 aufgerüsteter T-72A. Im Bergkarabachkonflikt (1991–1994) zwischen Armenien und Aserbaidschan verloren beide Parteien 270 T-72. Von 2009 bis 2012 rüstete Aserbaidschan mithilfe Israels 420 T-72 auf den Standard T-72SIM-2 Aslan („Löwe") auf, unter anderem mit einem neuen Feuerleitsystem, Wärmebildgeräten, NATO-Kommunikationstechnik und GPS-Navigation. Später baute Armenien mit russischer Hilfe 54 T-72 zu T-72B3M um.

Ende 1991 übernahm die Ukraine 1.044 ehemals sowjetische T-72A/T-72B, verkaufte von 1995 bis 2002 jedoch 860 davon an elf andere Staaten. Zwischen 1992 und 1993 wurden 1.076 ukrainische T-72 zu T-72AM mit Reaktivpanzerkacheln Kontakt-1 und einem 1.250-PS-Motor aufgewertet, zwischen 2014 und 2017 außerdem 70 T-72A zu T-72A1 oder T-72UA1 modernisiert. Die letzteren hatten einen stärkeren Dieselmotor 5TDMFA mit 1.050 PS, der eine Höchstgeschwindigkeit von 65 km/h hatte. Später kaufte Äthiopien 171 ukrainische T-72UA1. In den Jahren 2017 und 2018 modernisierte die Ukraine schließlich ihre 72 verbliebenen alten T-72A zu T-72AMT. Sie erhielten neue ukrainische Komponenten, darunter eine modifizierte 125-mm-Kanone, die Lenkflugkörper vom Typ

T-72M1

Dieser T-72M1 der libyschen Regierung wurde während des Bürgerkriegs (2014–2018) von den Aufständischen erobert und mit einem Mottospruch auf einer der noch vorhandenen Seitenschürzen versehen.

Kombat verschießen konnte, neue Verbundpanzerung an der Wanne, Hochleistungs-Reaktivpanzerkacheln Nosch und verbesserte Feuerleit-/Zielerfassungskomponenten.

1979 bis 1985 baute die Tschechoslowakei 600 T-72M1 in Lizenz, teils zur Eigennutzung, teils für den Export. Ab 1991 produzierte die Slowakei, einer der Nachfolgestaaten, mehrere modernisierte Versionen des T-72M1. Die 30 T-72M1 Moderna besaßen vor Ort entwickelte Reaktivpanzerkacheln, einen anderen Turm mit dem Wärmebildzielgerät Sabca Vega, das Visier Sfim-VS580 für den Kommandanten und zwei seitlich am Turm montierte 20-mm-Oerlikon-Kanonen. Der nachfolgend aufgerüstete T-72M1A hatte einige neue slowakische Komponenten wie verbesserte Reaktivpanzerkacheln, das Feuerleitsystem

T-72M1A

Baujahr	1985
Stückzahl	610 (+ 260 unter Lizenz im Ausland)
Gewicht	44,3 t
Länge (mit Rohr)	9,24 m
Breite	3,60 m
Höhe	2,37 m
Antrieb	V12-Dieselmotor W-55 mit 840 PS
Höchstgeschwindigkeit (Straße)	42 km/h
Besatzung	3 Mann
Panzerung	Gewalzter homogener Panzerstahl + Schottpanzerung + Verbundpanzerung + Reaktivpanzerung + Seitenschürzen
Hauptbewaffnung	125-mm-Glattrohrkanone 2A46M2 L/48
Kampfbeladung	38 Geschosse

T-72M1

Der slowakische T-72M1 Moderna hatte zwei seitlich am Turm montierte 20-mm-Oerlikon-Kanonen, das Wärmebildzielgerät Sabca Vega und das Visier Sfim-VS580 für den Kommandanten.

T-72M4 CZ

Diese von 2003 bis 2006 gebaute tschechische Version hat DYNA-Reaktivpanzerkacheln vorn seitlich am Turm und einen 1.200 PS starken Dieselmotor Perkins Condor CV12.

EFCS3-72A und den 850-PS-Dieselmotor S12U. Von 2003 bis 2006 modernisierte die Tschechische Republik mit italienischer Hilfe 44 in Lizenz gebaute T-72M von 1983 zu T-72M4 CZ. Diese Panzer hatten das italienische Feuerleitsystem TURMS/T, das verbesserte tschechische GPS-Navigationssystem NB-97 und eine in Israel entwickelte, 1.000 PS starke Variante des Condor-Perkins-Dieselmotors aus dem britischen Challenger.

PT-91 TWARDY

Baujahr	1995
Stückzahl	233 (+ 48 Exportmodelle PT-91M)
Gewicht	45,2 t
Länge (mit Rohr)	9,67 m
Breite	3,59 m
Höhe	2,19 m
Antrieb	Dieselmotor PZL-Wola S-12U mit 850 PS
Höchstgeschwindigkeit (Straße)	60 km/h
Besatzung	3 Mann
Panzerung	Gewalzter homogener Panzerstahl + Schottpanzerung + Verbundpanzerung + Reaktivpanzerung + Seitenschürzen
Hauptbewaffnung	125-mm-Glattrohrkanone 2A46M2 L/48
Kampfbeladung	42 Geschosse

PT-91 TWARDY

Polen stellte als Mitglied des Warschauer Pakts von 1978 bis 1985 in Lizenz 586 T-72M Jaguar her (die von 1988 bis 1990 zu T-72 S modernisiert wurden), ebenso wie 1.020 T-72M1 in der Zeit von 1987 bis 1993. 600 von diesen Panzern hat Polen exportiert, darunter 150 Stück in den Irak, die 1991 im Golfkrieg eingesetzt wurden. Zwischen 1995 und 1998 baute Polen dann weitere 98 PT-91 Twardy („der Harte"), eine eigene Modernisierung seiner T-72M1. Der 45,5 Tonnen schwere PT-91 hat diverse in Polen entwickelte Komponenten: das Feuerleitsystem DRAWA-1T, die ERAWA-1-Reaktivpanzerung, das Laserwarnsystem OBRA-1, Seitenschürzen aus Stahl über die gesamte Länge und den 850 PS starken Dieselmotor S-12U von PZL-Wola. Dazu rüstete Polen in den Jahren 1998 bis 2002 135 von der Sowjetunion 1988 gelieferte T-72M1 zu PT-91 um.

PT-91 Twardy
Dieser späte polnische PT-91 Twardy hat ein 12,7-mm-MG oben auf dem Turm, ERAWA-Reaktivpanzerung und einen Granatwerfer mit elf Rohren seitlich am Turm.

PT-91M Pendekar
Dieser späte polnische Pendekar für die malaysische Armee hat eine slowakische Kanone, ein schweres 12,7-mm-MG Browning M2 und ein digitales Dschungeltarnmuster.

T-72 Asad Babil
Einer von nur 16 irakischen Asad Babil, die den Golfkrieg 1991 überlebt haben. Dieses Fahrzeug der Republikanischen Garde trägt eine mehrfarbige Wüstentarnung.

T-72 ASAD BABIL

Baujahr	1989
Stückzahl	50
Gewicht	45,0 t
Länge (mit Rohr)	9,67 m
Breite	3,59 m
Höhe	2,19 m
Antrieb	V12-Dieselmotor W-55 mit 780 PS
Höchstgeschwindigkeit (Straße)	42 km/h
Besatzung	3 Mann
Panzerung	Gewalzter homogener Panzerstahl + Schottpanzerung + Verbundpanzerung + Reaktivpanzerung + Seitenschürzen
Hauptbewaffnung	125-mm-Glattrohrkanone 2A46M2 L/48
Kampfbeladung	44 Geschosse

PT-91M PENDEKAR

Von 2007 bis 2009 baute Polen 48 modifizierte PT-91M Pendekar für den Export nach Malaysia. Diese verfügten über die neue slowakische 125-mm-Kanone ZTS 2A46MS, das französische Feuerleitsystem Sagem Savan-15, eine geänderte Nebenbewaffnung, Reaktivpanzerkacheln Erawa-2, das Laserwarnsystem OBRA-3 und einen 1.000-PS-Motor. Ab Mitte 2018 rüstete Polen 233 Twardy zu PT-91M2 auf, unter anderem mit einem verbesserten Getriebe, besseren Drehstabfedern, einem neuen Ladeautomaten AZ-1 für die Kanone ZTS 2A46MS, dem Feuerleitsystem Safan-15, ERAWA-3-Reaktivpanzerung und einer Käfigpanzerung hinten an der Wanne.

DER JUGOSLAWISCHE M-84

Von 1976 bis 1981 kaufte das kommunistische Jugoslawien 210 sowjetische T-72M. Von 1979 bis 1984 entwickelte es den M84, einen modifizierten T-72M mit jugoslawischen Komponenten, darunter ein neues Feuerleitsystem, Verbundpanzermodule und der Dieselmotor W-46-6.

Von 1984 bis 1991 wurden 652 M-84 aller Versionen in Lizenz gebaut, von denen 203 M-84AB nach Kuwait exportiert wurden. Die verbesserte Version M-84A von 1987 hatte den 1.000 PS starken Motor W-46-TK. 300 M-84 kamen 1991 bis 1995 beim Konflikt in Jugoslawien auf allen Seiten zum Einsatz. Später nutzten die bosnischen, kroatischen, serbischen und slowenischen Heere die verbliebenen 176 M-84 weiter. Mitte 2018 hat Serbien 204 aufgewertete M-84AS eingeführt, mit Kontakt-5-Reaktivpanzerung und dem Lenkwaffen-Abwehrsystem Schtora. Sie können Lenkflugkörper AT-11 Sniper verschießen und haben einen neuen 1.200-PS-Dieselmotor.

Kroatien besitzt 75 verbesserte M-84A4 und M-84D mit einem modernisierten Feuerleitsystem, einem fernbedienten Waffenstand, der verstärkten Reaktivpanzerung RRAK und einem deutschen 1.200-PS-Motor. Im Jahr 2018 kündigte Kroatien die Aufrüstung des M-84 zum neuen M-95 Degman an, mit verbesserter Mehrschichtpanzerung und Reaktivpanzerung gegen Hohlladungsgeschosse.

ASAD BABIL

Von 1989 bis 1991 baute der Irak 50 Asad Babil („Löwe von Babylon"). Diese wurden vor Ort mit aus der Sowjetunion gelieferten Komponenten montiert. Einige Bauteile stammten aber aus dem Irak (wie die zusätzliche Schottpanzerung vorn an der Wanne). Das Wärmebildzielgerät kam aus Belgien.

Während des Golfkriegs im Jahr 1991 zerstörten die amerikanischen M1A1 Abrams die Asad Babil meist auf über 3.000 Meter Entfernung mit ihrer DU-Munition (mit einem Kern aus abgereichertem Uran), während die 125-mm-Geschosse des letzteren nur eine Reichweite von 1.800 Metern hatten.

Bei der Invasion der Koalitionstruppen 2003 wurden die letzten 16 Asad Babil zerstört oder aufgegeben. In den Jahren 2005 bis 2007 kaufte die neue irakische Regierung 40 T-72M1 von 1989 aus Ungarn, um ihre Panzertruppe neu aufzubauen.

SYRISCHE T-72

Von 1978 bis 1982 kaufte Syrien 450 sowjetische T-72 Ural und T-72A. Von 1991 bis 1993 wurden 194 tschechische und 58 slowakische T-72M1 erworben. Zwischen 2003 und 2006 rüstete Syrien 122 dieser Panzer zu T-72S, AS, AW und M1S auf. Sie verfügten über das italienische Feuerleitsystem TURMS/S und die Fähigkeit, den Lenkflugkörper Refleks (AT-11 Sniper) zu verschießen.

Aufgrund der Bedrohung durch die Panzerfäuste der Aufständischen im Bürgerkrieg (2011 – heute) verbesserte Syrien die Widerstandsfähigkeit seiner T-72. So wurden neun T-72 zwischen 2014 und 2016 zum Typ Mahmia umgebaut, mit einer großen Käfigpanzerung, die Wanne und Turm umschloß, einem Gittergeflecht vorn an Wanne und Turm sowie einer eher rustikalen Zusatzpanzerung aus Stahlplatten.

Ein US-Soldat mit einer Einsatzkamera steht im Jahr 2008 auf einem irakischen T-72, um die Vorbereitungen auf dem Schießstand Besmaya besser filmen zu können.

T-72AW

Ein syrischer T-72AW der Republikanischen Garde. Diese T-72 hatten eine sandfarbene Tarnung, während die der syrischen 4. Panzerdivision eher grün waren.

T-72 Mahmia

Einer von nur neun T-72 mit der vor Ort entwickelten Mahmia-Panzerung. Diese besteht aus großen Panzerkäfigen und hängenden Stahlketten.

Die letzten vier Panzer dieses Typs hatten kein Gittergeflecht, aber eine höhere Käfigpanzerung und große Schottpanzerelemente vorn an der Wanne. Daneben wurden 17 T-72AW zu Shahfrah I und II („Messerklinge") umgebaut. Diese Panzer hatten Reihen mit einzelnen, horizontal verlaufenden Panzerkäfigen an den Turmseiten sowie Seitenschürzenelemente aus Stahl.

ANDERE LIZENZMODELLE

Zwischen 1979 und 1985 baute Indien, das bereits 500 sowjetische T-72 gekauft hatte, in Lizenz 2.418 T-72M1 Ajeya. Während der 1990er-Jahre wurden im Rahmen einer Modernisierung auch die verschlissenen Rohre ausgetauscht. Von 2002 bis 2011 wurden 250 dieser Panzer zum Standard Ajeya CI ausgebaut. Sie erhielten das polnische Feuerleitsystem SKO-1T (aus dem Twardy) sowie vor Ort entwickelte Reaktivpanzerkacheln, am Turm montierte Rauchgranatenwerfer und GPS-Navigation.

Derzeit sind noch 6.500 T-72 in 36 Staaten weltweit im aktiven Einsatz. Mitte 2018 hatte Russland noch 3.000 T-72B2, B3 und B3M in seinen aktiven Einheiten, die auch weiter modernisiert werden sollen. Auch Armenien, Aserbaidschan, Kroatien, Indien, Polen, Serbien und die Ukraine planen zukünftige Verbesserungen ihrer vorhandenen, bereits kampfwertverbesserten T-72 und der diversen Folgegenerationen. Es sieht so aus, als ob der vor vielen Jahren eingeführte T-72 auch in den nächsten beiden Jahrzehnten noch aktiv sein wird.

Safir-74

Ab 1996 modernisierte die Iranische Republik 120 ihrer 190 sowjetischen mittleren Kampfpanzer T-54/T-55 mit selbst entwickelten technischen Komponenten. Diese Panzer wurden anschließend als Safir-74 („Vermittler") bezeichnet. Auch ihren 120 chinesischen Panzern vom Typ 59 kamen diese Verbesserungen zugute. Sie erhielten verwirrender Weise die Bezeichnung T-72Z, obwohl sie nichts mit dem russischen T-72 zu tun hatten.

Die T-54/T-55 und Typ 59 waren dem Iran während des Kriegs mit dem Irak von 1980 bis 1988 in die Hände gefallen. In diesem Konflikt hatte der Irak 700 sowjetische T-54/T-55 und 1.400 chinesische Typ 59/69, die vom T-55 abgeleitet waren, eingesetzt. Unter den T-54/T-55 des Irak waren 150 sowjetische T-55MW mit zusätzlicher Reaktivpanzerung, 200 im Irak modifizierte T-55QM1/QM2 mit der 125-mm-Kanone und 60 Führungspanzer T-55AD1 Enigma mit im Irak verbesserter Panzerung. Die meisten Beutepanzer der Iraner waren T-55MW.

SAFIR-74

Baujahr	1996
Stückzahl	120
Gewicht	37,4 t
Länge (mit Rohr)	9,01 m
Breite	3,21 m
Höhe	2,40 m
Antrieb	Ukrainischer Dieselmotor W-46 mit 780 PS
Höchstgeschwindigkeit (Straße)	65 km/h
Besatzung	4 Mann
Panzerung	Gewalzter homogener Panzerstahl + Zusatzpanzerung + Reaktivpanzerung 20 – 203 mm
Hauptbewaffnung	105-mm-Zugrohrkanone HM-49L
Kampfbeladung	34 Geschosse

Der modernisierte Safir-74 wog mit 37,4 Tonnen mehr als der T-54/T-55 mit 36 Tonnen. In der ersten Phase der Modernisierung wurde zunächst die Vernichtungskraft des Panzers erhöht. Der Safir-74 hatte die neue, im Iran entwickelte 105-mm-Zugrohrkanone HM-49L, eine Weiterentwicklung der amerikanischen M-68 aus dem Kampfpanzer M60. Diese Kanone hatte einen mittigen Rauchabsauger, aber keine Mündungsbremse. Die iranische Kanone konnte Munition unterschiedlicher Art verfeuern wie zum Beispiel panzerbrechende Munition mit und ohne Treibspiegel, KE-Pfeilgeschosse mit Treibspiegel, Hohlladungsgeschosse, Sprenggeschosse und Quetschkopfgeschosse. Auch der sowjetische Panzerabwehrlenkflugkörper 9M117M Bastion (AT-10 Stabber) konnte abgeschossen werden. Für den Einsatz der Geschosse sorgte das moderne slowenische computergesteuerte Feuerleitsystem Fontana EFCS-3. Das sowjetische 12,7-mm-Fla-MG auf dem Turmdach wurde beim Safir-74 beibehalten. Je nachdem, welcher T-54/T-55 die Grundlage für den Umbau gebildet hatte, gab es auch ein koaxiales 7,62-mm-MG.

VERBESSERTE PANZERUNG

In der zweiten Phase der Modernisierung wurde an der Überlebensfähigkeit des Safir-74 gearbeitet. Beibehalten

Safir-74

Dieser iranische Safir-74 hat ein zweifarbiges, konturauflösendes Wüstentarnmuster in Braun/Khaki. Er verfügt über Seitenschürzen mit Zickzackkante unten und im Iran hergestellte Reaktivpanzerkacheln.

T-72Z

Dies ist einer von den 93 chinesischen Typ 59, die vom Irak erbeutet wurden. Dieser auf dem T-55 basierende Panzer trägt die verwirrende Bezeichnung T-72Z und zeigt ein auffälliges Vierton-Tarnmuster.

wurde die grundlegende Panzerung des T-54/T-55 aus gewalztem homogenem Panzerstahl. Die Stärke variierte zwischen 20 Millimetern am Wannenboden und 203 Millimetern an der Turmfront.

Auf diese Panzerung setzten die Iraner Zusatzpanzerplatten aus Panzerstahl auf die obere Bugplatte und die Seiten der Wanne. Zusätzlich schraubten die iranischen Ingenieure 122 vor Ort produzierte Reaktivpanzerkacheln an die Wannenfront, die Turmfront, die Turmseiten und die vorderen Seitenteile der Wanne. Zusammen brachten diese Blöcke 1,2 Tonnen auf die Waage und waren der Hauptgrund für das Mehrgewicht des Safir-74 gegenüber dem ursprünglichen T-54/T-55. Diese Reaktivpanzerkacheln gaben der Wannenfront 75 Prozent mehr Schutz, der Turmfront 65 Prozent und den Seiten von Turm und Wanne 60 Prozent.

Darüber hinaus verfügte der Safir-74 über rechteckige Seitenschürzen. Bei einigen dieser Panzer saßen auf der vorderen Hälfte der Seitenschürzen drei horizontale Reihen zu je elf Reaktivpanzerkacheln. Die meisten der Seitenschürzen wiesen an der Unterkante ein Zickzackmuster auf, es gab aber auch einige Safir-74 mit unten glatten Seitenschürzen.

MEHR BEWEGLICHKEIT

Die letzte Phase umfasste die Verbesserung der Mobilität des Safir-74. Der Panzer erhielt einen neuen ukrainischen Dieselmotor W-46 mit 780 PS, wie er bereits 1973 beim größeren T-72 eingebaut wurde. Daran angeflanscht war das automatische/halbautomatische Getriebe SPAT 1200, das ebenfalls aus der Ukraine stammte. Dank dieser Verbesserungen konnte die Höchstgeschwindigkeit des Safir-74 auf immerhin 65 km/h gebracht werden, wo das Ursprungsmodell T-54/T-55 nur 55 km/h erreicht hatte. Das Laufwerk des T-54/T-55 mit fünf großen Laufrollen pro Seite und der Drehstabfederung wurde hingegen unverändert beibehalten.

MODERNISIERUNG ZUM T-72Z

Laut mehreren, unbestätigten Quellen soll der Sudan 13 Aufrüstungssätze für den Safir-74 gekauft und vor Ort den Kampfpanzer Al Zubair 1 gebaut haben. Der Iran hat das gleiche Aufrüstungspaket auch für seine 93 chinesischen Typ 59 verwendet. Verwirrend ist, dass diese gelegentlich auch als T-72Z oder Safir-74 bezeichnet wurden. Diese mittleren Kampfpanzer sind aber keinesfalls mit den 407 T-72 zu verwechseln, die seit den frühen 1990er-Jahren im Dienst des Iran stehen und die entweder sowjetische Exportpanzer, im Iran montierte, sowjetische Fahrzeugbausätze oder im Iran unter Lizenz gebaute Panzer sind.

Ende der 1990er-Jahre wurden einige dieser Panzer ebenfalls mit der 125-mm-Kanone modernisiert. Manche Quellen benennen auch diese Panzer als T-72Z/Safir-74, andere jedoch bestehen darauf, dass das falsch sei und nur die im Iran modernisierten T-54/T-55 als Safir-74 bezeichnet werden.

Zulfiqar I-III

Der Zulfiqar („zweischneidiges Schwert") ist der Elite-Kampfpanzer des Iran, benannt nach dem Schwert von Ali ibn Abi Talib (603–661), erster Kalif der Schiiten und Erbe des Propheten Mohammed. Der 35,4 Tonnen schwere Zulfiqar I der zweiten Generation hatte eine gewisse Ähnlichkeit mit dem amerikanischen M1 Abrams und dem brasilianischen EE-T1 Osório. Von 1991 bis 1997 wurden die ersten Zulfiqar I entwickelt und 1998 eingeführt. Von 1998 bis 2005 wurden im Iran 84 Zulfiqar I gebaut.

Der Panzer basierte auf einer iranischen Version des amerikanischen M60, war auf drei Mann ausgelegt und hatte einen im Iran konstruierten, blockartigen Turm aus geschweißtem Panzerstahl, der mittig auf einer breiten und flachen Wanne saß. Im Turm montiert war eine iranische Kopie der sowjetischen, voll stabilisierten 125-mm-Glattrohrkanone 2A46M2 L/48 aus dem T-72 Ural. Diese Kanone hatte einen mittig auf dem Rohr platzierten Rauchabsauger und einen im Iran entwickelten Karussell-Ladeautomaten. Für die Tödlichkeit sorgte wie beim Safir-74 das moderne slowenische computergesteuerte Feuerleitsystem Fontana EFCS-3. Dazu hatte der Zulfiqar I vorn auf jeder Seite des Turms einen Nebelwerfer mit drei Rohren.

Neben dem Grundpanzer aus gewalztem homogenem Panzerstahl hatte er außerdem Laminat-Verbundpanzermodule vorn an Turm und Wanne, dazu gab es Halterungen für später zu montierende Reaktivpanzerkacheln an der oberen Bugplatte und am Turm. Das Laufwerk des Zulfiqar I war eine im Iran hergestellte Kopie des M60 und verfügte pro Seite über sechs mittelgroße Laufrollen an Drehstabfedern. Angetrieben wurde er durch den in der Ukraine entwickelten Dieselmotor W-46 mit 780 PS, mit dem der Kampfpanzer auf befestigten Straßen eine Höchstgeschwindigkeit von 63 km/h erreichte.

ZULFIQAR II

Die mit dem Typ I zwischen 1998 und 2005 gesammelten Erfahrungen halfen den Iranern bei der Entwicklung des Prototypen Zulfiqar II, der 2006 in den Dienst gestellt wurde. In den Jahren 2006 und 2007 wurden acht Prototypen gebaut, die von 2006 bis 2010 umfassend erprobt

Seitenansicht des Kampfpanzers Zulfiqar, hier mit einem dreifarbigen Tarnmuster angepasst an die örtlichen Bedingungen.

Zulfiqar II

Der Zulfiqar II unterscheidet sich von seinem Vorgänger durch die längere Wanne mit einer zusätzlichen Laufrolle pro Seite und die fehlenden Nebelwerfer an den Turmseiten.

wurden. Das Zwischenmodell Zulfiqar II besaß eine verlängerte Wanne und ein Laufwerk mit sieben parallel angeordneten, drehstabgefederten Laufrollen pro Seite. Das Wannendach stieg ab dem hinteren Turmende sanft nach hinten an, wie man es ähnlich auch beim M1 Abrams sieht. Der Turm des Zulfiqar II war immer noch sehr eckig, nun aber flacher und länger. Der Ladeautomat und die nach sowjetischem Vorbild gebaute 125-mm-Kanone wurden unverändert übernommen. Angetrieben wurde der Zulfiqar II von einem im Iran gebauten 850-PS-Dieselmotor, einer stärkeren Version des ukrainischen Motors aus dem Zulfiqar I.

ZULFIQAR II

Baujahr	2006
Stückzahl	8
Gewicht	51,6 t
Länge (mit Rohr)	9,20 m
Breite	3,60 m
Höhe	2,40 m
Antrieb	Dieselmotor W-46 mit 850 PS
Höchstgeschwindigkeit (Straße)	69 km/h
Besatzung	3 Mann
Panzerung	Gewalzter homogener Panzerstahl + Verbundpanzerung
Hauptbewaffnung	Voll stabilisierte 125-mm-Glattrohrkanone 2A46M2 L/48
Kampfbeladung	36 Geschosse

ZULFIQAR III

Die Tests mit dem Zulfiqar II führten zur Entwicklung der dritten Generation, des 2013 in den Dienst gestellten Zulfiqar III. In Form und Ausmaßen ähnelte er stark dem Zulfiqar II. Der einzige größere Unterschied im Auftritt war der noch breitere und flachere Turm, der an den Seiten abgeschrägt war und hinten über einen auffälligen Ausleger verfügte.

Der 52 Tonnen schwere Zulfiqar III hatte genau wie seine Vorgänger die gleiche im Iran gebaute Kopie der sowjetischen 125-mm-Kanone. Diese besaß jedoch den verbesserten Ladeautomaten HM-50 und das bessere Feuerleitsystem Fontana EFCS-3. Der Zulfiqar III verfügte insgesamt über drei Nebenwaffen: ein 7,62-mm-MG in einem fernbedienten Waffenstand vorn auf dem Turm oberhalb der Kanone, ein vom Kommandanten bedientes schweres 12,7-mm-MG DShK vorn rechts auf dem Turmdach sowie ein vom Richtschützen bedientes 7,62-mm-MG vorn links auf dem Turmdach. Dazu hatte er zwei Nebelwerfer mit je sechs Rohren an den Turmseiten.

Weiteren Schutz boten im Iran produzierte Laminat-Verbundpanzermodule. Zusätzlich hatten viele der Typ-III-Modelle gepanzerte Seitenschürzen zum Schutz des Laufwerks vor Panzerabwehrgranaten. Diese Seitenschürzen bestanden aus drei großen rechteckigen Panzerplatten mit geradem Abschluss, einer großen hinteren Panzerplatte mit gebogener Unterkante und einer kleinen quadratischen Platte direkt hinter der vorderen Platte. Aber nicht alle Zulfiqar III haben diese Seitenschürzen.

Für den Antrieb sorgte der im Iran gebaute 1.000-PS-Dieselmotor AVDS-1790, eine stärkere Version des ukrainischen 780-PS-Motors aus dem Zulfiqar I. Das Laufwerk hatte sieben mittelgroße, parallel angeordnete Laufrollen an Drehstabfedern auf jeder Seite, die dem Zulfiqar III eine Höchstgeschwindigkeit auf der Straße von 69 km/h ermöglichten.

Ab 2016 verfügten die letzten Modelle auch über ein im Iran entwickeltes Lenkwaffen-Abwehrsystem auf dem Turm, das angeblich einen Rundumschutz vor Angriffen bieten soll. Zwischen 2013 und 2018 wurden im Iran 24 insgesamt Zulfiqar III gebaut, weitere 20 befinden sich in der Planung.

ZULFIQAR III

Baujahr	2013
Stückzahl	24
Gewicht	52,8 t
Länge (mit Rohr)	9,20 m
Breite	3,60 m
Höhe	2,40 m
Antrieb	Dieselmotor AVDS-1790 mit 1.000 PS
Höchstgeschwindigkeit (Straße)	69 km/h
Besatzung	3 Mann
Panzerung	Gewalzter homogener Panzerstahl + Verbundpanzerung + Seitenschürzen
Hauptbewaffnung	Voll stabilisierte 125-mm-Glattrohrkanone 2A46M2 L/48
Kampfbeladung	36 Geschosse

Zulfiqar III
Dieser Zulfiqar III hat das vierfarbige, konturauflösende Tarnmuster für den Norden, bestehend aus Dunkelgrau, Mittelgrau, Hellgrau und Olivtönen.

Zulfiqar III
Dieser Zulfiqar III von 2013 im Vierfarb-Tarnmuster zeigt die starke Ähnlichkeit mit dem amerikanischen Abrams.

Ein russischer Kampfpanzer T-80 im Jahr 2016 auf dem Truppenübungsplatz Alamino bei Moskau.

T-80

Der 1976 eingeführte T-80 war der erste Kampfpanzer der dritten Generation in der Sowjetunion und der allererste überhaupt mit einer Gasturbine. Er wurde von 1966 bis 1976 entwickelt und hatte Konstruktionsmerkmale des T-64 sowie Bauteile des T-72. Von 1976 bis 1991 baute die Sowjetunion 4.921 T-80, von 1991 bis 1995 entstanden 483 weitere in Russland und der Ukraine. 2018 hatten neun Armeen noch insgesamt 1.913 T-80 im aktiven Dienst. Das 41,8 Tonnen schwere Vorserienmodell hatte einen flachen, leicht halbkugelförmigen Turm aus gegossenem Panzerstahl, der mittig auf einer flachen Wanne saß. Bewaffnet war der T-80 mit der in zwei Achsen stabilisierten 125-mm-Glattrohrkanone 2A46-1 (D-81TM) L/48.

Mit dem Ladeautomaten Korsina für 28 Schuss war eine Feuerfolge von vier bis acht Schuss/min möglich. Der T-80 hatte 40 Schuss an Bord, darunter KE-Pfeilgeschosse mit Treibspiegel, Hohlladungsgeschosse und Splitter-Spreng-Geschosse. Mit dem KE-Pfeilgeschoss konnte die Kanone 630 Millimeter senkrechten Panzerstahl auf 2.000 Meter durchschlagen. Neben der Kanone hatte der T-80 ein koaxiales 7,62-mm-MG und ein schweres 12,7-mm-Fla-MG oben auf dem Turm. Geschützt war er durch Platten aus gewalztem homogenem Panzerstahl und zusätzliche Verbundpanzerung vorn an Turm und Wanne. Der Schutz entsprach dem von 500 Millimeter Panzerstahl gegen ein aus 1.000 Meter abgefeuertes KE-Pfeilgeschoss mit Treibspiegel. Die letzten T-80 hatten auch fünfteilige gummierte Seitenschürzen. Das Laufwerk hatte sechs mittelgroße Laufrollen mit Drehstabfederung pro Seite. Mit der 1.000 PS starken Vielstoff-Gasturbine GTD-1000T konnte der T-80 eine Höchstgeschwindigkeit von 70 km/h auf der Straße erreichen. Von 1976 bis 1978 baute die Sowjetunion 250 Vorserienfahrzeuge zur Bewertung.

1978 wurde der modernisierte T-80B in den Dienst gestellt. Er hatte einen anders gestalteten Turm aus Panzerstahl, die 125-mm-Kanone 2A46M, die Panzerabwehrlenkflugkörper 9M112M Kobra (AT-8 Songster) verfeuern konnte, einen verbesserten Ladeautomaten, das Feuerleitsystem 1A33, bessere Visiere und Verbundpanzerung und Seitenschürzen aus sechs rechteckigen Platten. Es wurden auch einige Führungspanzer T-80BK mit zusätzlicher Funkausstattung gebaut. Ab 1984 wurde in der Sowjetunion auch der besser gepanzerte T-80BW gebaut, der über die Reaktivpanzerung Kontakt-1 und eine verbesserte Verbundpanzerung mit der Kombination-K-Kompositpanzerung an der oberen Bugplatte verfügte.

T-80U

Der 1985 eingeführte T-80U hatte ein leistungsfähigeres Feuerleitsystem 1A42, ein modifiziertes Visier 1G46 für den Richtschützen und eine Reaktivpanzerung der zweiten Generation Kontakt-5. Dazu hatten die von 1990 bis 1991 gebauten T-80 die 1.250 PS starke Gasturbine GTD-1250. Die 48 Führungspanzer T-80UK haben das computergesteuerte Schtora-1-Abwehrsystem mit IR-Störgerät, Laserwarnsystem und Nebelwerfer sowie ein verbessertes Wärmebildzielgerät. In den Jahren 1985 und 1986 wurde die Produktion von T-80BW/T-80U auf den T-80UD umgestellt, der ausschließlich in der Ukraine gebaut wurde. Der T-80UD war ein T-80U mit einem sparsameren Dieselmotor. Bis zur Auflösung der Sowjetunion waren 510 T-80UD gebaut worden.

Danach übernahmen vier Folgestaaten die T-80-Flotte aus der Ex-Sowjetunion: Russland erhielt 5.012 Panzer,

T-80U

Baujahr	1985
Stückzahl	846
Gewicht	44,2 t
Länge (mit Rohr)	9,90 m
Breite	3,40 m
Höhe	2,20 m
Antrieb	Gasturbine GTD-1000T mit 1.000 PS
Höchstgeschwindigkeit (Straße)	68 km/h
Besatzung	3 Mann
Panzerung	Gewalzter homogener Panzerstahl + Verbundpanzerung + Reaktivpanzerung + Seitenschürzen
Hauptbewaffnung	125-mm-Glattrohrkanone 2A46M2 L/48
Kampfbeladung	40 Geschosse

T-80U
Auffällig ist der große zylindrische Kraftstoffbehälter dieses russischen T-80U hinten auf der Wanne. Er trägt im Jahr 2001 ein dreifarbiges Tarnmuster in Dunkelgrau/Hellgrau/Oliv.

T-80U
Unter der zweifarbigen, konturauflösenden Tarnung sind die Kontakt-5-Reaktivpanzerkacheln dieses pakistanischen T-80U deutlich zu erkennen.

T-80UM

Russland baute im Jahr 2003 ganze drei T-80UM. Sie hatten die neue, präzisere Kanone 2A46M-4, das Wärmebildzielgerät Buran und eine modulare Schottpanzerung am Turm.

T-80UM	
Baujahr	1996
Stückzahl	unbekannt
Gewicht	44,2 t
Länge (mit Rohr)	9,90 m
Breite	3,40 m
Höhe	2,20 m
Antrieb	Gasturbine GTD-1000T mit 1.000 PS
Höchstgeschwindigkeit (Straße)	68 km/h
Besatzung	3 Mann
Panzerung	Gewalzter homogener Panzerstahl + Verbundpanzerung + Reaktivpanzerung + Seitenschürzen
Hauptbewaffnung	125-mm-Glattrohrkanone 2A46M-4 L/48
Kampfbeladung	40 Geschosse

Belarus 92, Kasachstan zwölf und die Ukraine 577. Bis zur Einstellung der Produktion 1995 entstanden in Russland noch 437 T-80BW. Wegen der schlechten wirtschaftlichen Lage wurden 1.856 T-80 in russischen Depots eingelagert.

Von 1996 bis 2003 wurden aber noch einmal zehn T-80U zu Exportversionen umgebaut: Vier Panzer wurden zu T-80UA mit der Kanone 2A46M, dem Feuerleitsystem 1A45-1, verbesserten ISTAR-Systemen und dem Schtora-Abwehrsystem, drei wurden zu T-80UM mit der Kanone 2A46M-4 für Lenkflugkörper sowie einer zum T-80UM1 Bars („Schneeleopard") mit dem Panzerabwehrlenkwaffen-Abwehrsystem Arena und dem Schtora-Abwehrsystem. Zwei Panzer wurden letztendlich generalüberholt und zum längeren T-80UM2 Black Eagle mit Ladeautomaten am Turm und dem Drosd-2-Schutzsystem umgerüstet.

EINSATZ IM KAUKASUS

Seinen ersten größeren Kampfeinsatz hatte der T-80 im Tschetschenienkrieg von 1994 bis 1996. Die 109 T-80B/BW Russlands erwiesen sich trotz ihrer modernen Technologie bei taktischen Fehlern in städtischer Umgebung als äußerst verwundbar, wenn sie von tschetschenischen Panzerabwehrgranaten angegriffen wurden. Nach einem Treffer explodierten sie oft, weil die Treibladung der eigenen Geschosse nur schlecht geschützt war. Diese Erfahrungen und die rasant steigenden Wartungskosten für den T-80 bewogen Russland, ab 1995 eher auf T-72 und T-90 zu setzen.

Von 1995 bis 2001 verkaufte Russland 156 T-80 an China, Zypern, Ägypten, Südkorea und den Jemen und lagerte weitere 410 ein. Zwischen 1996 und 1998 kaufte Pakistan 320 modernisierte ukrainische T-80UD, während Belarus 66 modernisierte T-80BW an den Jemen lieferte. Aufgrund der taktischen Erfahrungen aus den Jahren 1994 bis 1996 setzte Russland seine T-80 im zweiten Tschetschenienkrieg (1999–2000) nicht ein.

Im Jahr 2001 hatte Russland noch 2.858 T-80 im aktiven Dienst sowie weitere 1.442 eingelagert. Von 2005 bis 2008 wurden 43 T-80B zu T-80BA mit einem neuen Feuerleitsystem umgebaut. Acht T-80UE1 entstanden aus der Kombination überschüssiger Türme mit ISTAR vom T-80UD und einer vorhandenen Wanne des T-80B. Im Jahr 2008 wurde dann jedoch entschieden, den T-80 ab 2009 auszusondern und ihn auch nicht im Georgienkrieg einzusetzen.

Diese Aussonderung wurde aber durch den Krieg mit der Ukraine (ab 2014) unterbrochen. Russland setzte dort zunächst neben 210 T-72 und sieben T-64BW nur zwei T-80 ein, während die Ukraine 27 auf dem T-80 basierende T-84 ins Gefecht schickte. Im Lauf dieses Konflikts prüfte Russland erneut das Potenzial des T-80 für die Landesverteidigung und den Export.

Als man in den Jahren 2017 und 2018 erkannte, dass Panzer mit Gasturbinen bei kaltem Klima besser zurechtkamen als Panzer mit Dieselmotoren, wurden zwölf eingelagerte T-80BW in T-80BMW umgebaut. Sie erhielten das Feuerleitsystem 1A45, das Wärmebildzielgerät Sonsa-U, Relikt-Reaktivpanzerung und eine stärkere Gasturbine mit 1.250 PS. Weitere 31 Umrüstungen zum T-80BMW sind in Planung.

Der T-80 kam aber nicht nur in der östlichen Ukraine zum Einsatz. Während des Bürgerkriegs im Jemen (ab 2015) setzte die Hadi-Regierung 66 T-80BW aus Belarus gegen die Huthi-Rebellen ein. Vier dieser Panzer sowie fünf ex-saudische M1A2S Abrams wurden durch das Feuer feindlicher Panzerabwehrgranaten und -lenkflugkörper zerstört. 2018 begann Pakistan mit Unterstützung aus der Ukraine, 23 seiner 312 dort gekauften T-80UD zu modernisieren. Sie erhielten einen neuen Turm, ein besseres Feuerleitsystem und einen stärkeren Motor. Diese aufgerüsteten T-80 werden wohl noch eine Weile auf dem Gefechtsfeld vertreten sein.

T-80BMW

Baujahr	2017
Stückzahl	12
Gewicht	44,5 t
Länge (mit Rohr)	9,90 m
Breite	3,40 m
Höhe	2,20 m
Antrieb	Gasturbine GTD-1250T mit 1.250 PS
Höchstgeschwindigkeit (Straße)	68 km/h
Besatzung	3 Mann
Panzerung	Gewalzter homogener Panzerstahl + Verbundpanzerung + Reaktivpanzerung
Hauptbewaffnung	125-mm-Glattrohrkanone 2A46M2 L/48
Kampfbeladung	40 Geschosse

T-80BMW
Im Jahr 2017 erkannte Russland das Exportpotenzial der eingelagerten T-80BW aus den 1980er-Jahren. Einer dieser Panzer wurde 1996 in Transnistrien gesehen. Durch die Modernisierung wurde er zum T-80BMW.

T-80BW
Die pfeilförmigen Kontakt-1-Reaktivpanzerkacheln sind an der Turmfront dieses russischen T-80BW gut zu erkennen. Mitte der 1990er-Jahre trägt er eine dreifarbige, konturauflösende Tarnung in Blaugrau/Hellbraun/Oliv.

T-84

1992 übernahm die neu gegründete Ukraine die ehemals sowjetischen Militärgüter innerhalb der Landesgrenzen, darunter 2.340 T-64, 1.044 T-72 und 577 T-80. Das Land selbst verfügte über 167 T-80BW mit Gasturbine und Reaktivpanzerung aus 1984 bis 1987 sowie 420 T-80UD mit Dieselmotor aus 1985 bis 1991. Während Russland die T-80 wegen der aufwendigen Wartung einlagerte, begann die Ukraine 1996, ihre T-80 für die Landesverteidigung und den Export zu modernisieren. Das lag auch daran, dass das ehemalige sowjetische Malischew-Werk nun auf ukrainischem Boden lag. Dort waren 1991, im letzten Jahr der Sowjetunion, 800 T-80U/UD gebaut worden. Nach der Auflösung der Sowjetunion entstanden dort von 1992 bis 1995 nur noch 46 Panzer.

1996 entschied sich Pakistan, 320 zu modernisierende ukrainische T-80UD zu kaufen. 1997/1998 bemühte sich die Ukraine erfolglos, russische Ersatzteile für diesen Umbau zu bekommen, bevor die Panzer ausgeliefert werden sollten. So produzierte sie selbst 42 neu entwickelte Türme und baute einige von ihnen auf die Exportpanzer. Aufgrund dieser Schwierigkeiten bemühte sich das OKB Morosow in Charkiw, eigene modernisierte Versionen des T-80 zu entwickeln und zu bauen.

HAUSGEMACHTE MODERNISIERUNG

Von 1992 bis 1999 entwickelte das OKB Morosow das Modernisierungspaket T-84 für die T-80UD. Die ersten Prototypen wurden zwischen 1994 und 1998 getestet und verbessert, bis die Konstruktion 1999 schließlich in die Serienfertigung ging. Der Kampfwert des 46 Tonnen schweren T-84 wurde durch einen neuen geschweißten Turm mit der ukrainischen 125-mm-Glattrohrkanone KBA-3 und die Modernisierung von Feuerleitsystem und Zielerfassung gesteigert. Für eine höhere Überlebensfähigkeit sorgten eine neue Laminat-Verbundpanzerung aus Gummi und Leichtmetall (die beim T-80UD noch auf Keramik basierte) sowie ein Lenkwaffen-Abwehrsystem in der Art des sowjetischen Schtora.

Die Mobilität wurde mithilfe des eigens entwickelten, 1.200 PS starken Gegenkolben-Dieselmotors 6TD-2 verbessert. Das Leistungsgewicht lag bei 26 PS pro Tonne und gab dem T-84 die beeindruckende Höchstgeschwindigkeit von 70 km/h auf der Straße. Von 1999 bis 2002 wurden zehn T-80UD zu T-84 umgebaut. 2002 und 2003 wurden zwölf noch weiter modernisierte ukrainische T-80UD als T-84U in den Dienst gestellt. Weitere elf wurden 2018 bestellt. Der T-84U hatte eine neuere Zielerfassung, ein Mündungsbezugssystem für die Kanone, Kontakt-5-Reaktivpanzerung am Turm, GPS-Navigation, neue gepanzerte Seitenschürzen und ein Hilfsaggregat an Bord.

T-84U

Von 1999 bis 2001 entwickelte OKB Morosow als noch weiter modernisierte Version den T-84 Oplot („Festung“).

Ukrainische T-84 im August 2018 bei einer Militärparade im Zentrum von Kiew, mit der 27 Jahre Unabhängigkeit gefeiert wurden.

T-84 Oplot
Dieses Bild zeigt die Reaktivpanzerkacheln und die Seitenschürzen.

T-84 OPLOT („FESTUNG")

Baujahr	2001
Stückzahl	10
Gewicht	51,0 t
Länge (mit Rohr)	9,72 m
Breite	4,18 m
Höhe	2,80 m
Antrieb	Dieselmotor 6TD-2E mit 1.200 PS oder 6TD-3 mit 1.500 PS
Höchstgeschwindigkeit (Straße)	70 km/h
Besatzung	3 Mann
Panzerung	Verbundpanzerung + Reaktivpanzerung gegen Tandemhohlladungen + Seitenschürzen
Hauptbewaffnung	125-mm-Glattrohrkanone KBA-3
Kampfbeladung	46 Geschosse

Dieser Panzer hatte einen neuen Turm nach westlichem Vorbild und einen im Turmheck montierten Ladeautomaten für 28 Schuss. Das integrierte Feuerleitsystem umfasste einen Ballistikrechner TIUS-WM, ein Wärmebildzielgerät PTT-2, ein Panoramavisier PNK-6 und ein Visier IG46M für den Richtschützen.

Dazu gab es weitere Verbesserungen für die Überlebensfähigkeit: Der neu gestaltete Innenraum verfügte über eine gepanzerte Kapsel für die Besatzung, die vom Stauraum für die 125-mm-Munition getrennt war. Diese Kapsel hatte Ausblasverkleidungen für den Fall einer Explosion. Dazu gab es eine moderne Verbundpanzerung, eine Reaktivpanzerung auf Nosch-Basis zum Schutz vor Tandemhohlladungen und ein fortschrittliches ABC-Spür- und -Schutzsystem. Die ersten Oplot erhielten noch den 1.200 PS starken Dieselmotor 6TD-2E, später wurde dann der stärkere 6TD-3 mit 1.500 PS verbaut.

Im Jahr 2001 stellte die Ukraine zehn Oplot in den Dienst. Im Jahr 2011 kaufte Thailand 49 Oplot, welche die Ukraine zwischen 2014 und 2017 trotz ihres Konflikts mit Russland auch alle ausliefern konnte. Das OKB Morosow erklärte, dass der Verkaufspreis von 4,6 Millionen Dollar 2011 für die Modernisierung von fünf lange eingelagerten ukrainischen T-72 ausreichte.

Die Ukraine besaß zwar zehn einsatzbereite Oplot, hat diese hoch entwickelten Fahrzeuge bis dahin aber nicht im Krieg gegen Russland eingesetzt, weil eventuelle Verluste der Exportfähigkeit schaden würden.

INTERESSE AM EXPORT

Aserbaidschan, Georgien, Pakistan und Peru bekundeten Interesse am Kauf des Oplot, es ist jedoch noch nicht zu konkreten Verträgen gekommen. Von 2009 bis 2011 entwickelte die Ukraine einen weiter modernisierten T-84 Oplot mit der Bezeichnung T-84BM Oplot-M. Dieser 51 Tonnen schwere Panzer ist mit einer optimierten Verbundpanzerung, ungewöhnlich breiten Seitenschürzen sowie einem verbesserten System für elektronische Abwehrmaßnahmen ausgestattet. 2013 stellte die Ukraine fünf Oplot-M in den Dienst.

Von 1998 bis 2000 entwarf das OKB Morosow zudem den Prototypen T-84-120 (KERN2-120) Yagatan („Türkenschwert"), eine Exportversion des Oplot, die speziell auf die Forderungen der Türkei für den Kampfpanzer der nächsten Generation abgestimmt war. Der 48 Tonnen schwere Dreimann-Panzer hatte eine 120-mm-Glattrohrkanone speziell für NATO-Munition, gekoppelt mit einem Ladeautomaten am Turmheck für 22 Schuss. Es konnte auch die in der Ukraine produzierte Variante der sowjetischen 120-mm-Panzerabwehrlenkrakete Refleks AT-11B Sniper abgeschossen werden. Die Türkei entschied sich nach ausgiebigen Erprobungen des Yagatan im Jahr 2000 jedoch für den Leopard 2 A4. Bangladesch hatte erwogen, 76 T-84-120 zu kaufen, aber bislang sind keine Verträge zustande gekommen.

Dieser russische T-90 zeigt die ungewöhnliche Konstruktion der Seitenschürzen mit drei einzelnen, leicht versetzt angeordneten Frontpanzerplatten.

T-90

Der Ende 1992 eingeführte T-90 der dritten Generation war der erste in Russland gebaute Panzer. Er wurde von 1989 bis 1992 noch unter der Bezeichnung T-72BU als logische Weiterentwicklung der sowjetischen T-72M und T-80U entwickelt. Von 1992 bis 2011 wurden in Russland 1.785 T-90 gebaut, von denen 1.244 exportiert wurden. Für weitere 364 gab es Lizenzverträge für den Bau in Indien.

Der 46 Tonnen schwere T-90 hatte einen breiten, flachen und leicht abgerundeten Gussturm, der mittig auf einer niedrigen Wanne saß. Bewaffnet war er mit der 125-mm-Glattrohrkanone 2A46M, gekoppelt an ein Ladekarussell und das Feuerleitsystem 1A45T. Es konnten auch Lenkflugkörper verschossen werden. Der T-90 hatte

T-90A

Baujahr	1998
Stückzahl	436
Gewicht	46,5 t
Länge (mit Rohr)	9,53 m
Breite	3,78 m
Höhe	2,22 m
Antrieb	Dieselmotor W-92MS mit 950 PS
Höchstgeschwindigkeit (Straße)	60 km/h
Besatzung	3 Mann
Panzerung	Gewalzter homogener Panzerstahl + Verbundpanzerung + Reaktivpanzerung + Selbstschutzsystem + Seitenschürzen
Hauptbewaffnung	125-mm-Glattrohrkanone 2A46M-2
Kampfbeladung	43 Geschosse

T-90A
Dieser russische T-90 (Fahrzeug 302), gesehen 2003, hatte eine ungewöhnliche Kennung aus quadratischen Blöcken, die mit einer Schablone auflackiert wurden. Das schwere Kord-MG auf dem Turmdach fällt durch seine schiere Größe auf.

43 Geschosse an Bord, darunter KE-Pfeilgeschosse mit Treibspiegel, Hohlladungsgeschosse und Splitter-Spreng-Geschosse sowie vier Lenkflugkörper AT-11 Sniper. Dazu kamen ein schweres 12,7-mm-Fla-MG Kord, ein koaxiales 7,62-mm-MG PKMT und ein Nebelwerfer mit sechs Rohren auf jeder Turmseite.

Für Schutz sorgten gewalzter homogener Panzerstahl mit einer Verbundpanzerung darüber, Reaktivpanzerkacheln Kontakt-5 und das Selbstschutzsystem Schtora. Der T-90 hatte sechs Laufrollen an Drehstabfedern pro Seite, eingleisige Ketten und einen 840 PS starken Dieselmotor W-84MS. Damit erreichte er eine Höchstgeschwindigkeit von 60 km/h auf der Straße. Dazu besaß er ein Hilfsaggregat AB-1-P28 mit 1,3 PS, das das Funkgerät bei stehendem Motor mit Strom versorgte.

Nachdem in Russland die Entscheidung für den T-90 und gegen den wartungsintensiven T-80 gefallen war, wurden von 1992 bis 2000 bei UWS (Uralwagonsawod) 256 T-90 gebaut.

T-90S

Baujahr	1996
Stückzahl	1.244 (+ 25 unter Lizenz)
Gewicht	46,5 t
Länge (mit Rohr)	9,53 m
Breite	3,78 m
Höhe	2,22 m
Antrieb	Dieselmotor W-96 mit 1.250 PS
Höchstgeschwindigkeit (Straße)	60 km/h
Besatzung	3 Mann
Panzerung	Gewalzter homogener Panzerstahl + Verbundpanzerung + Reaktivpanzerung + Seitenschürzen
Hauptbewaffnung	125-mm-Glattrohrkanone 2A46M
Kampfbeladung	43 Geschosse

T-90A

Die von 1998 bis 2010 gebaute Folgeversion T-90A wog 46,5 Tonnen. Der T-90A unterschied sich vom T-90 durch einen neu gestalteten, nun geschweißten Turm mit eckiger Silhouette, zweigleisige Ketten, die verbesserte Kanone 2A46M-2, das Wärmebildgerät ESSA, Granatenabschussgeräte mit vier Rohren, eine Relikt-Reaktivpanzerung und einen 950 PS starken Dieselmotor W-92MS. Unter der Bezeichnung T-90AK entstanden 18 Führungspanzer, die an einer zweiten Funkantenne zu erkennen sind. Von 1998 bis 2010 wurden in Russland 436 T-90A für den eigenen Bedarf gebaut.

Den ersten Kampfeinsatz hatte der T-90A im zweiten Tschetschenienkrieg von 1999 bis 2000. Bei vernünftigem taktischem Einsatz zeigte er gute Leistungen, und so ging kein einziger T-90A verloren. In den Jahren 2005 bis 2012 rüstete Russland viele seiner T-90A mit dem französischen Wärmebildgerät Catherine FC nach.

Im Krieg mit der Ukraine (2014 – heute) hat Russland im Sommer 2014 mindestens drei T-90A eingesetzt, keiner ging durch feindliche Einwirkung verloren. In diesem Krieg wurden allerdings ganz überwiegend T-64 und T-72 eingesetzt. 2015 schenkte Russland dem syrischen Heer, das sich im Bürgerkrieg (2011 – heute) nicht durchsetzen konnte, 31 T-90A. Dank der Reaktivpanzerung und des Selbstschutzsystems Schtora konnten viele von ihnen den Angriffen von Panzerabwehrlenkflugkörper entgehen, aber sechs wurden doch durch amerikanische TOW-2a oder russische 9M133 Kornet AT-14 Spriggan zerstört. Den

T-90S

Aserbaidschan hat den T-90S und den T-72UMG als Spitzenpanzer eingeführt. Dieser T-90S hat ein vierfarbiges, konturauflösendes Tarnmuster in Khaki/Braun/Oliv/Anthrazit.

T-90S Bhishma

Ein indischer T-90S Bhishma. Von 2014 bis 2018 rüstete Indien viele seiner 657 T-90S aus Russland mit einem in Indien entwickelten Feuerleitsystem, besseren Wärmebildgeräten und verbesserter Heizung und Klimatisierung aus.

Aufständischen gelang es, zwei dieser syrischen T-90A zu erbeuten. Nach der Verstärkung der Panzerung mit Sandsäcken setzten sie sie gegen ihre ehemaligen Besitzer ein.

EXPORTVERSIONEN

Ab 1996 wurden in Russland die Modelle T-90S und T-90SA (sowie der T-90SK als Führungspanzer) für den Export gebaut. Sie verfügten über GPS-Navigation, einen neu gestalteten Turm, die verbesserte Kanone 2A46M, die bessere Relikt-Reaktivpanzerung anstelle der Kontakt-5 und den 1.250 PS starken Dieselmotor W-96, hatten aber kein Selbstschutzsystem Schtora.

Auf dem Markt waren sie recht erfolgreich. Es wurden 1.244 Fahrzeuge exportiert sowie Verträge über 364 Lizenzbauten in Indien abgeschlossen (von denen bislang 25 fertiggestellt wurden). Russland exportierte 652 T-90S/SA/SK nach Indien (2001 und 2007–2008), 305 nach Algerien (2008–2013), 44 nach Uganda (2010–2013), 100 nach Aserbaidschan (2011–2013), 70 nach Turkmenistan (2010–2012) und 73 in den Irak (2017–2018). Bis August 2018 waren die 34. und 35. irakische Brigade vom Abrams auf diese 73 T-90S umgestellt, die extra für diesen Zweck eine zusätzliche Käfigpanzerung rund um den Motorraum erhalten hatten. Weitere Exportverträge für den T-90S sind durchaus möglich.

DER T-90S IN INDIEN

Im Jahr 2001 kaufte Indien 310 T-90S, darunter 124 fertig montierte Panzer sowie 186 teilmontierte Panzer oder Bausätze. Diese Panzer hatten das integrierte Feuerleitsystem 1A4GT, die Reaktivpanzerung Kontakt-5, aber kein Schtora. Die indischen Ingenieure rüsteten sie mit selbst entwickelten Kankun-Verbundpanzermodulen und französischen Visieren aus. In Lizenz baute Indien von 2004 bis 2018 weitere 25 modernisierte T-90S Bhishma. Ende 2012 wurde ein neuer Lizenzvertrag über den Bau von 339 dieser Panzer in den Jahren 2013 bis 2020 abgeschlossen, mit zusätzlichen indischen Modifikationen.

Diese Bhishma besitzen ISTAR-Modernisierungen, die leistungsgesteigerte 125-mm-Kanone 2A46M-2, Kaktus-6-Reaktivpanzerung sowie Kankun-Verbundpanzermodule. 2007 bestellte Indien dafür 347 Bausätze des T-90S für die Montage vor Ort. 2012 verkündete Indien außerdem, in Lizenz 464 T-90SM Bhishma II (Tagil) mit der verbesserten 125-mm-Kanone 2A46M-5 zu bauen.

T-90S BHISHMA

Baujahr	2004
Stückzahl	25
Gewicht	47,5 t
Länge (mit Rohr)	9,63 m
Breite	3,78 m
Höhe	2,22 m
Antrieb	W-92S2 Dieselmotor mit 950 PS
Höchstgeschwindigkeit (Straße)	60 km/h
Besatzung	3 Mann
Panzerung	Gewalzter homogener Panzerstahl + Verbundpanzerung + Seitenschürzen
Hauptbewaffnung	125-mm-Glattrohrkanone 2A46M-2
Kampfbeladung	43 Geschosse

T-90MS

Dieser T-90MS hat die verbesserte Kanone 2A46M-4 und deutlich sichtbare Relikt-Reaktivpanzerkacheln an beiden Seiten der Turmfront, der Wannenfront und den Seitenschürzen.

T-90MS

Baujahr	1996
Stückzahl	1.244 (+ 25 unter Lizenz)
Gewicht	46,5 t
Länge (mit Rohr)	9,53 m
Breite	3,78 m
Höhe	2,22 m
Antrieb	Dieselmotor W-92S2F mit 1.130 PS
Höchstgeschwindigkeit (Straße)	60 km/h
Besatzung	3 Mann
Panzerung	Gewalzter homogener Panzerstahl + Verbundpanzerung + Reaktivpanzerung + Selbstschutzsystem + Seitenschürzen
Hauptbewaffnung	125-mm-Glattrohrkanone 2A46M-4
Kampfbeladung	42 Geschosse

Dieser seltene maßgefertigte T-90MS hat auf seinem bemannten Turm einen gut abgeschirmten Waffenstand mit einem schweren MG (statt des üblichen fernbedienten Waffenstands), eine umfassende Käfigpanzerung am Heck und eine große Räumschaufel vorn an der Wanne.

NEUERE ENTWICKLUNGEN

Bereits 2011 hatte Russland auch den hoch beweglichen Prototypen T-90MS für den Export entwickelt. Diese modernisierte Version hatte einen geschweißten Turm mit eingebetteter Relikt-Reaktivpanzerung und fernbedienter Waffenstation, einen Ladeautomaten im Turmheck sowie gummierte Seitenschürzen mit eingesetzten Panzerplatten und einen 1.130 PS starken Motor W-92S2F.

Indien verhandelt mit Russland über ein künftiges, gemeinsames Entwicklungsabkommen, wonach Russland für Indien 345 T-90MS bauen würde. Zahlreiche in Indien entwickelte Komponenten für die Modernisierung sollen in dieses Abkommen einbezogen werden.

Im Jahr 2017 stellte das Maschinenbauunternehmen Uralwagonsawod (UWS) den weiterentwickelten T-90M vor, der sowohl für die Landesverteidigung als auch für den Export gebaut werden sollte. Neben den üblichen Modernisierungen des T-90M wies er darüber hinaus noch einige Neuentwicklungen auf. Er war ausgerüstet mit der 125-mm-Kanone 2A46M-4 mit Ladekarussell für 22 Schuss sowie mit dem 1.000 PS starken Motor W-92S2. Die Panzerung dieser Version umfasste Käfigpanzerung, Relikt-Reaktivpanzerkacheln und gummierte Seitenschürzen mit eingesetzten Panzerplatten.

2019 erhielt das russische Heer 42 T-90M. Weitere 56 vorhandene T-90A rüstete man zusätzlich auch auf den Standard des T-90M auf, sie wurden anschließend als T-90AM bezeichnet.

Seinen ersten Auftritt in der Öffentlichkeit hatte der T-14 Armata bei der Parade zum 70. Jahrestag des Sieges der Roten Armee in Moskau am 9. Mai 2015.

T-14 Armata

Der innovative T-14 Armata („Streitwagen“) ist Russlands neuester Kampfpanzer der vierten Generation. Er wurde von 2009 bis 2015 bei UWS entwickelt und basiert auf der Kettenfahrzeugplattform Armata. Dabei handelt es sich um ein gepanzertes Laufwerk mit Wanne, das als Grundlage für eine Familie moderner Panzerfahrzeuge dienen soll. Darunter finden sich auch der Schützenpanzer T-15 und die Panzerhaubitze 2S35 Koalizija-SW.

2014 erklärte Russland, UWS mit dem Bau von 2.300 T-14 bis 2020 beauftragen zu wollen. Die ersten fertigen Fahrzeuge erschienen bei der Parade zum 70. Jahrestag des Sieges der Roten Armee. Letztlich erhielt UWS nur einen Auftrag über den Bau von 100 „experimentellen Fahrzeugen“ bis 2020, da aufgrund der hohen Kosten die deutlich preisgünstigere Modernisierung der vorhandenen T-70, T-80 und T-90 wieder in das Blickfeld rückte. Im Jahr 2018 wurde der Bedarf weiter reduziert, sodass nur noch 32 T-14 bis 2021 auszuliefern waren. Ende 2018 waren gerade 18 dieser Panzer im aktiven Dienst.

Unterdessen gab es auch Verhandlungen mit Ägypten über den Export des T-14. Der T-14 ist zweifellos einer der fortschrittlichsten Kampfpanzer und hat auch in NATO-Kreisen entsprechendes Aufsehen erregt. Aber ein Gutteil der innovativen Konstruktion und der fortschrittlichen Technik ist noch nicht erprobt. Im echten Kampfeinsatz können sich durchaus noch Kinderkrankheiten zeigen. Man weiß auch noch nicht, wie sich die Platzierung des Kommandanten vorn in der Wanne auf Kampfsituationen auswirken wird.

BESONDERE MERKMALE

Zu den Neuigkeiten des 48 Tonnen schweren T-14 zählt ein kleiner, unbemannter und fernbedienter Turm mit vielen eckigen Flächen. Die dreiköpfige Besatzung sitzt nebeneinander in einer gepanzerten Kapsel in der rechteckigen Wanne. Diese Wanne ist länger und breiter als die aller bekannten sowjetischen und NATO-Panzer. Im Turm sitzt der neue Ladeautomat für die 125-mm-Glattrohrkanone 2A82-1M L/55. Er sorgt für die beeindruckende Feuerfolge von zehn bis zwölf Schuss/min. Zum ersten Mal ist bei einem russischen/sowjetischen Kampfpanzer das neue Ladekarussell für 36 Schuss mit einteiliger Munition bestückt. Diese ist sowohl im als auch um den Turm untergebracht und somit von der gepanzerten Kapsel der Besatzung getrennt.

Anders als die früheren russischen/sowjetischen Kampfpanzer hat der Armata keinen mittig auf dem Rohr sitzenden Rauchabsauger, dafür jedoch ein modernes

Mündungsbezugssystem. Für die Steuerung sorgt ein fortschrittliches Feuerleitsystem, das an die leistungsfähigen Visiere der Besatzung gekoppelt ist. Die Kanone kann auch den Panzerabwehrlenkflugkörper 9M119M1 Invar-M von 1997 verschießen. Das neue und ungewöhnlich lange KE-Pfeilgeschoss mit Treibspiegel Vacuum-1 soll 1.000 Millimeter senkrechten Panzerstahl auf bis zu 2.000 Meter Entfernung durchdringen können. Dazu hat der T-14 ein auf dem Turmdach montiertes schweres 12,7-mm-Fla-MG Kord und ein koaxiales 7,62-mm-MG PKMT. Beide Waffen werden aus der Besatzungskapsel heraus fernbedient.

VERBUNDPANZERUNG

Für den Schutz der Besatzung sorgt eine Kapsel aus Verbundpanzerung im Wannenbug, die dem Schutz von 900 Millimeter senkrechtem Panzerstahl entsprechen soll. Der Rest des Fahrzeugs verfügt über eine leichte Verbundpanzerung aus Keramik 44S-Sw-Sh. Große Teile von Front und Seiten sind noch mit der Malachit-Reaktivpanzerung der vierten Generation zusätzlich geschützt. Der T-14 hat das fortschrittliche Lenkwaffen-Abwehrsystem Afghanit, das sowohl KE-Pfeilgeschosse mit Treibspiegel als auch Tandemhohlladungen aus jeder Richtung abwehren kann. Auf jeder Turmseite sitzen fünf Hardkill-Abschussgeräte.

Der Panzer besitzt zehn rechteckige Seitenschürzen, die unter dem herabgezogenen Wannenrand herausragen und mit großen Malachit-Reaktivpanzerkacheln bestückt sind. Aufgrund der leichten Verbundpanzerung und des vergleichsweise kleinen Turms wiegt der T-14 trotz seines enormen Volumens nicht mehr als 48 Tonnen. Angesichts des geringen Gewichts ist davon auszugehen, dass die Verbundpanzerung an den Seiten und am Heck relativ dünn ist, wenn man sie mit dem Schutz der aktuellen NATO-Panzer vergleicht. Anders als seine Vorgänger hat der

T-14 Armata

Gewicht
Mit nur 48 Tonnen ist der T-14 ein leichter Kampfpanzer.

T-14 sieben große Laufrollen pro Seite. Sie sitzen an einem aufwendigen hydropneumatischen Laufwerk mit Hebelarm-Stoßdämpfern. An vieren der Rollenpaare kann die Federstärke individuell eingestellt werden. Für den Antrieb sorgt der 1.500 PS starke Turbodiesel ChTZ 12N360 A-85-3A X-12, der gekoppelt mit einem elektrisch gesteuerten Automatikgetriebe die enorme Höchstgeschwindigkeit von 80 km/h auf befestigten Straßen ermöglicht. Mit dem starken Motor und dem für einen Kampfpanzer relativ bescheidenen Gewicht hat der T-14 ein ausgezeichnetes Leistungsgewicht von 23 kg/t und gleichzeitig einen hervorragenden Wert für den Bodendruck. Somit hat er im Vergleich mit anderen modernen Kampfpanzern eine hervorragende Beweglichkeit.

Diese Ansicht von vorn zeigt die eckige, zerklüftete Front und unübliche Konstruktionsmerkmale wie die Granatwerfer mit je drei Rohren, die sich fast unter dem Turm verkriechen.

Panzerung
Der T-14 hat eine Kapsel aus Verbundpanzerung im Wannenbug, die dem Schutz von 900 mm senkrechtem Panzerstahl entsprechen soll.

Kanone
Die 125-mm-Kanone soll 1.000 mm senkrechten Panzerstahl auf 2.000 m durchdringen können.

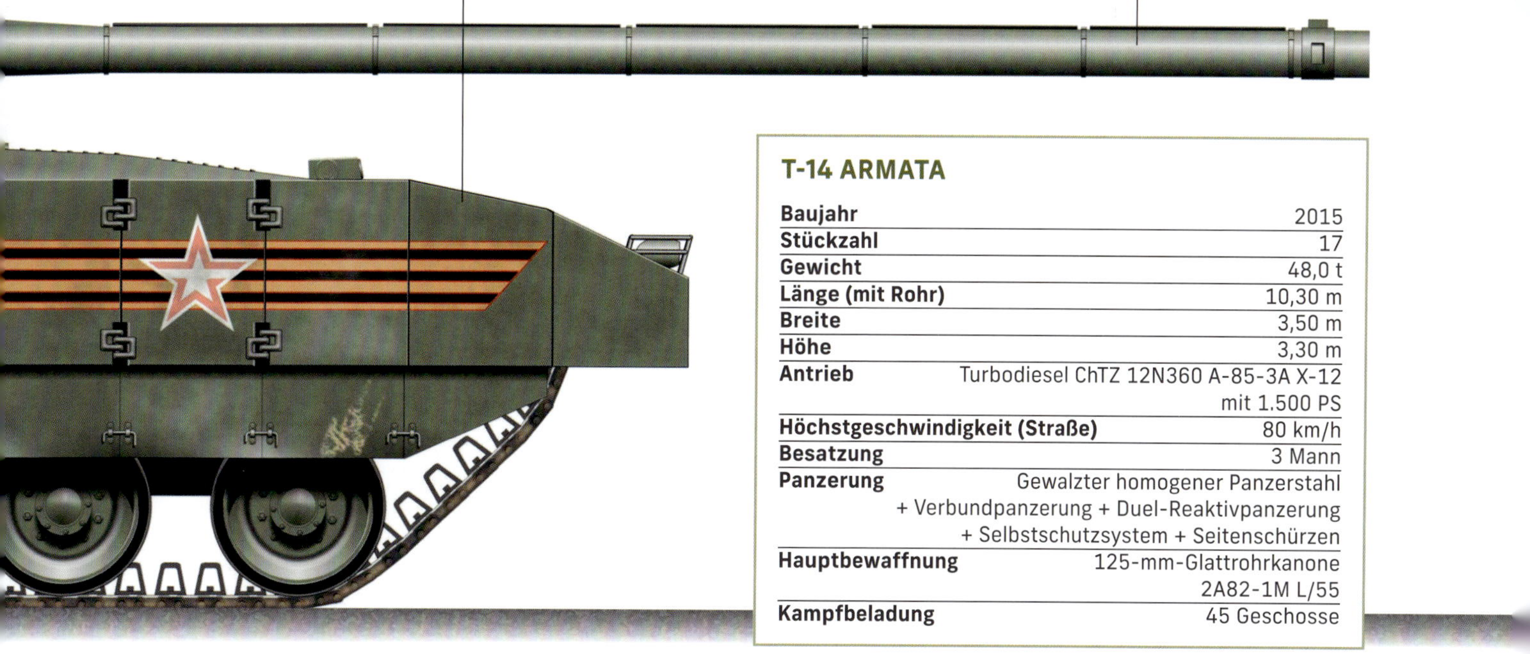

T-14 ARMATA

Baujahr	2015
Stückzahl	17
Gewicht	48,0 t
Länge (mit Rohr)	10,30 m
Breite	3,50 m
Höhe	3,30 m
Antrieb	Turbodiesel ChTZ 12N360 A-85-3A X-12 mit 1.500 PS
Höchstgeschwindigkeit (Straße)	80 km/h
Besatzung	3 Mann
Panzerung	Gewalzter homogener Panzerstahl + Verbundpanzerung + Duel-Reaktivpanzerung + Selbstschutzsystem + Seitenschürzen
Hauptbewaffnung	125-mm-Glattrohrkanone 2A82-1M L/55
Kampfbeladung	45 Geschosse

TR-85

Der TR-85 ist ein rumänischer Kampfpanzer, der auf dem TR-580 (der rumänischen Version des sowjetischen T-55) basiert. Er wurde Ende der 1970er-Jahre entwickelt und von 1986 bis 1990 gebaut. Ab 1994 wurde er im Rahmen eines Modernisierungsprogramms an NATO-Standards angepasst. Dieser TR-85M1 ist Rumäniens modernster Panzer. Er erhielt einen 830 PS starken V8-Dieselmotor und einen verbesserten Turm, ein Feuerleitsystem Ciclop mit Querwindsensor, einen Laser-Entfernungsmesser und ein Nachtsichtgerät sowie die 100-mm-APFSDS-Geschosse BM-412Sg K und ein komplett geändertes Laufwerk, geschützt durch Seitenschürzen aus Metall.

Der TR-85 stammt vom TR-77 ab, einer unlizenzierten Version des sowjetischen T-55 aus dem Jahr 1977. Das Laufwerk des T-55 wurde für den geplanten Einbau eines deutschen Motors verlängert, der dann aber aus politischen Gründen nicht gekauft werden konnte. Somit wurde der rumänische Dieselmotor V-55 mit 580 PS eingebaut. In dieser Form wurde der Panzer als TR-77-580 von 1979 bis 1985 gebaut. Bis 1982 entwickelte das Nationale Institut für Verbrennungsmotoren den stärkeren flüssigkeitsgekühlten 8-Zylinder-Turbodiesel 8VS-A2T2 mit 830 PS, der mit dem hydromechanischen Getriebe THM-5.800 für eine Höchstgeschwindigkeit von 50 km/h auf der Straße sorgte. Mit einem neuen Laufwerk und Turm wurde daraus der Kampfpanzer TR-85. Von diesem Panzer wurden zwischen 1986 und 1990 insgesamt 235 Stück gebaut.

Der TR-85 erwies sich allerdings als mechanisch sehr unzuverlässig. Er litt unter einem hohen Diesel- und Öl-

TR-85M1

Baujahr	1999
Stückzahl	54
Gewicht	50,0 t
Länge (mit Rohr)	9,96 m
Breite	3,44 m
Höhe	3,10 m
Antrieb	8-Zylinder-Turbodiesel 8VS-A2T2M mit 860 PS
Höchstgeschwindigkeit (Straße)	60 km/h
Besatzung	4 Mann
Panzerung	Gewalzter homogener Panzerstahl + modulare Verbundpanzerung + Seitenschürzen 20 – 320 mm
Hauptbewaffnung	100-mm-Kanone A308
Kampfbeladung	41 Geschosse

Ein rumänischer Kampfpanzer TR-85M1 bei einer Übung in Galati in Rumänien im April 2015.

TR-580

Ein TR-580 des irakischen Heeres. Von diesem Typ entstanden in Rumänien etwa 630 Exemplare. Im Jahr 1981 bestellte die irakische Regierung 150 dieser TR-580 zur Unterstützung ihrer vorhandenen Flotte an T-55. Sie wurden von 1981 bis 1984 aus diplomatischen Gründen über Ägypten ausgeliefert. Viele davon wurden in den Golfkriegen zerstört oder nach der von den USA angeführten Invasion des Irak im Jahr 2003 verschrottet.

verbrauch, Motor- und Getriebeproblemen und ständigen Ölverlusten. Auch das Feuerleitsystem Ciclop war wegen der schlechten Elektronik eher unzuverlässig. Der Laser-Entfernungsmesser war nicht an das Tageslicht-Zielsystem gekoppelt, und der schlichte Feuerleitrechner hatte sehr begrenzte Fähigkeiten. Erst nach dem Zusammenbruch des Kommunismus in den 1990er-Jahren wurde der TR-85 dank des möglichen Zugriffs auf ausländische Bauteile wesentlich zuverlässiger.

MODERNISIERUNGSPROGRAMM

1994 wurde ein umfassendes Modernisierungsprogramm aufgelegt, um den Panzer an die NATO-Standards anzupassen. Das Ergebnis war der TR-85M1 Bizonul („Bison"). 1996 wurden zwei Prototypen gebaut, 1999 erfolgte der Serienstart und bis 2009 wurden 54 Exemplare gebaut. Unter der Beteiligung rumänischer und französischer Firmen wurden Verbesserungen an der Feuerkraft, am Schutz, an der Funkanlage, am Motor und am Getriebe vorgenommen. Der Turm erhielt zwei Nebelwerfer mit je sechs 81-mm-Rohren, zwei vierrohrige Abschussgeräte für Leuchtkörper und einen Rauchgenerator. Das neue Laserwarnsensorensystem SAILR löst die Abschussgeräte für die Nebel- und Leuchtkörper automatisch aus, um Lenkflugkörper mit Wärme- und Infrarot-Suchern zu täuschen und vom Panzer wegzulocken.

Die Verbundpanzerung der Wanne ist maximal 200 Millimeter stark, die 320 Millimeter starke Panzerung des Turms ist durch zusätzliche 20 Millimeter mit modularer Verbundpanzerung ergänzt. Die Seitenschürzen aus Metall bieten Schutz gegen Hohlladungsgeschosse. Für weiteren Schutz sorgen die ABC-Schutzbelüftungsanlage und ein Halon-Feuerunterdrückungssystem. Eine verstärkte Bodenplatte schützt vor Minen und Sprengfallen.

Die 100-mm-Zugrohrkanone A308 aus dem TR-77 blieb erhalten, wurde aber mit einer Ausblasevorrichtung und einer Wärmeschutzhülle aufgewertet. Die Kanone verschießt panzerbrechende Unterkalibermunition, Hohlladungsgeschosse, Wuchtgeschosse, panzerbrechende Geschosse und KE-Pfeilgeschosse mit Treibspiegel. Sie ist in der Lage, bis zu 328 Millimeter senkrechten Panzerstahl auf 4.000 Meter zu durchschlagen.

Der Panzer hat zwei MGs: ein schweres drehzapfengelagertes 12,7-mm-MG DShKM und ein koaxiales 7,62-mm-MG PKM. Der TR-85M1 verfügt auch über das modernisierte Feuerleitsystem Ciclop-M der dritten Generation, das auf Entfernungen von unter 2.000 Metern eine Trefferquote von 95 Prozent haben soll. Mit Sprenggeschossen können Ziele sogar in bis zu sechs Kilometern Entfernung getroffen werden. Die Kanone ist durch das rechnergestützte Stabilisierungssystem EADS in zwei Achsen stabilisiert. Das Tagesvisier des Richtschützen verfügt über einen integrierten Laser-Entfernungsmesser und ein elektronisches Fadenkreuz.

Der Kommandant besitzt ein Panoramavisier SFIM EC2-55R der zweiten Generation mit einem Bildverstärker SAGEM MATIS, das auch ein passives Wärmebildgerät umfasst. Angetrieben wird der TR-85M1 durch den modernisierten 860-PS-Dieselmotor 8VS-A2T2M, der ihn trotz einer Gewichtszunahme auf 50 Tonnen auf eine Straßengeschwindigkeit von 60 km/h bringt.

SPEZIALVERSIONEN

Hierzu zählen der Bergepanzer TER-85 auf dem Laufwerk des TR-85, der Pionierpanzer DMT-85M1 auf dem Laufwerk des TR-85M1 mit neuem, festem Aufbau und einem 6,5-t-Kran sowie der Minenräumpflug Pearson TWMP, der zwischen 2007 und 2009 fünfmal gebaut wurde.

M1 Abrams

Von 1973 bis 1976 entwickelten und bauten Chrysler und General Motors die ersten Prototypen des Kampfpanzers M1 Abrams, die dann zwei Jahre unter harten Bedingungen erprobt wurden. Dieser neue Kampfpanzer sollte den bewährten M60 ablösen und wurde nach einem bekannten amerikanischen General aus dem Vietnamkrieg, General Creighton Abrams, benannt.

Diese Prototypen verfügten über Turbinenmotoren und die 105-mm-Zugrohrkanone M68/L7 L/52. 1977 und 1978 wurden elf Vorserienfahrzeuge namens XM-1 gebaut und weiteren ausgiebigen Erprobungen unterzogen. Die ersten Serienfahrzeuge des M1 liefen schließlich 1980 vom Band. Der Panzer hatte eine lange, flache, fast rechteckige Wanne, die hinter dem Turm leicht anstieg. Der Turm selbst war ebenfalls breit, lang und flach und hatte einen großen Turmerker, der die Munition für die Kanone aufnahm. Angetrieben wurde der 60 Tonnen schwere M1 durch die 1.500 PS starke Vielstoff-Gasturbine Lycoming/Honeywell AGT 1500, an die ein Sechsgang-Automatikgetriebe Allison X-1100-3B Hydro-Kinetic gekoppelt war. Sieben doppelte Laufrollen mit Gummibelag an Schwingarmen mit Torsionsstäben auf jeder Seite brachten die Kraft an die Ketten. Der Besatzungsraum war wie üblich auf vier Mann ausgelegt: Kommandant, Richtschütze, Ladeschütze und Fahrer.

Das erste Serienmodell des M1 verfügte über die 105-mm-Zugrohrkanone M60A1 L/55, für die 55 Schuss mitgeführt wurden, welche hauptsächlich im Turmerker untergebracht waren. Diese Kanone hatte eine optimale Kampfentfernung von 2.000 Metern, maximal waren 3.000 Meter möglich. Mit dem für die damalige Zeit hochmodernen CDC-Feuerleitsystem konnte eine Feuerfolge von 15 Schuss/min erreicht werden. Der Panzer verfügte über drei Nebenwaffen. Oben auf dem Turm, unmittelbar vor der Kommandantenluke, saß ein 12,7-mm-MG Browning M2HB.

Zielen und schießen konnte der Bediener direkt aus dem Panzer heraus. Vor der Luke des Ladeschützen befand sich ein 7,62-mm-MG M240. Ein zweites M240 war koaxial rechts von der Kanone eingebaut. An den Seiten des Turms befanden sich zwei Nebelwerfer L8A1 (M250)

M1E1 ABRAMS

Baujahr	1984
Stückzahl	98
Gewicht	60,8 t
Länge (mit Rohr)	9,53 m
Breite	3,78 m
Höhe	2,22 m
Antrieb	Dieselmotor V-92MS mit 950 PS
Höchstgeschwindigkeit (Straße)	60 km/h
Besatzung	3 Mann
Panzerung	Verbundpanzerung + Zusatzpanzerung + Seitenschürzen
Hauptbewaffnung	120-mm-Zugrohrkanone M256A1 L/44
Kampfbeladung	43 Geschosse

M1E1 Abrams

Die experimentelle Version M1E1 war die Grundlage für den M1A1. Sie verfügte über eine Zusatzpanzerung vorn am Turm, um das Gewicht zukünftiger Aufrüstungen zu simulieren.

Tarnmuster des M1 Abrams

Dieser M1 trägt ein spezielles Tarnmuster aus dem Mobility Equipment Research and Development Center (MERDC). Es ist ein Muster für die „rote Wüste“ mit den Farben Rot, Gelb, Sand und Schwarz.

Dieses Tarnmuster für Schnee in offenem Gelände in gemäßigten Klimazonen zeigt große Flächen in Weiß und Feldgrau, unterbrochen durch kleinere Bereiche in Sand und Schwarz.

Die Tarnung in „europäischem Sommergrün“ umfasst die Farben Waldgrün, Hellgrün, Schwarz und Sand. Auffällig ist die abgeschrägte Unterkante der hinteren Seitenschürze.

Dieser M1 trägt das „europäische und amerikanische Wintergrün“ aus dem MERDC mit den Farben Feldgrau, Sand, Waldgrün und Schwarz.

M1A1-HA

Dieser M1A1-HA mit verstärkter Panzerung wurde im Jahr 1996 im Rahmen des IFOR-Einsatzes in Bosnien und Herzegowina beim 4th Armored Cavalry Regiment eingesetzt.

mit je sechs Rohren. Bei den meisten Folgeversionen blieb die Nebenbewaffnung unverändert.

ÜBERLEBENSFÄHIGKEIT

Der M1 Abrams besaß eine beeindruckende Überlebensfähigkeit, die er der fortschrittlichen Verbundpanzerung im „Chobham/Burlington"-Stil verdankte, die auf einer Grundpanzerung aus gewalztem homogenem Panzerstahl saß. Die Zusammensetzung dieser Verbundpanzerung ist noch als geheim eingestuft, aber man geht davon aus, dass die Schichten aus Kevlar, Keramik, Kunststoff und Stahl bestehen. Wenn man die Frontpanzerung des Turms aufaddiert, soll sie der Wirkung von erstaunlichen 162 Zentimetern Panzerstahl gegen Hohlladungsgeschosse oder 96 Zentimetern gegen KE-Pfeilgeschosse mit Treibspiegel entsprechen. Darüber hinaus ist ein Schutz vor allen bekannten NBRC-Gefahren vorgesehen. Von 1980 bis 1984 erhielt die US Army insgesamt 3.273 M1 Abrams.

Da der Abrams 2018 bereits 38 Jahre im aktiven Dienst war (und noch weitere 25 Jahre bleiben soll), ist es kein Wunder, dass die Grundkonstruktion schon etliche Male überarbeitet wurde. Es entstanden zahlreiche Varianten

M1 ABRAMS

Baujahr	1980
Stückzahl	3.273
Gewicht	61,0 t
Länge (mit Rohr)	9,75 m
Breite	3,65 m
Höhe	2,88 m
Antrieb	Gasturbine Lycoming/Honeywell AGT 1500 mit 1.500 PS
Höchstgeschwindigkeit (Straße)	72 km/h
Besatzung	4 Mann
Panzerung	Verbundpanzerung + Seitenschürzen
Hauptbewaffnung	105-mm-Zugrohrkanone M60A1 L/55
Kampfbeladung	55 Geschosse

US Marines bei Gefechtsübungen mit dem M1A1 Abrams im Marine Corps Air Ground Combat Center, Twentynine Palms, in Kalifornien im Jahr 2009.

und Unterversionen, obendrein existieren modifizierte Versionen für den Export oder den Lizenzbau im Ausland. 894 M1IP (Improved Performance) Abrams wurden 1984 und 1985 gebaut. Sie enthielten einige Verbesserungen, die damals für den M1A1 und den experimentellen M1E1 entwickelt wurden. Der M1IP besaß einige geringfügige Modifikationen sowie einen neu konstruierten, stärker gepanzerten und verlängerten Turm und wird daher als „Langturmversion" bezeichnet. Durch diese Änderungen wurde der Panzer 500 Kilogramm schwerer. So sank auch die Höchstgeschwindigkeit auf der Straße geringfügig auf 67 km/h. Im Jahr 1992 wurde der M1IP aus dem aktiven Dienst genommen, danach ging er an die Nationalgarde und wurde 2006 schließlich endgültig eingelagert.

Der M1A1 hat zwei MGs auf dem Turm, ein 7,62-mm-MG M240 (links) und ein schweres 12,7-mm-MG M2HB.

NEUENTWICKLUNG M1A1

Die erste Neuentwicklung wurde 1985 als M1A1 eingeführt und hatte viele Merkmale des zwischendurch gebauten, experimentellen Modells M1E1. Der M1A1 hatte den langen Turm, der mit einer besseren Feuerkraft und schließlich auch verbesserter Überlebensfähigkeit einherging. Er war die Reaktion auf die neueste Generation der sowjetischen Panzer wie den T-80. Der lange Turm wurde innen neu gestaltet und verfügte über die stärkere 120-mm-Kanone M256A1 L/44, für die 40 Schuss an Bord waren. Das Schutzniveau des Turms entsprach dem des M1IP. Seine Kanone M256A1 konnte das berühmte Wuchtgeschoss M829A1 aus abgereichertem Uran verfeuern. Bei einer Mündungsgeschwindigkeit von 1.575 m/sek wurde so eine effektive Kampfentfernung von 3.500 Metern erreicht. Amerikanische M1A1 schafften es im Golfkrieg 1991 sogar, vier irakische Panzer auf eine Entfernung von etwas über 4.000 Metern zu zerstören.

Von 1986 bis 1988 wurden die neu konstruierten und besser gepanzerten Versionen M1A1-HA eingeführt. Ihre Panzerung hatte noch eine zusätzliche Zwischenschicht aus abgereichertem Uran, die einem Schutz von 610 Millimetern Panzerstahl entsprechen soll. Diese sehr dichten

M1A1 Abrams mit Minenräumpflug

Dieser Typ hat vorn einen Minenräumpflug, bestehend aus einer zentralen Walze und zwei Schaufeln mit je sechs Zinken. Mit diesem Gerät kann er eine sichere Gasse durch ein Minenfeld schlagen.

M1A2

Baujahr	1992
Stückzahl	1.400 (+ 900 nachgerüstet)
Gewicht	62,5 t
Länge (mit Rohr)	9,75 m
Breite	3,65 m
Höhe	2,88 m
Antrieb	Gasturbine Lycoming/Honeywell AGT 1500 mit 1.500 PS
Höchstgeschwindigkeit (Straße)	66 km/h
Besatzung	4 Mann
Panzerung	Verbundpanzerung + Seitenschürzen
Hauptbewaffnung	120-mm-Zugrohrkanone M256A1 L/44
Kampfbeladung	40 Geschosse

Uranplatten erhöhten das Gewicht um 700 Kilogramm. Allerdings verlor der Panzer kaum von seiner enormen Beweglichkeit, seine Höchstgeschwindigkeit betrug nach wie vor 67 km/h.

In den folgenden sechs Jahren wurden alle M1A1 auf den Standard M1A1-HA aufgerüstet. Von 1994 an wurde die Vernichtungswahrscheinlichkeit gesteigert. Die neuen Geschosse M829A2 konnten bei einer Mündungsgeschwindigkeit von 1.675 m/sek auf 2.000 Meter Entfernung 730 Millimeter Panzerstahl durchschlagen. US Army und US Marine Corps erhielten insgesamt 4.796 M1A1. Einige M1A1 Abrams des Marine Corps wurden auf den Standard FEP zur Erhöhung der Feuerkraft aufgerüstet. Sie hatten

M1A2 Abrams

Dieser M1A2 verfügt über den neu gestalteten Waffenstand für den Kommandanten. So wurde er im Jahr 2003 im Irak beim 3rd Armored Cavalry Regiment eingesetzt.

M1A2 TUSK I

Ein M1A2 TUSK I der 26th US Mechanized Infantry Division im Irak im Jahr 2005. Dieser Panzer verfügt über einen fernbedienten Waffenstand auf dem Turm und Reaktivpanzerkacheln an den Seitenschürzen.

M1A2 SEP TUSK II
Dieser Panzer der US Army zeigt die typischen halbzylindrischen Reaktivpanzerkacheln sowie ein zusätzliches schweres MG oben auf der Kanone.

Wärmebildzielgeräte der zweiten Generation und andere Verbesserungen für die Tag-/Nacht-Zielerfassung.

Seinen ersten Einsatz hatte der M1A1-HA Abrams im Zweiten Golfkrieg 1991. Dabei zeigte sich der Abrams den aus der Sowjetunion gelieferten irakischen Panzern deutlich überlegen. Das galt für den T-55 und den T-62 ebenso wie für die neueren Modelle wie den T-72M und den im Irak gebauten Asad Babil. Der Abrams konnte alle diese Panzertypen auf Kampfentfernungen von mindestens 3.000 Metern vernichten, was wiederum weit außerhalb der Kampfentfernung dieser Panzer lag.

Während der multinationalen Friedenseinsätze im ehemaligen Jugoslawien in den 1990er-Jahren kamen auch einige Abrams zum Einsatz, ebenso wurden sie bei der Invasion des Irak im Jahr 2003 genutzt. Acht Abrams unterschiedlicher Baureihen gingen dabei verloren.

M1A2

In den Jahren 1989 bis 1992 folgte die nächste umfassende Aktualisierung des M1A1. Diese Version wurde unter der Bezeichnung M1A2 eingeführt. Ab 1992 wurden etwa 1.400 M1A2 in den Dienst gestellt, während weitere 900 M1 und M1A1 auf diesen Standard aufgerüstet wurden. Beim M1A2 wurde die Überlebensfähigkeit erneut verbessert, unter anderem durch zusätzliche Gitterpanzerung aus abgereichertem Uran vorn an der Wanne und am Turm.

Diese Version erhielt auch ein verbessertes Feuerleitsystem, das noch mehr Daten noch schneller verarbeiten konnte. Durch diese Modernisierung stieg aber auch das Gewicht des M1A2 auf 62,5 Tonnen, was zu einer etwas geringeren Höchstgeschwindigkeit von 66 km/h führte.

M1A2 SEPV2 ABRAMS

Baujahr	2007
Stückzahl	1.762
Gewicht	63,1 t
Länge (mit Rohr)	9,75 m
Breite	3,65 m
Höhe	2,88 m
Antrieb	Gasturbine Lycoming/Honeywell AGT 1500 mit 1.500 PS
Höchstgeschwindigkeit (Straße)	66 km/h
Besatzung	4 Mann
Panzerung	Verbundpanzerung + Seitenschürzen
Hauptbewaffnung	120-mm-Zugrohrkanone M256A1 L/44
Kampfbeladung	40 Geschosse

Ein Kampfpanzer M1A2 der 1st Armored Division auf einem unbefestigten Weg durch einen Wald in Bosnien und Herzegowina. In Bosnien waren US-Truppen im Rahmen der Friedenseinsätze von 1995 bis 2004 stationiert.

Äußerlich sah der M1A2 dem M1A1 sehr ähnlich. Unterscheiden ließ er sich nur an dem neuen Waffenstand des Kommandanten und dessen eigenem Wärmebildgerät, das links an der Turmfront zu erkennen war. Saudi-Arabien und Kuwait kauften Ende der 1990er-Jahre insgesamt 675 M1A2, die über keine Panzerung aus abgereichertem Uran verfügten. Sie liefen dort unter der Bezeichnung M1A2S. 14 der saudischen Abrams wurden während des Bürgerkriegs im Jemen (2015–heute) von den Huthi-Rebellen vernichtet.

Im Jahr 1999 wurden die ersten Modelle des M1A2 SEPv1 (System Enhancement Program, Version 1) bei der 1st Cavalry Division in Fort Hood, Texas, eingeführt. Im Rahmen dieses Programms wurden die Zielerfassungs-

M1A2 Abrams

Der modernisierte M1A2 Abrams, der ab 1998 bei den Panzerbataillonen und Aufklärungskompanien der US Army eingeführt wurde, galt als kostengünstigere Lösung gegenüber der teuren Neuentwicklung eines Kampfpanzers.

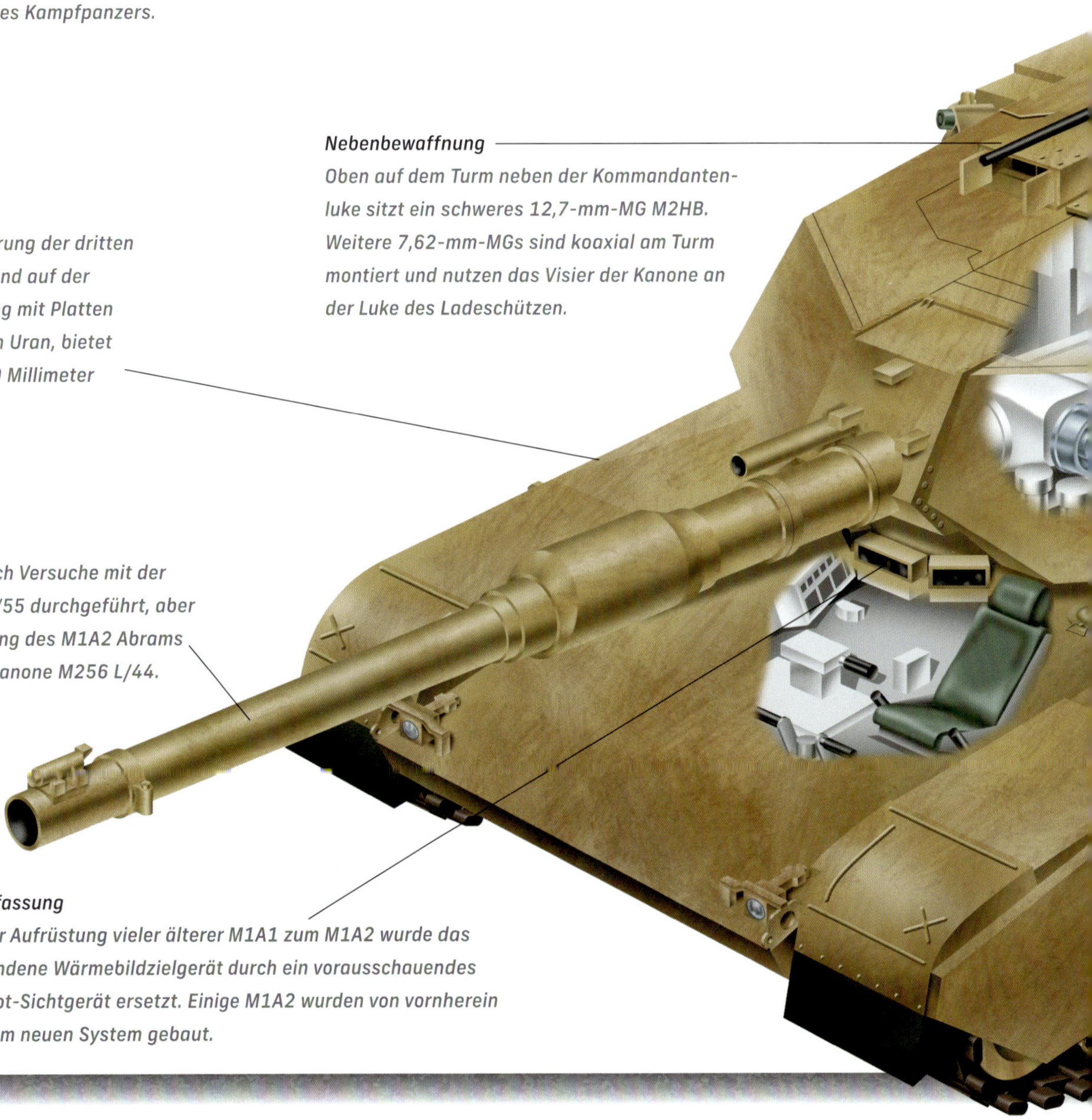

Nebenbewaffnung
Oben auf dem Turm neben der Kommandantenluke sitzt ein schweres 12,7-mm-MG M2HB. Weitere 7,62-mm-MGs sind koaxial am Turm montiert und nutzen das Visier der Kanone an der Luke des Ladeschützen.

Panzerung
Eine Verbundpanzerung der dritten Generation, basierend auf der Chobham-Panzerung mit Platten aus abgereichertem Uran, bietet den Schutz von 960 Millimeter Panzerstahl.

Hauptbewaffnung
Es wurden zwar auch Versuche mit der 120-mm-Kanone L/55 durchgeführt, aber die Hauptbewaffnung des M1A2 Abrams blieb die Glattrohrkanone M256 L/44.

Zielerfassung
Bei der Aufrüstung vieler älterer M1A1 zum M1A2 wurde das vorhandene Wärmebildzielgerät durch ein vorausschauendes Infrarot-Sichtgerät ersetzt. Einige M1A2 wurden von vornherein mit dem neuen System gebaut.

und Kampfführungssysteme verbessert und gleichzeitig die Überlebensfähigkeit und der Antrieb verstärkt. Der SEPv1 hatte neue ISTAR-Komponenten, unter anderem ein Infrarot-Sichtgerät der zweiten Generation und ein verbessertes Feuerleitsystem sowie Datenaustausch- und Kampfführungssysteme für die Verbandsebene. Zudem erhielt er eine verbesserte Verbundpanzerung der dritten Generation mit abwechselnden Schichten aus Panzerstahl und abgereichertem Uran. Der SEPv1 verfügte auch über ein Vielstoff-Wankel-Hilfsaggregat (UAAPU).

2007 wurde das Programm SEPv2 gestartet, bei dem in der ersten Phase 240 M1A1 modernisiert wurden. Der SEPv2 war mit haltbareren Bauteilen und verbesserter Front- und Seitenpanzerung ausgestattet. Zu den weiteren

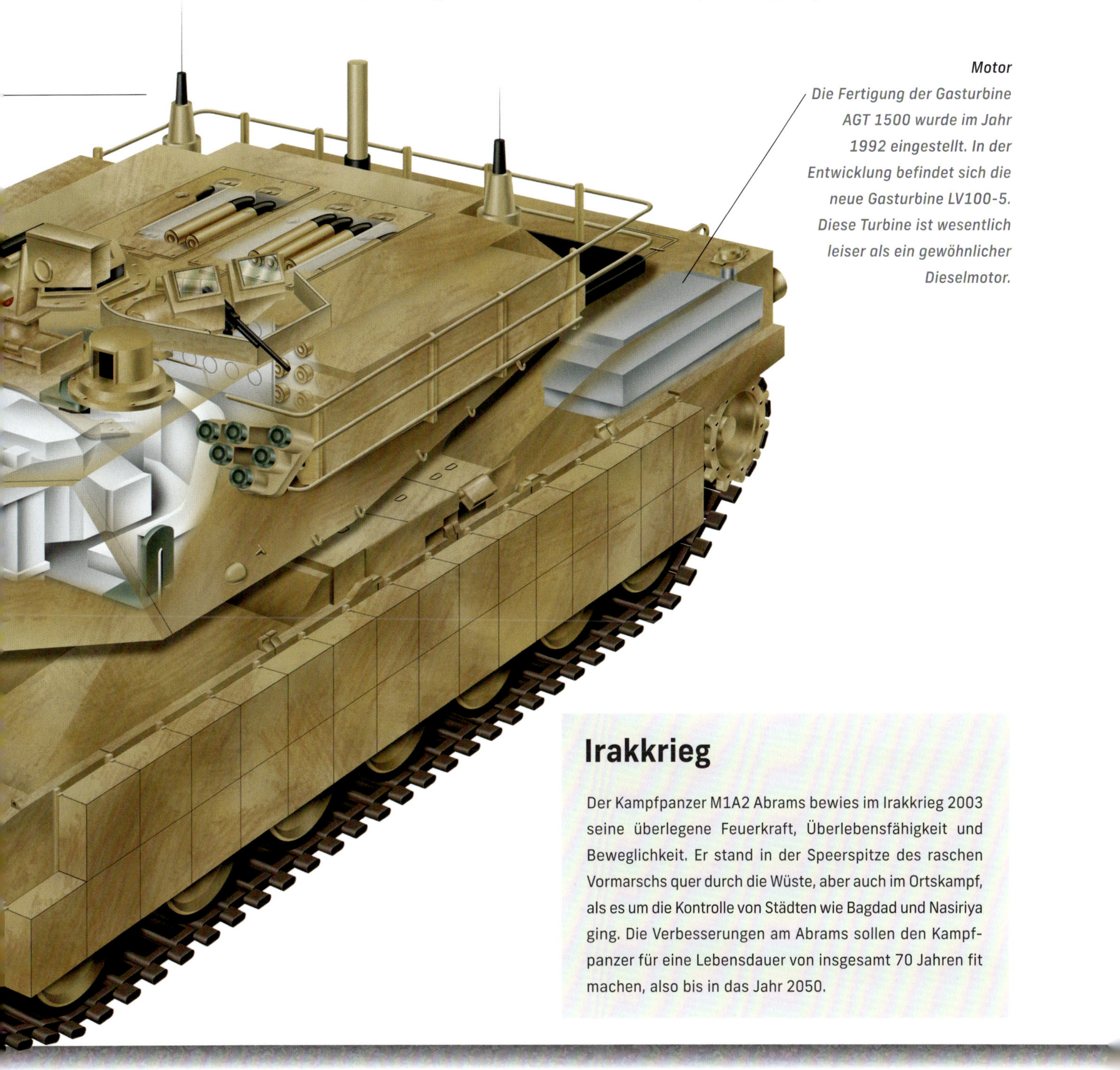

Motor

Die Fertigung der Gasturbine AGT 1500 wurde im Jahr 1992 eingestellt. In der Entwicklung befindet sich die neue Gasturbine LV100-5. Diese Turbine ist wesentlich leiser als ein gewöhnlicher Dieselmotor.

Irakkrieg

Der Kampfpanzer M1A2 Abrams bewies im Irakkrieg 2003 seine überlegene Feuerkraft, Überlebensfähigkeit und Beweglichkeit. Er stand in der Speerspitze des raschen Vormarschs quer durch die Wüste, aber auch im Ortskampf, als es um die Kontrolle von Städten wie Bagdad und Nasiriya ging. Die Verbesserungen am Abrams sollen den Kampfpanzer für eine Lebensdauer von insgesamt 70 Jahren fit machen, also bis in das Jahr 2050.

Neuerungen zählten die Visiere, ein neues Betriebssystem für den Rechner und ein Panzer-Infanterie-Telefon. Auch ein robusteres Laufwerk und ein überarbeitetes Getriebe wurden verbaut.

In den Jahren 2008 bis 2009 folgte die Phase II, in der die restlichen 434 M1A1 der US Army aufgerüstet wurden. Nach dieser Modernisierung lag das Gewicht des Abrams bei 63,1 Tonnen. Die ersten Versuche für das Programm SEPv3 begannen im Jahr 2016. Mit der Einführung der Versionen SEPv3 (vorher M1A2C) im Jahr 2017 und SEPv4 (vorher M1A2D) am 21. Januar 2023 hat sich die Überlebensfähigkeit abermals verbessert.

Im Einzelnen verfügen diese Panzer über neue Panzermodule, einen verbesserten Schutz des Unterbodens und eine andere Anordnung der Waffenstände, um den Schutz vor unkonventionellen Spreng- oder Brandvorrichtungen (USBV) zu verbessern. Es ist geplant, bis zum Jahr 2025 alle vorhandenen Abrams auf den Standard SEPv3 oder SEPv4 aufzurüsten.

DAS TUSK-PROGRAMM

Die Gefechtserfahrungen der US Army im Irakkrieg in den Jahren 2003 bis 2006 zeigten eine Verwundbarkeit des Abrams bei Nahkampfeinsätzen in bebautem Gebiet. Das TUSK-Programm (Zurüstsatz für Kampfpanzer zur Steigerung der Überlebensfähigkeit bei Einsätzen in bebautem Gebiet) wurde daher aufgelegt, um den Abrams auch dort einsetzen zu können. 2006 bis 2009 wurden 505 Abrams mit dem TUSK-Zurüstsatz ausgestattet, wobei der Umbau in vielen Fällen direkt im Feld erfolgte.

Diese Panzer verfügen nun über Reaktivpanzerkacheln an den Seitenschürzen, um den Schutz gegen Panzerbüchsen und Panzerabwehrlenkflugkörper zu verstärken. Dazu haben sie am Heck eine zusätzliche Käfigpanzerung. Zu den weiteren Verbesserungen zählt ein fernbedienter Waffenstand.

EXPORTE

Wenig überraschend hat der Abrams angesichts seiner Fähigkeiten eine gute Exportbilanz. Darüber hinaus gibt es zahlreiche Lizenzversionen. Im Jahr 2006 kaufte das australische Heer 59 M1A1 AIM ohne die HA-Panzerung direkt von der US Army und dem US Marine Corps als Ersatz für seine vorhandenen Leopard AS1. Zu den wenigen Anpassungen an den eigenen Bedarf zählten Halterungen für das dort genutzte, österreichische Sturmgewehr Steyr F88. Die Bezeichnung AIM bezieht sich auf ein Programm, bei dem alte M1A1 komplett zerlegt und auf die Werksvorgaben zurückgerüstet und dann wichtige Komponenten modernisiert werden, unter anderem Sensoren für entfernte Ziele, ein vorausschauendes Infrarot-Sichtgerät, ein Panzer-Infanterie-Telefon und ein komplettes Kommunikationssystem.

Ägypten erhielt von 1988 bis 1992 insgesamt 755 M1A1 und etwa 400 M1A2, teilweise gekauft, teilweise aber auch in Lizenz gebaut. In den Jahren 2005 bis 2007 verkauften die USA dem irakischen Heer 140 M1A1 ohne die HA-Panzerung. Den Aufständischen des Islamischen Staates gelang es, 25 davon intakt zu erbeuten und für sich selbst einzusetzen.

M1A1 AIM SA ERA

Einige der 59 australischen M1A1 AIM SA Abrams mit einem Gewicht von 63,5 Tonnen wurden im Jahr 2006 nachträglich mit Reaktivpanzerkacheln an den Seitenschürzen ausgestattet.

M1A3

Noch in der Planung befindet sich der M1A3 mit einer dreiköpfigen Besatzung. Hier will man einen ungewöhnlichen Weg beschreiten: Der Panzer soll leichter werden, etwa 56 Tonnen, und damit auch beweglicher. Er soll eine kürzere 120-mm-Kanone vom Typ M256A2 L/44 erhalten. In Verbindung mit einem verbesserten Feuerleitsystem und der allerneuesten Generation der Non-Line-of-Sight-Munition (NLOS-M – sichtverbindungslose Munition) soll er eine beeindruckende Kampfentfernung von bis zu 12.000 Metern erreichen.
Zu dieser Munition zählt die 120-mm-Wuchtmunition M829E4 Advanced Kinetic Energy (AKE), die angeblich jeden bislang existierenden Panzer auf 10.000 Meter durchschlagen soll. Die Kanone M256A2 kann auch die präzisionsgelenkte Mid-Range Munition (MRM) abfeuern. Für die Überlebensfähigkeit sorgt eine Verbundpanzerung der vierten Generation aus abgereichertem Uran mit einem erstaunlichen Schutz: Sie soll 235 Zentimeter Panzerstahl gegen Geschosse mit Treibkäfig und 380 Zentimeter Panzerstahl gegen Hohlladungsgeschosse entsprechen. Für mehr Beweglichkeit als bei den Vorgängern sollen neue Laufrollen, verbesserte Ketten und eine stärkere Drehstabfederung sorgen. Über eine Einführung ist aber noch keine Entscheidung gefallen.

Die 120-mm-Glattrohrkanone L/44 M256A1 des Abrams durchschlägt Panzerungen auf Entfernungen von über 2.500 Metern. Das hat sie im Golfkrieg 1991 und erneut bei der Invasion im Irak im Jahr 2003 bewiesen.

Challenger I

Von 1978 bis 1983 entwickelte die Military Vehicles and Engineering Establishment (MVEE) den Kampfpanzer Challenger (FV4030/4) für eine vierköpfige Besatzung als Nachfolger für den Chieftain. Genau genommen handelt es sich um eine verbesserte Version des Shir I/II. Dieser war ein modernisierter Chieftain für den Export nach Jordanien und Iran.

Der Challenger wurde 1983 eingeführt. 420 Exemplare baute die Royal Ordnance Factory (ROF) für das britische Heer, weitere 392 gingen als modifizierte Al-Hussein nach Jordanien. In Großbritannien blieb der Challenger bis 2001 im aktiven Dienst und wurde allmählich von 1998 bis 2001 durch den verbesserten Challenger II ersetzt.

Der 62 Tonnen schwere Challenger hatte einen flachen Aufbau über einem Laufwerk mit sechs Laufrollen pro Seite, die teilweise durch gepanzerte Seitenschürzen abgedeckt wurden. Der große, gut abgeschrägte und eckige Turm saß mittig auf der Wanne. Der Fahrer saß vor dem Turmdrehkranz vorn in der Mitte der Wanne, während der Kommandant, der Richtschütze und der Ladeschütze ihre Waffenstände innerhalb des großen Turms hatten.

Für die Feuerkraft sorgte die 55 Kaliber lange 120-mm-Zugrohrkanone ROF L11A5, eine Weiterentwicklung der bewährten Kanone aus dem Chieftain. Anders als bei anderen Kampfpanzern, die meistens über Glattrohrkanonen verfügen, entschied man sich für etwas weniger Mündungsgeschwindigkeit und Reichweite zugunsten einer höheren Genauigkeit. Das Potenzial dieser Kanone zeigte sich 1991 im Golfkrieg. So zerstörte ein Challenger am 26. Februar mit einem KE-Pfeilgeschoss mit Treibspiegel auf 4.700 Meter einen irakischen Panzer. Das war ein neuer Entfernungsrekord für die tödliche Wirkung einer Waffe. Der Panzer führte 64 Schuss sieben verschiedener Munitionstypen mit, darunter KE-Pfeilgeschosse und panzerbrechende Geschosse, jeweils mit Treibspiegel, und Quetschkopfgeschosse. Das Feuerleitsystem konnte Ziele bis zu einer Entfernung von 5.100 Metern bekämpfen. Als Nebenbewaffnung dienten ein koaxiales 7,62-mm-MG L8A2 und ein auf dem Dach montiertes leichtes 7,62-mm-MG L37A2. Für die beiden Waffen hatte der Panzer 4.000 Schuss an Bord.

Zur Steigerung der Überlebensfähigkeit besaß der Challenger die neue Chobham-Verbundpanzerung, deren genaue Zusammensetzung der Geheimhaltung unterliegt. Sie soll aus abwechselnden Schichten Stahl verschiedener Härtegrade, Gummi, Kevlar und Karbon bestehen, die von Schichten aus Keramik umschlossen sind. Dieses Schutzsystem hat seine hohe Widerstandsfähigkeit gegen Wuchtgeschosse und chemische Hohlladungsgeschosse unter Beweis gestellt. Bei den Einsätze im Golfkrieg 1991 stellte sich die außergewöhnliche Überlebensfähigkeit des Challenger unter Beweis. Keiner dieser Panzer ging durch feindliches Feuer verloren.

Angetrieben wurde der Challenger Mark 1 mit dem 1.200 PS starken 26-l-Dieselmotor Perkins Condor CV12

CHALLENGER I

Baujahr	1989
Stückzahl	420 (UK), 392 (Jordanien)
Gewicht	62,0 t
Länge (mit Rohr)	11,56 m
Breite	3,51 m
Höhe	2,95 m
Antrieb	26-l-Dieselmotor Perkins Condor CV12 TCA mit 1.200 PS
Höchstgeschwindigkeit (Straße)	56 km/h
Besatzung	4 Mann
Panzerung	Verbundpanzerung + Seitenschürzen
Hauptbewaffnung	120-mm-Zugrohrkanone ROF L11A5 L/55
Kampfbeladung	64 Geschosse

Challenger I

Dieser späte Challenger I Mk. 1 des britischen Heeres, hier im Jahr 1985, trägt ein simples, einfarbiges Tarnkleid in Feldgrün. Man sieht die gut abgeschrägte Frontpanzerung des Turms.

Challenger I
Dieser jordanische Al-Hussein mit 120-mm-Zugrohrkanone, hier 2008 mit dreifarbigem Tarnmuster, weist kleinere Änderungen am hinteren Turm auf, die der Anpassung an das Wüstenklima dienen.

Challenger I Mark 3
Dieser Challenger I Mark 3, Fahrzeug 21, war der erste Panzer des 2nd Troop des D Squadron, The King's Royal Hussars (KRH), der 1999 beim KFOR-Friedenseinsatz im Kosovo eingesetzt wurde.

mit zwei Turboladern von Garrett-AiResearch. Er wurde mit einem verbesserten hydropneumatischen Laufwerk von MVEE kombiniert. Mit diesem Motor erreichte der Challenger ein hervorragendes Leistungsgewicht von 19,3 PS/t und eine gute Beweglichkeit. Auf der Straße betrug seine Höchstgeschwindigkeit 56 km/h.

CHALLENGER MARK 2 UND 3

Die Produktion des Challenger Mark 2 begann 1986. Er entsprach im Prinzip noch dem Mark 1, hatte aber durch ein Wärmebildgerät im Hauptzielfernrohr eine höhere Tödlichkeit. Der ab 1988 gebaute Mark 3 erhielt einen neu gestalteten Innenraum sowie einige Verbesserungen für die Überlebensfähigkeit. Als letzte Version erhielt der Mark 4 verbesserte Zielerfassungssysteme. Viele ältere Modelle wurden dann auf diesen Standard aufgerüstet.

Von 1998 bis 2001 wurde der Challenger allmählich durch den überarbeiteten Challenger II abgelöst. Erste Kampfeinsätze hatte der Challenger im Golfkrieg 1991, wo die britische 7th Armoured Division 221 Mark 2 und Mark 3 nutzte. Diese Panzer zerstörten 300 irakische Panzer ohne einen einzigen Verlust durch Feindfeuer. 1999 setzte Großbritannien 42 Challenger Mark 3 im Rahmen der KFOR-Friedenseinsätze im Kosovo ein.

Die an Jordanien gelieferten Al-Hussein verfügten über zahlreiche Modifikationen zur Anpassung an die Wüstenbedingungen. Das King Abdullah II Design and Development Bureau (KADDB) nahm diese Änderungen vor, unter anderem den Einbau der Schweizer 120-mm-Glattrohrkanone RUAG in vielen Panzern. Außerdem zählen der Einbau eines neuen Feuerleitsystems ab 2008 und die Installation eines neuen Hilfsaggregats zu den weiteren Modernisierungen.

Ab 2003 wurde in Jordanien der unbemannte Falcon-Turm entwickelt, der über die 120-mm-Glattrohrkanone RUAG mit Ladeautomaten verfügt. Dieser Turm hat eine unverwechselbare Optik und sorgt mit seiner niedrigen, langen und schmalen Formgebung für eine schlanke Frontsilhouette.

In den letzten Jahren sind einige der modernisierten Al-Hussein mit dem unbemannten Turm Falcon Mark 3 aufgerüstet worden. Nach umfangreichen Änderungen des Innenraums können jetzt alle vier Mitglieder der Besatzung in der Wanne dieser auch optisch veränderten Al-Hussein untergebracht werden.

Im Jahr 2018 besaß das jordanische Heer vier Panzerbataillone mit Kampfpanzern vom Typ Al-Hussein und Al-Hussein/Falcon.

Challenger II

Ab 1986 entwickelte Vickers Defence Systems (heute BAE Systems Land & Armaments) den Challenger II CR2 für eine vierköpfige Besatzung zunächst als private Initiative als Nachfolger für den Challenger. Man hielt sich dabei eng an die Vorgaben aus dem britischen Verteidigungsministerium. Ende 1990 war der erste Prototyp fertig und wurde anschließend intensiven Erprobungen unterzogen. Bei ausgiebigen Tests im Feld musste er sich im Juni 1991 gegen den Abrams M1A2 und den Leopard 2A5 behaupten. Aufgrund der vielversprechenden Leistungen des Challenger II bestellte das Verteidigungsministerium bei Vickers 127 Kampfpanzer sowie 13 weitere Panzer für die Fahrerausbildung. Später wurden noch 259 Challenger II bestellt, was die Flotte auf 386 Kampfpanzer brachte. Dazu kamen abermals zusätzliche neun Panzer für die Fahrerausbildung.

DER CR2 IM DIENST

Die ersten CR2 wurden 1998 beim britischen Heer eingeführt und ersetzten über die folgenden vier Jahre nach und nach den Challenger bei den Panzerregimentern. Im Jahr 2002 ging man davon aus, dass der CR2 bis 2035 im aktiven Dienst bleiben würde. In den Jahren 1994 bis 1999 wurden 38 CR-2E an das Heer von Oman ausgeliefert.

Äußerlich ähnelte der 63,5 Tonnen schwere Challenger II stark seinem Vorgängermodell. Tatsächlich hatte er aber lediglich drei Prozent der Komponenten mit dem Challenger gemeinsam. Die lange, flache Silhouette der Wanne und die allmählich ansteigende Bugplatte des Challenger blieben erhalten, auch die Form des Turms hatte sich nicht groß verändert. Am ehesten ins Auge fiel noch die Unterkante der Seitenschürze, die nicht mehr glatt, sondern eher gezackt war. Für eine bessere Überlebensfähigkeit des Challenger II sorgte nun die zweite Generation der erweiterten Chobham-Verbundpanzerung mit der Bezeichnung „Dorchester“. Weiterhin unterliegt die genaue Zusammensetzung der Geheimhaltung, aber sie ist auf jeden Fall noch effektiver als die vorherige Ausführung. Zusätzlich sind außen an der Panzerung Haken angebracht, in die sowohl Reaktivpanzerkacheln als auch Zusatzkäfigpanzerungen eingehängt werden können, was die hohe Überlebensfähigkeit noch weiter verbessert.

Ein britischer Challenger II der Queen's Royal Hussars beim Feuer während einer NATO-Übung im Juni 2018.

Challenger II

Ein modernisierter britischer Challenger II TES vor Basra, Irak, im Jahr 2008. Bei der Vorbereitung auf den Einsatz erhielten diese CR2 hinten eine neue Käfigpanzerung von Rafael gegen Panzerabwehrgranaten und verbesserte Seitenschürzen.

Challenger II

Dieser Challenger II der 7th Armoured Brigade („Wüstenratten") kämpfte 2003 im südöstlichen Irak. Er hat auf den gepanzerten Seitenschürzen weiche Elemente gegen den Wüstenstaub.

CHALLENGER II

Baujahr	1993
Stückzahl	446
Gewicht	63,5 t
Länge (mit Rohr)	13,50 m
Breite	3,50 m
Höhe	2,50 m
Antrieb	26-l-Dieselmotor Perkins Condor CV12 TCA mit 1.200 PS
Höchstgeschwindigkeit (Straße)	59 km/h
Besatzung	4 Mann
Panzerung	Verbundpanzerung + Reaktivpanzerung + Käfigpanzerung + Seitenschürzen
Hauptbewaffnung	120-mm-Zugrohrkanone ROF L30A1 L/55
Kampfbeladung	52 Geschosse

Für die starke Feuerkraft des Challenger II die mächtige 120-mm-Zugrohrkanone ROF L30A1 L/55. Obwohl die meisten Kampfpanzer inzwischen auf Glattrohrkanonen setzen, bleiben die Briten der Zugrohrkanone treu, die auch die Leistung des Quetschkopfgeschosses L31 weiter verbessert. Wie sein Vorgänger kann auch der Challenger II verschiedenste Munition abfeuern, darunter das KE-Pfeilgeschoss mit Treibspiegel L27A1 (CHARM 3). Als Nebenbewaffnung verfügt der CR2 über eine koaxiale 7,62-mm-Kettenkanone (links von der Hauptbewaffnung) sowie ein 7,62-mm-MG L37A2 (GPMG) auf einem Drehzapfen oberhalb des Lukendeckelrings des Ladeschützen.

Der CR2 hat 4.200 Schuss für die Nebenbewaffnung an Bord. Das Feuerleitsystem verfügt über die modernste Technologie und einen digitalen CDC-Ballistikrechner mit einem Datenbus MIL STD1553B. Der Kommandant hat ein kreiselstabilisiertes Panoramavisier SAGEM VS 580-10, kombiniert mit einem Laser-Entfernungsmesser und einem verbesserten Nachtsichtgerät TOGS II von Thales.

Da der CR2 etwas schwerer geworden war, erhielt er einen stärkeren 26,6-l-Dieselmotor Perkins CV12 mit 1.200 PS, gekoppelt an ein Achtganggetriebe David Brown TN54, das als Planetengetriebe ausgelegt ist. Das Laufwerk umfasst sechs doppelte Laufrollen pro Seite mit einer verbesserten hydropneumatischen Federung der zweiten Generation. Der Tank kann 1.592 Liter fassen und ermöglicht dem CR2 eine Reichweite von 450 Kilometern auf der Straße und 250 Kilometern im Gelände. Diese Reichweite kann mit außen anzubringenden Tanks weiter gesteigert werden.

PROGRAMM ZUR VERBESSERUNG DER TÖDLICHKEIT

Im Dienst wurde der CR2 immer wieder Verbesserungen unterzogen. So wurde beispielsweise in den Jahren 2006 bis 2008 im Rahmen des Programms zur Verbesserung der Tödlichkeit (CLIP) die Möglichkeit untersucht, die Zugrohrkanone L30A1 durch die 120-mm-Glattrohrkanone von Rheinmetall zu ersetzen. Dies wurde schließlich aus Kostengründen aufgegeben.

Darüber hinaus wurden in dieser Zeit mehrere Haupt-Versionen des CR2 entwickelt. 2007 bis 2009 erhielten die Pioniere der Royal Engineers 33 Brückenlegepanzer Titan

Challenger 2

Der Challenger 2 wurde 1998 bei der britischen Armee in Dienst gestellt und etablierte sich schnell als einer der besten Kampfpanzer der Welt. Sein Einsatz in Krisengebieten auf dem Balkan und im Nahen Osten hat seine weitreichenden Fähigkeiten auf dem Schlachtfeld bestätigt.

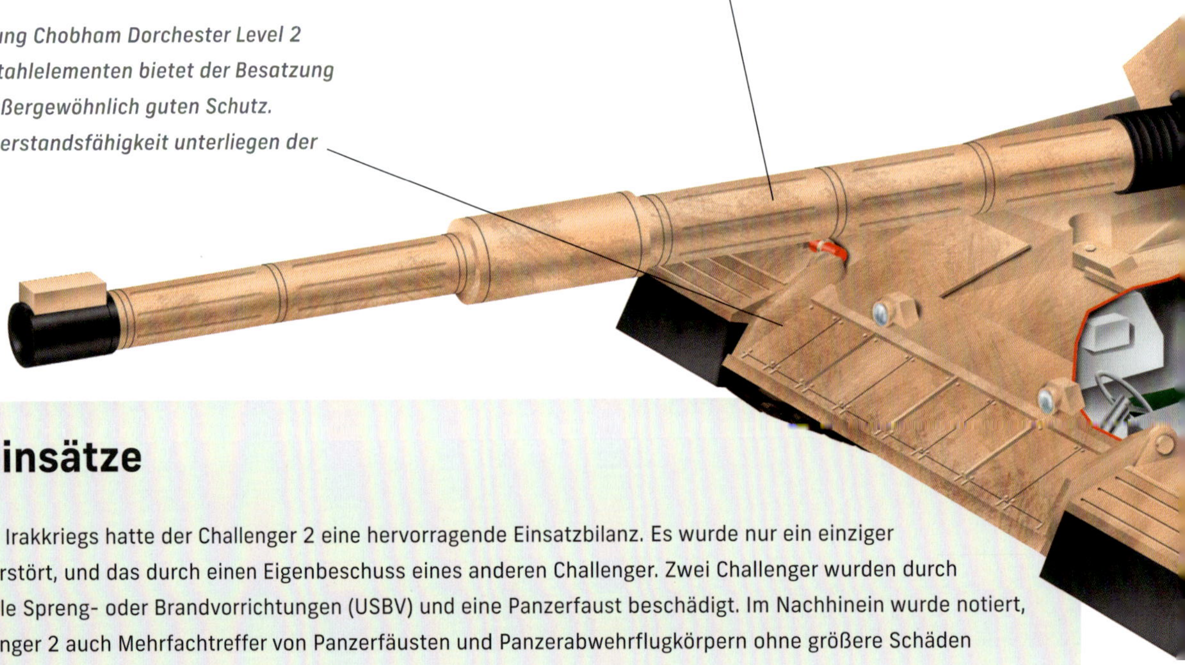

Kampfeinsätze

Im Rahmen des Irakkriegs hatte der Challenger 2 eine hervorragende Einsatzbilanz. Es wurde nur ein einziger Challenger 2 zerstört, und das durch einen Eigenbeschuss eines anderen Challenger. Zwei Challenger wurden durch unkonventionelle Spreng- oder Brandvorrichtungen (USBV) und eine Panzerfaust beschädigt. Im Nachhinein wurde notiert, dass der Challenger 2 auch Mehrfachtreffer von Panzerfäusten und Panzerabwehrflugkörpern ohne größere Schäden weggesteckt hatte.

auf Basis des CR2. Zeitgleich wurden weitere 33 Minenräumpanzer Trojan eingeführt, die auch auf dem Chassis des Challenger II basieren. Der Panzer Titan besitzt eine Räumschaufel, einen beweglichen Baggerarm und Schienen, an denen Faschinen zur Befüllung von Gräben befestigt werden können. 2006 wurde ein Prototyp eines Bergepanzers Challenger II (CR2ARRV) gebaut, dessen Entwicklung wurde jedoch nicht weiterverfolgt.

EXPORTMODELL FÜR OMAN

Der Challenger II-E des omanischen Heeres ist die einzige Exportversion des Challenger II. 1993 bestellte Oman 18 II-E und 1997 weitere 20. Diese Version verfügt über zahlreiche Modifikationen, darunter einen stärkeren Motor, ein verbessertes Feuerleitsystem und Anpassungen an das Tropenklima. Angetrieben wird der II-E von dem Dieselmotor EuroPowerPack MTU MT 883 mit 1.500 PS,

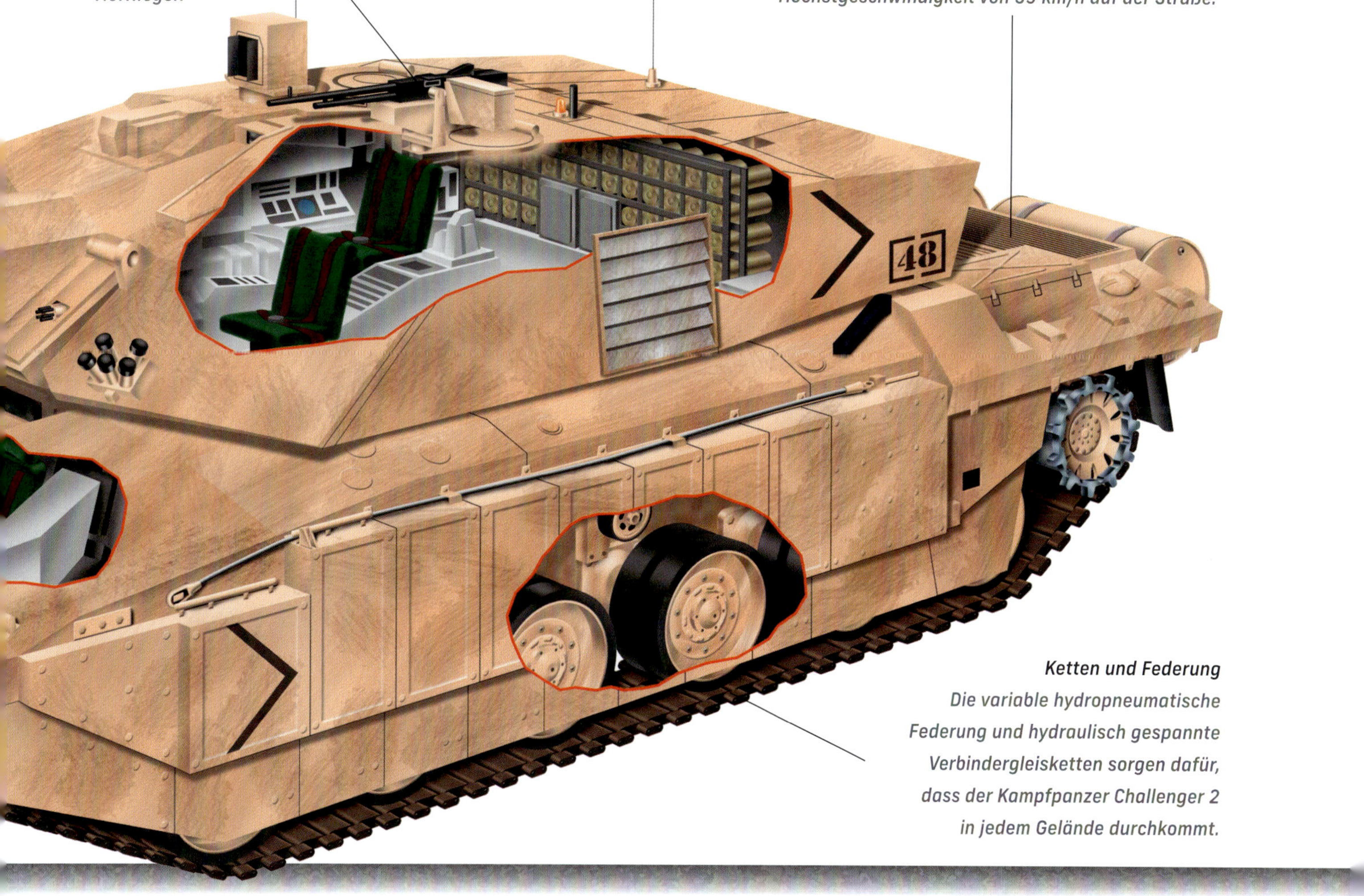

Nebenbewaffnung
Eine 7,62-mm-Kettenkanone Hughes L94A EX-34 sitzt koaxial im Turm, ergänzt durch ein 7,62-mm-MG L37A2 GPMG in der Nähe der Ladeschützenluke. Sie geben dem Challenger II Feuerkraft gegen feindliche Infanterie und Tiefflieger.

Motor
Der 12-Zylinder-Dieselmotor Perkins Caterpillar CV12 und das Planetengetriebe David Brown TN54 mit sechs Vorwärts- und zwei Rückwärtsgängen verschaffen dem Panzer viel Beweglichkeit und eine Höchstgeschwindigkeit von 59 km/h auf der Straße.

Ketten und Federung
Die variable hydropneumatische Federung und hydraulisch gespannte Verbindergleisketten sorgen dafür, dass der Kampfpanzer Challenger 2 in jedem Gelände durchkommt.

Challenger II mit Räumschaufel
Dieser britische Challenger II, Fahrzeug Nr. 32, wurde 1999 im Rahmen der KFOR-Friedenseinsätze im Kosovo im ehemaligen Jugoslawien mit einer Räumschaufel ausgerüstet.

der seine Kraft über ein Automatikgetriebe Renk HSWL 295TM auf die Ketten bringt. Das installierte, erweiterte Feuerleitsystem umfasst neue kreiselstabilisierte Tag- und Wärmebildzielgeräte von SAGEM. Die Tropentauglichkeit wurde durch eine verbesserte Motorlüftung und -kühlung, Sandfilter im Lufteinlass und eine Klimaanlage im Besatzungsraum sichergestellt.

IM EINSATZ

Seine ersten Einsätze hatte der CR2 bei den Friedenseinsätzen im ehemaligen Jugoslawien in den 1990er-Jahren. Den ersten Schuss im Kampfeinsatz feuerte er bei der Operation TELIC ab, der britischen Komponente der von den USA angeführten Invasion im Irak.

Die britische 7th Armoured Brigade (Teil der 1st UK Armoured Division) setzte ihre 121 Challenger II bei der Operation rund um Basra im südöstlichen Irak ein. Vor dem Beginn des Einsatzes wurden alle CR2 mit zusätzlichen Sandfiltern vor den Lufteinlässen ausgerüstet. Ohne eigene Verluste zerstörten die Challenger II mehr als 20 irakische T45/T55. Allerdings wurde ein CR2 bei einem versehentlichen Eigenbeschuss von einem anderen britischen Challenger II zerstört.

Die Überlebensfähigkeit dieses Panzers zeigte sich deutlich, als 14 Treffer durch Panzerabwehrgranaten und Panzerabwehrraketen MILAN einen CR2 nur sehr gering beschädigten. Aufgrund der Einsätze zur Terrorismusbekämpfung von 2003 bis 2007 verblieben viele dieser Kampfpanzer in der Provinz Basra.

Ab 2006 wurden die vorhandenen CR2 für die Einsätze im Irak zum Challenger 2 TES (Theatre Entry Standard – Einsatzstandard) aufgerüstet. Sie erhielten in diesem Rahmen eine neue Käfigpanzerung von Rafael gegen Panzerabwehrgranaten, dickere Panzerplatten am Unterboden und neue, verbesserte Seitenschürzenpaneele von Rafael.

CHALLENGER II-E

Baujahr	1995
Stückzahl	38
Gewicht	63,5 t
Länge (mit Rohr)	13,50 m
Breite	3,50 m
Höhe	2,50 m
Antrieb	Dieselmotor MTU MT 883 mit 1.500 PS
Höchstgeschwindigkeit (Straße)	59 km/h
Besatzung	4 Mann
Panzerung	Verbundpanzerung + Reaktivpanzerung + Käfigpanzerung + Seitenschürzen
Hauptbewaffnung	120-mm-Zugrohrkanone ROF L30A1 L/55
Kampfbeladung	52 Geschosse

Challenger II-E
Ein omanischer Challenger II-E im Jahr 2018 im zweifarbigen Tarnkleid. Angetrieben wird er durch einen deutschen Motor von MTU in Kombination mit einem Renk-Automatikgetriebe.

AMX-30

Der AMX-30 war Frankreichs Kampfpanzer der zweiten Generation. Er brachte eine radikale Abkehr von den vorherigen Konstruktionen und kombinierte Feuerkraft und mehr Beweglichkeit mit einem kleineren, flacheren Profil und hoher Geschwindigkeit. So war er schwer zu treffen.

1956 verständigten sich Deutschland und Frankreich auf den Bau eines Europanzers nach NATO-Standard. Das Projekt wurde jedoch 1958 aufgegeben. Daraufhin entwickelte Frankreich eigene Prototypen. Das Atelier de Construction d'Issy-les-Moulineaux (AMX) entwickelte den AMX-30. Von 1963 bis 1965 wurden neun Prototypen fertiggestellt, die letzten beiden wurden in 1965 als Vorserienfahrzeuge AMX-30A ausgeliefert.

1966 ging der AMX-30B in Produktion. Er hatte eine teils gegossene, teils geschweißte Wanne, die vorn stark abfiel und in einer Rundung endete. Auch die Seiten fielen schräg ab, und die hintere Motorabdeckung war hochgezogen. Der ovale, halbkugelförmige Turm, der an sowjetische Panzer erinnerte, bestand komplett aus Gussstahl. Das Kampfgewicht des Panzers betrug 36 Tonnen. Die Panzerung war 15 bis 81 Millimeter stark, womit der AMX-30 zu seiner Zeit einer der am schwächsten geschützten Kampfpanzer Europas war. Dafür verfügte die 105-mm-DEFA-Kanone F1 über beeindruckende Fähigkeiten: Sie verschoss ein flossenstabilisiertes Hohlladungsgeschoss, das 400 Millimeter Panzerung auf 3.000 Meter durchschlagen konnte. Daneben konnte sie auch Spreng- und Nebelgranaten verschießen.

Der AMX-30 hatte ein koaxiales schweres 12,7-mm-MG M2 Browning in der Rohrblende und ein 7,62-mm-Fla-MG auf dem Turmdach. Die Kommandantenkuppel hatte zehn Winkelspiegel, einen optischen Entfernungsmesser, ein Doppelfernrohr und einen Suchscheinwerfer. Der Richtschütze hatte ein Hauptzielfernrohr und zwei Sehrohre für die Beobachtung. Den Antrieb besorgte ein 29-l-Dieselmotor Hispano-Suiza HS-110 mit 720 PS. Der

AMX-30B2

Baujahr	1982
Stückzahl	1.355
Gewicht	37,0 t
Länge (mit Rohr)	9,48 m
Breite	3,10 m
Höhe	2,28 m
Antrieb	Vielstoffmotor Hispano-Suiza HS-110-2 mit 725 PS
Höchstgeschwindigkeit (Straße)	72 km/h
Besatzung	4 Mann
Panzerung	Gegossener Panzerstahl + gewalzter homogener Panzerstahl + Seitenschürzen 8–79 mm
Hauptbewaffnung	105-mm-Kanone CN-105-F1
Kampfbeladung	47 Geschosse

AMX-30B2

Ein AMX-30B2 des 4. Dragonerregiments der 10. französischen Panzerdivision bei der Operation Wüstensturm im Jahr 1991. Das Regiment nahm den Flugplatz Al-Asman ein und sicherte die Straßen nach Bagdad ab.

Motor war an ein Getriebe AMX 5-SD-200D gekoppelt. Diese Kombination ermöglichte eine Höchstgeschwindigkeit von 65 km/h auf der Straße. Zwischen 1966 und 1975 wurden etwa 900 AMX-30B gebaut.

Allerdings machten das unzuverlässige Getriebe und die schwache Panzerung des AMX-30B immer wieder Probleme. Ende der 1970er-Jahre waren ihm daher der amerikanische M1 Abrams und der sowjetische T-64 in Bezug auf Geschwindigkeit und Panzerschutz weit voraus. So kam es zu diversen Verbesserungen: 1972 wurde die Stabilisierungsanlage der Kanone modernisiert und 1973 wurde das koaxiale schwere MG durch eine automatische 20-mm-Maschinenkanone von Hispano-Suiza ersetzt. 1973 wurde unter der Bezeichnung AMX-30 Valorisé („kampfwertgesteigert“) mit einer umfassenden Modernisierung begonnen, aus der letztendlich der AMX-30B2 hervorging.

AMX-30B2

Der 1982 eingeführte AMX-30B2 stellte eine deutliche Verbesserung dar. Er verfügte über das wesentlich bessere Feuerleitsystem COTAC APX M-508, das einen Laser-Entfernungsmesser und einen Restlichtverstärker hatte. Es gab neue Munition, darunter ein KE-Pfeilgeschoss mit Treibspiegel und einen 725 PS starken Motor Hispano-Suiza Suiza-110.2. Das neue Getriebe SESM ENC200 mit Drehmomentwandler sorgte für eine flüssigere Fahrt. Dazu gab es neue Drehstäbe und Stoßdämpfer. Ab 1998 wurden etwa 500 AMX-30B2 im Rahmen des Programms Brenus von GIAT weiter modernisiert. Allerdings kamen nur die Panzer der schnellen Eingreifkräfte in den Genuss dieser Aufwertung.

Brenus war ein Akronym für die französische Reaktivpanzerung, die einen besseren Schutz bot. Zufällig war es auch der Name eines berühmten gallischen Heerführers, der Rom überfiel und plünderte. Die Reaktivpanzerung bestand aus 112 G2-Kacheln am Turm und vorn an der Wanne. Zur Kompensation des höheren Gewichts wurde beim Brenus ein stärkerer 750-PS-Motor Renault Mack E9 eingebaut.

Zu den aktuellen Modernisierungen des AMX-30B2 zählen die Stealth-Technologie mit einem neu geformten Turm, der mit radarabsorbierendem Material beschichtet ist, und eine neu gestaltete Wannenoberfläche. Es wurden 1.355 AMX-30 gebaut. Daneben gab es zahlreiche Spezialversionen, darunter 195 155-mm-Panzerhaubitzen AUF1, 44 Abschussgeräte für Pluton-Kurzstreckenraketen, 183 Roland-Flugabwehrraketensysteme AMX-30R, 134 Bergepanzer AMX-30D, 48 Pionierpanzer EBG und 20 155-mm-Panzerhaubitzen GCT AUF2.

EXPORTE

Der AMX-30 wurde nach Griechenland, Spanien, Saudi-Arabien, Venezuela, Katar, in die Vereinigten Arabischen Emirate sowie nach Zypern und Chile exportiert. Die katarischen AMX-30 kämpften am 30. Januar 1991 im Golfkrieg bei der Schlacht um Chafdschi und konnten die Stadt zurückerobern. Unter Verlust nur eines AMX-30 zerstörten sie drei irakische T-55 und erbeuteten vier weitere. Frankreich setzte im Golfkrieg das 4. Dragonerregiment (Fernspäher) mit 44 AMX-30B2 sowie sechs improvisierte Minenräumpanzer auf Basis des AMX-30 ein. Das Regiment vernichtete die 45. irakische Infanteriebrigade und zerstörte dabei zehn irakische Panzer.

AMX-30EM2

Ein spanischer AMX-30 EM2 aus den 1990er-Jahren. Die Nebenbewaffnung ist eine andere als bei der französischen Version: ein koaxiales schweres 12,7-mm-MG M2 und ein leichtes 7,62-mm-MG MG3S.

AMX-56 Leclerc Serie 2
Ein AMX-56 Leclerc Serie 2 der UN-Truppen (KFOR) im Kosovo. Durch das Klimagerät hinten am Turm und die zusätzliche Verbundpanzerung oben auf der Wanne ist er als Modell der Serie 2 ab 2000 erkennbar.

AMX-56 Leclerc

AMX-56 LECLERC	
Baujahr	1990
Stückzahl	862
Gewicht	57,5 t
Länge (mit Rohr)	9,87 m
Breite	3,60 m
Höhe	2,62 m
Antrieb	Dieselmotor SACM UDU V8X mit 1.500 PS
Höchstgeschwindigkeit (Straße)	72 km/h
Besatzung	3 Mann
Panzerung	Modulare Verbundpanzerung + Reaktivpanzerung aus nicht explosivem Material
Hauptbewaffnung	120-mm-Glattrohrkanone GIAT CN120-26/52
Kampfbeladung	40 Geschosse

Der AMX-56 Leclerc ist aktuell der beste Kampfpanzer Frankreichs, allerdings im Gefecht bisher kaum erprobt. Er wurde nur bei zwei Streitkräften (in Frankreich und den Vereinigten Arabischen Emiraten) eingeführt. Bislang wurde er nur bei den Friedenseinsätzen im Kosovo (KFOR) und Libanon (UNIFIL) sowie durch die Emirate im Jemen eingesetzt.

Die Entwicklung begann bereits in den 1960er-Jahren und führte in den 1980er-Jahren zu einer Zusammenarbeit zwischen Frankreich und Deutschland, um Leopard 1 und AMX-30 zu ersetzen. Diese Zusammenarbeit scheiterte jedoch. Deutschland baute danach den ausgezeichneten Leopard 2, während Frankreich 1983 einen Kampfpanzer unter der Bezeichnung AMX-48 entwickelte. Die ersten Prototypen wurden 1989 getestet und gingen 1990 nach erfolgreicher Erprobung als AMX-56 in die Produktion. Benannt ist er nach dem französischen General Philippe Leclerc, dessen 2. Panzerdivision an der Befreiung von Paris im Jahr 1944 beteiligt war.

Der Leclerc unterscheidet sich deutlich von anderen Kampfpanzern der NATO. Mit seinen 57,5 Tonnen ist er leichter als die meisten NATO-Panzer. Er hat einen Ladeautomaten nach sowjetischem Vorbild, der eine hohe Feuerfolge sicherstellt und mit einer nur dreiköpfigen Besatzung auskommt. Der Turm hat einen auffälligen Behälter an der Rückseite. Die Hauptwaffe ist eine NATO-standardisierte, stabilisierte 120-mm-Glattrohrkanone GIAT CN120-26/52, die fünf Munitionsarten verschießen kann, darunter KE-Pfeilgeschosse mit Treibspiegel und Hohlladungsgeschosse. In dem digitalen Feuerleitsystem COTAG sind ein Laser-Entfernungsmesser, ein passives Nachtsichtgerät und das Zielerfassungssystem FINDERS (schnelles Informations-, Navigations-, Entscheidungs- und Meldesystem) für hohe Präzision enthalten.

Als Nebenbewaffnung dienen ein koaxiales schweres 12,7-mm-MG GIAT M693 (F2) und ein 7,62-mm-Fla-MG auf dem Turmdach. Der Panzer verfügt zudem über die Selbstschutz- und Nebelmittelwurfanlage GALIX, die aus 27 Abschussgeräten für Nebelmittel und Splittergranaten besteht und in drei Reihen zu je neun Geräten angeordnet ist. Die Panzerung besteht aus Stahl, Titan sowie einer Reaktivpanzerung aus nicht explosivem Material. Turm und Wanne besitzen zusätzlich eine modulare Verbundpanzerung.

Der Leclerc wird von einem 8-Zylinder-Dieselmotor SACM UDU V8X T9 Hyperbar mit 1.500 PS angetrieben, dieser gibt seine Kraft über ein Automatikgetriebe SESM ESM500 ab. Dies verleiht ihm eine Höchstgeschwindigkeit auf der Straße von 72 km/h.

ENTWICKLUNGSSTUFEN

Es gibt zwölf Entwicklungsstufen mit jeweils kleineren Verbesserungen. Der Prototyp T1 erschien 1990. Dann wurden 1991 mit dem T2 17 Vorserienpanzer mit einem moderneren Turm, zusätzlicher Panzerung vorn am Turm und der GALIX-Selbstschutzanlage gebaut. 1993 bis 1994 bekam der T3 breitere Seitenschürzen und eine andere Panzerung an der Wannenfront. 1996 folgten beim T4 Verbesserungen an Motor und Federung, während 1997 der T5 eine zusätzliche Panzerung an Wanne und Seitenschürzen

AMX-56 Leclerc

Hauptbewaffnung

Mit der 120-mm-Kanone GIAT CN120-26/52 wird derzeit nur französische Munition verschossen, sie ist aber mit der NATO-Munition kompatibel. Den Turm des AMX-56 haben die französischen Ingenieure um die Kanone herum konstruiert.

Nebenbewaffnung

Ein 12,7-mm-MG M2HB ist koaxial im Turm installiert, während das 7,62-mm-Fla-MG gegen Tiefflieger auf dem Turmdach sitzt.

Tropenausrüstung

Der AMX-56 hat eine spezielle Ausrüstung für das Tropenklima der Vereinigten Arabischen Emirate, die zumindest 436 Stück dieses Panzertyps von Frankreich erhalten haben. Diese Ausrüstung umfasst einen 1.500-PS-Dieselmotor MTU 883 mit Automatikgetriebe Renk HSWL295 TM. Das Leclerc-Gefechtsführungspaket besteht aus dem Kommandantenvisier HL-80 und einem Gefechtsführungssystem, das dem Visier HL-70 und dem FINDERS-System der französischen Panzer entspricht. Mit der präzisen Zielerfassung können der Kommandant und der Richtschütze des AMX-56 jeweils bis zu sechs Ziele verfolgen und innerhalb von 30 Sekunden nacheinander bekämpfen.

aufwies. Der RT5 (1998 – 1999) hatte eine modernisierte hydropneumatische Federung und ein besseres Feuerleitsystem. 2000 startete eine weitere Produktionsserie mit dem T6, der mit einer neuen Klimaanlage für heiße Umgebungen ausgestattet war. Der T7 hatte genauere Datensysteme für eine präzisere Zielerfassung, der T8 verfügte über eine völlig überarbeitete Elektronik. Der T9 von 2004 besaß ein IRIS-Wärmebildzielgerät von Sagem.

Die dritte Serie ab 2004 umfasste die Aufrüstungspakete T10 und T11 für ältere Panzer. In beiden Varianten

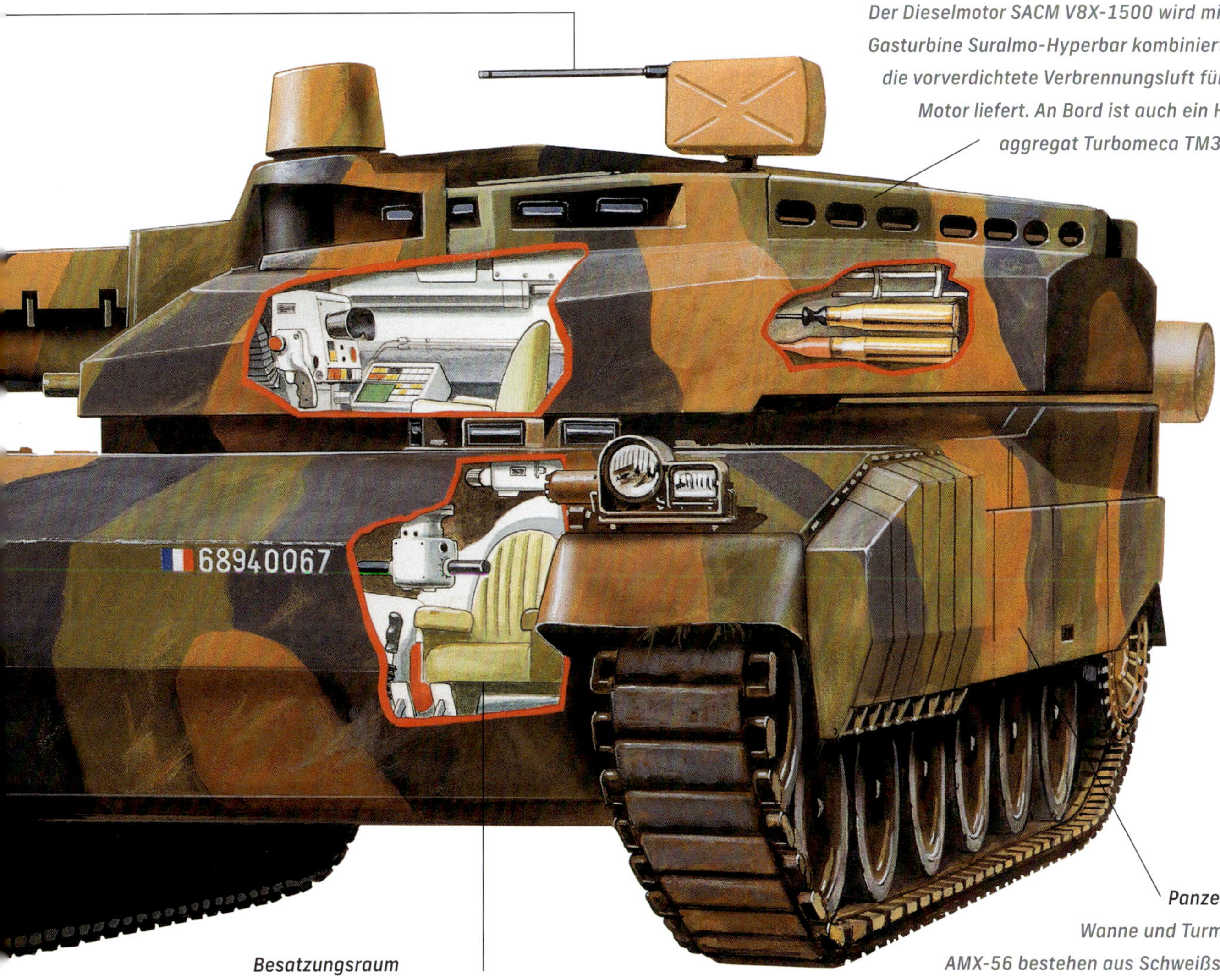

Motor
Der Dieselmotor SACM V8X-1500 wird mit der Gasturbine Suralmo-Hyperbar kombiniert, die die vorverdichtete Verbrennungsluft für den Motor liefert. An Bord ist auch ein Hilfsaggregat Turbomeca TM307B.

Besatzungsraum
Der Fahrer des AMX-56 sitzt vorn links in der Wanne. Kommandant und Richtschütze sitzen links bzw. rechts im Turm.

Panzerung
Wanne und Turm des AMX-56 bestehen aus Schweißstahl. Die Panzerstärke wird durch eine modulare Verbundpanzerung aus Kevlar und Keramik mit Wolfram und Titan erhöht.

wurden modernisierte Anzeigesysteme und ein besserer Panzerschutz verbaut. Der T11 hatte das Gefechtsführungssystem ICONE. Die letzte Variante ist der Leclerc AZUR mit besserer Selbstverteidigung im Ortskampf.

LECLERCS FÜR DIE EMIRATE

Die Vereinigten Arabischen Emirate kauften den Leclerc 1993 und führten ihn 1996 ein. Diese Panzer wurden mit einem deutschen Dieselmotor MTU 883, einem externen Hilfsaggregat und einem fernbedienten MG auf dem Dach für Wüstenoperationen optimiert. Frankreich baute dazu drei Gefechtsunterstützungsfahrzeuge. Der Pionierpanzer Leclerc EPG von 2001 kann mit einem Baggerausleger, einer Schaufel oder einem Kran sowie mit einer Räumschaufel oder einem Ankerblatt ausgestattet werden. Es gibt ihn auch als Minenräumpanzer mit einem 4,25 Meter breiten und 3,4 Tonnen schweren Pearson-Pflug, der eine 100 Meter lange und vier Meter breite Minengasse räumen kann. Der Werkstattpanzer DNG und der Bergepanzer MARS verfügen über spezielles Gerät für ihren jeweiligen Einsatzzweck. Die neueste Version XML wird ab 2023 ausgeliefert und ist mit einer verbesserten Panzerung, einem Turm mit fernbedientem Waffenstand und neuen Granatenabschussgeräten ausgestattet.

Bislang wurden 862 Leclerc gebaut, 426 für Frankreich und 388 für die Emirate. Im Einsatz befinden sich in Frankreich noch 254 Leclerc in vier Panzerregimentern. Die restlichen Panzer sind als Überschuss eingelagert. Katar hat unterdessen sein Interesse an einem Teil dieser Panzer bekundet.

AMX-56 Leclerc
Ein Exemplar der Vereinigten Arabischen Emirate in Wüstentarnung mit zusätzlichem Tarnnetz, aber ohne AZUR-Ausrüstung für den Ortskampf. Das fernbediente MG auf dem Turm ist abgedeckt.

AMX-56 Leclerc
Ein RT5 von 1999. Das letzte Modell der ersten Serie hat einen niedrigeren Turmantrieb, zusätzliche Staukästen am Turm und eine verbesserte hydropneumatische Federung. Eingesetzt war er bei den Panzerregimentern 501 – 503.

Leopard 2

Der Leopard 2 wurde von 1972 bis 1979 bei Krauss-Maffei (KMW) entwickelt und ist der Standard-Kampfpanzer der Deutschen Bundeswehr. Er gilt als äußerst effektiv.

Er ist nicht nur bei der Bundeswehr im Einsatz, er war zudem im Jahr 2018 auch in zwölf europäischen und fünf weiteren Ländern in aller Welt vertreten. Zwischen 1979 und 1985 entstanden in Deutschland 1.130 Leopard 2A0, 2A1, 2A2 und 2A3. Die 55 Tonnen schweren Leopard 2A0 bis 2A3 zeichneten sich durch einen großen, langen Turm mit fast senkrechten Seiten aus, der mittig auf der langen, flachen Wanne saß. Hinter dem Turm stieg die Oberkante der Wanne sanft nach oben an, um Platz für den großen Motor zu schaffen. Als Hauptbewaffnung verfügte der Leopard über die 120-mm-Glattrohrkanone Rheinmetall L/44. Das Rohr hatte einen Rauchabsauger, eine Wärmeschutzhülle, ein Mündungsbezugssystem und war innen hartverchromt.

Der Leopard führt 42 Schuss mit sich, sowohl KE-Munition als auch Hohlladungsmehrzweckgeschosse mit Leuchtspur. Mit dem mächtigen KE-Geschoss M43 konnte der Leopard 560 Millimeter senkrechten Panzerstahl auf 2.000 Meter durchschlagen. Die Versionen 2A0 bis 2A3 hatten ein koaxiales 7,62-mm-MG und ein weiteres MG im Turm. Für die Tödlichkeit sorgte ein fortschrittliches Feuerleitsystem, das zum Teil von dem Richtschützen durch sein stabilisiertes EMES-15-Visier mit doppelter Vergrößerung bedient wurde.

VERSIONEN

Die Versionen 2A0 bis 2A3 verfügten über starke Laminat-Verbundpanzerung, darunter senkrecht angeordnete Panzerplatten vorn und seitlich am Turm mit einer Tiefe von bis zu 860 Millimetern. Diese Panzerung besteht aus abwechselnden Schichten von Keramik und Kunststoff mit perforiertem Stahl. Der Stahl fungiert als hartes Medium, die Löcher als weicher Teil der Panzerung. Dieser Wechsel von hart und weich soll die Energie von einschlagenden Wuchtgeschossen oder geschmolzenen Hohlladungsstrahlen ablenken. Dazu hat der Leopard sieben Seitenschürzenplatten, von denen die hinteren drei jeweils eine gezackte Unterkante haben. Diese ersten Versionen hatten auf jeder Seite sieben mittelgroße Laufrollen mit Drehstabfedern. Der 1.500 PS starke 12-Zylinder-Vielstoffmotor MTU MB 873 Ka-501 verlieh dem Panzer eine Höchstgeschwindigkeit von 70 km/h auf der Straße.

LEOPARD 2A4

Zwischen 1985 und 1992 wurden in Deutschland 1.395 verbesserte 2A4 gebaut und die 1.130 vorhandenen 2A0 bis 2A3 auf diesen Standard aufgerüstet. Der 2A4 hatte ein komplett digitales, rechnergesteuertes Feuerleitsystem und eine automatische Brandunterdrückungsanlage. Es war die letzte Version mit senkrechten Verbundpanzerplatten am Turm. Dazu besaß der 2A4 eine verbesserte „hart-weiche" Verbundpanzerung mit Wolfram und Keramik zur Füllung der Löcher in den Stahlschichten.

Von 1991 bis 1994 baute KMW auch 445 2A4NL, die nach den Vorgaben der Niederlande optimiert wurden. Diese Panzer hatten zwei niederländische MGs FN M240 und zwei Nebelwerfer mit je sechs Rohren am Turm. In den Jahren 2001 bis 2003 modernisierte KMW diese auf den Standard 2A5. Aufgrund von Haushaltskürzungen mussten die Niederlande jedoch ihre verbliebenen 2A4NL verkaufen.

114 wurden nach Österreich (2006 – 2008) geliefert, 37 nach Portugal (2010), 80 nach Kanada (2014 – 2015), 124 nach Finnland (2015 – 2019). 51 überholte 2A4NO gingen

Ein Leopard 2A4 durchquert bei einer Übung ein Gewässer. Bis 1994 hatte die Bundeswehr 2.125 Panzer 2A4 im Einsatz. Nach dem Ende des Kalten Krieges wurden nicht mehr so viele Kampfpanzer gebraucht. In der Folge wurden sie an NATO-Staaten wie Kanada, die Türkei, Griechenland und Norwegen verkauft.

nach Norwegen. Diese Panzer des norwegischen Heeres erhielten norwegische Funkgeräte und Staukästen.

Von 1987 bis 1993 baute die Schweiz in Lizenz 380 2A4 unter der Bezeichnung Panzer 87. Diese Version verfügte über folgende, in der Schweiz hergestellte Komponenten: 7,5-mm-MGs, Teile des ISTAR/Feuerleitsystems, eine automatische Brandunterdrückungsanlage und eigene Funkgeräte.

Leopard 2A4

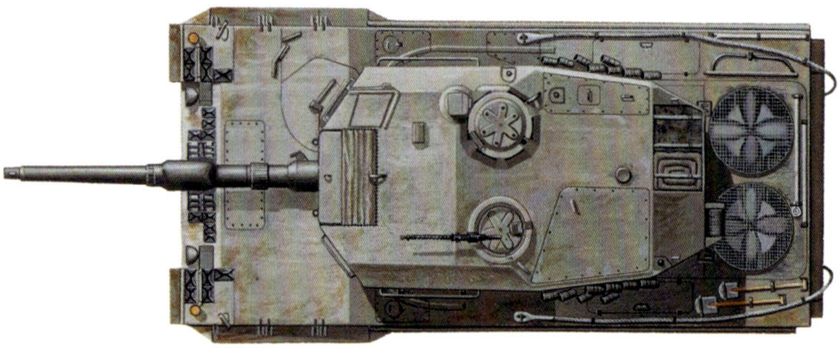

Panzerung

Die Verbundpanzerung der dritten Generation mit Komponenten aus Keramik, Wolfram, Kunststoff und gehärtetem Stahl bietet der Besatzung des Leopard 2 einen vorzüglichen Schutz. In den Besatzungsbereichen ist ein Splitterschutz aus Kevlar angebracht, der bei direkten Treffern das Volumen der Splitter reduzieren soll.

Hauptbewaffnung

Die ursprüngliche Hauptbewaffnung, die 120-mm-Glattrohrkanone Rheinmetall L/44, wurde später durch die längere L/55 ersetzt, die eine wesentlich höhere Mündungsgeschwindigkeit hat.

Einsätze

Die Bundeswehr setzte den Leopard 2A4 und 2A5 im Kosovo ein, während die kanadischen und dänischen Streitkräfte die Panzer auch in Afghanistan eingesetzt haben. Dänische Leopard leisteten Feuerunterstützung bei einem Flankenmanöver, das den Taliban im Januar 2008 den Zugriff auf die Provinz Helmand verwehrte, und unterstützten die kanadischen Streitkräfte bei der Rückeroberung des Bezirks Nad Ali im Dezember desselben Jahres. Im Februar 2008 wurde ein Leopard durch eine Sprengfalle beschädigt, konnte aber ohne fremde Hilfe ins Lager zurückkehren. Allerdings wurde ein dänischer Soldat auf einem Leopard im Juli 2008 durch die massive Detonation einer Sprengfalle getötet.

FOLGEN DES KALTEN KRIEGES

Nach dem Ende des Kalten Krieges war die deutsche Leopard-Flotte überdimensioniert. Aus diesem Grund wurden insgesamt 1.247 Leopard 2A4 an neun Staaten verkauft: 27 an Kanada, 140 generalüberholte 2A4CHL an Chile (2007 – 2009), 51 an Dänemark (1997), 183 an Griechenland, 128 an Polen (2010 – 2013), 96 an Singapur (2006 – 2007), 108 an Spanien (1990), 160 an Schweden

Nebenbewaffnung
Der Leopard 2 verfügt über zwei 7,62-mm-MGs MG3A1, eines koaxial im Turm und das andere auf einer Drehzapfenlafette an der Ladeschützenluke. Auf jeder Seite der Kanone sind Reihen von Nebelwerfern installiert.

Motor
Standardmäßig verfügt der Leopard 2 über den Dieselmotor MTU MB 873 Ka-501. Für Versuche mit dem EuroPowerPack wurde auch der größere MTU MT 883 eingebaut.

Turm
Der mittig auf der Wanne sitzende Turm des Leopard 2 ist in etwa rautenförmig. Das flache Profil reduziert die Radarsignatur und die Silhouette des Panzers, bietet aber auch wenig Kopffreiheit für die Besatzung.

Leopard 2A4

Dieser finnische Leopard 2A4 mit einer ungewöhnlichen senkrechten Turmfrontpanzerplatte hat ein außergewöhnlich geometrisches vierfarbiges Tarnkleid.

LEOPARD 2A4

Baujahr	1985
Stückzahl	2.525 (+ 825 unter Lizenz in den Niederlanden und der Schweiz)
Gewicht	56,0 t
Länge (mit Rohr)	9,66 m
Breite	3,70 m
Höhe	3,00 m
Antrieb	12-Zylinder-Vielstoffmotor MTU MB 873 mit 1.500 PS
Höchstgeschwindigkeit (Straße)	70 km/h
Besatzung	4 Mann
Panzerung	Verbundpanzerung + Seitenschürzen
Hauptbewaffnung	120-mm-Glattrohrkanone Rheinmetall L/44
Kampfbeladung	42 Geschosse

(1994–1995) und 354 an die Türkei (2005–2014). 80 der generalüberholten 2A4CHL für Chile hatten eine neu konstruierte Federung, einen fernbedienten Waffenstand im Turm, verbesserte Visiere, ein moderneres Feuerleitsystem und eine stärkere Panzerung am Turm.

Ende 2016 setzte die Türkei 52 ihrer 354 generalüberholten 2A4 im syrischen Bürgerkrieg ein. Im Dezember 2016 zerstörten die Aufständischen acht türkische 2A4. Fünf wurden durch Konkurs-Panzerabwehrlenkflugkörper und drei durch Minen oder Sprengfallen zerstört. Der bis dahin makellose Ruf des Leopard wurde infogedessen beschädigt. Die Türkei hat KMW beauftragt, 40 türkische 2A4 von 2019 bis 2020 mit verbesserter Unterbodenpanzerung und aktiven Schutzsystemen auszurüsten.

Leopard 2A4NO

Dieser norwegische Leopard 2A4NO hat ein in Norwegen gebautes schweres MG auf dem Turmdach und zeigt unter dem Tarnnetz eine ungewöhnliche Wintertarnung aus Grün- und Weißtönen.

Leopard 2A5
Dieser modifizierte polnische Leopard 2A5 hat auf dem Turmdach einen polnischen fernbedienten Waffenstand und ein Wärmebildzielgerät.

DIE NÄCHSTE GENERATION

2009 bis 2010 entwickelte die türkische Firma Aeselan den Leopard 2NG (nächste Generation) als exportorientiertes Aufrüstungspaket. Der 65 Tonnen schwere 2NG verfügte über ein Feuerleitsystem Volcan, modernisierte ISTAR-Komponenten, verbesserte Verbundpanzerplatten und einen Minenschutz am Unterboden. Im Jahr 2010 modernisierten die Streitkräfte von Singapur (SAF) ihre 96 2A4 auf den Standard 2SG, unter anderem mit fortschrittlichen AMAP-Verbundpanzermodulen.

LEOPARD 2A5

Wie beim 2A4 gab es auch beim Leopard 2A5 Interesse anderer Länder an einer Lizenzproduktion. Von 1995 bis 2002 ließ die Bundeswehr 350 vorhandene 2A4 auf die verbesserte Überlebensfähigkeit des 2A5 hochrüsten. Die MEXAS-Panzerung des Ingenieurbüros Deisenroth löste die alte Verbundpanzerung ab. An der Turmfront wurde eine pfeilförmige Schottpanzerung in spitzem Winkel angebracht. An dieser Zusatzpanzerung kann man den 2A5 und spätere Versionen auf einen Blick von den älteren Modellen unterscheiden. Darüber hinaus hatte der 2A5 verbesserte Seitenschürzen mit gerader Unterkante. Von 1999 bis 2001 setzte die Bundeswehr 28 Leopard 2A5 beim Friedenseinsatz im Kosovo ein, während Dänemark von 2007 bis 2014 in Afghanistan auf den 2A5 setzte.

Schweden zum Beispiel produzierte den modifizierten Stridsvagn-122 (Strv-122) mit 62,5 Tonnen in Lizenz. Im Jahr 1996 baute KMW 20 Strv-122, weitere 121 wurden nachfolgend von 1996 bis 1999 in Schweden hergestellt. Diese Version verfügte über verbesserte Verbundpanzermodule vorn an der Wanne und auf dem Turmdach, in Schweden entwickelte ISTAR-Komponenten und das französische GALIX-Nebelmittelwurfsystem am Turm.

LEOPARD 2A5

Baujahr	1995
Stückzahl	350 (+ 141 unter Lizenz in Schweden)
Gewicht	57,1 t
Länge (mit Rohr)	9,66 m
Breite	3,70 m
Höhe	3,00 m
Antrieb	12-Zylinder-Vielstoffmotor MTU MB 873 mit 1.500 PS
Höchstgeschwindigkeit (Straße)	70 km/h
Besatzung	4 Mann
Panzerung	Verbundpanzerung + Schottpanzerung + Seitenschürzen
Hauptbewaffnung	120-mm-Glattrohrkanone Rheinmetall L/44
Kampfbeladung	42 Geschosse

Ein schwedischer Strv-122 bei einer Übung.

Strv-122

Dieser in Schweden in Lizenz gebaute Strv-122 zeigt die typischen Merkmale des 2A5 – die längere 120-mm-Kanone, die pfeilförmige Frontpanzerung am Turm und niedrige Seitenschürzen mit gerader Unterkante.

Leopard 2A6

Dieser Leopard 2A6 der Bundeswehr hat die stärkere 120-mm-Glattrohrkanone L/55 mit längerem Rohr, ein verbessertes Feuerleitsystem, einen stärkeren Panzerschutz und aufgewertete Gefechtsführungssysteme.

Leopard 2A6HEL

Dies ist ein griechischer Leopard 2A6HEL im Jahr 2014. Diese Panzer wurden in Griechenland mit Aufrüstsätzen von KMW und örtlich hergestellten Komponenten montiert.

Im Jahr 2010 überarbeitete Schweden 23 dieser Panzer zum Strv-122B, der eine stärkere Unterbodenpanzerung zum Schutz vor Minen erhielt. Die restlichen 42 Leopard in Schweden sollen auf den Standard Strv-122B+ gebracht werden, der über neue fortschrittliche AMAP-Verbundpanzermodule verfügt.

LEOPARD 2A6

In den Jahren 2001 bis 2003 modernisierte die Bundeswehr ihre vorhandenen Leopard zum Modell 2A6 mit 62 Tonnen. Diese Panzer verfügen über die neu entwickelte lange 120-mm-Glattrohrkanone Rheinmetall L/55. Mit dem neuen KE-Geschoss DM-53 und einer Mündungsgeschwindigkeit von 1.800 m/sek kann die Kanone L/55 750 Millimeter senkrechten Panzerstahl auf 2.000 Meter durchschlagen. Drei weitere, wichtige Verbesserungen kommen außerdem noch dazu: modernisierte ISTAR-Komponenten (unter anderem mit einem stabilisiertem Panoramavisier PERI-R-17-A2 für den Kommandanten), weiter verbesserte MEXAS-Verbundpanzermodule und ein Hilfsaggregat, das die Systeme bei abgeschaltetem Motor weiterbetreibt.

Die letzten 2A6M verfügen zusätzlich über eine stärkere Unterbodenpanzerung gegen Minen und eine Klimaanlage. KMW baute dann den für den Ortskampf optimierten 2A6PSO mit der kürzeren Kanone L/44, einem fernbedienten Waffenstand und verbesserten Komponenten für das Führungssystem. Für den Export wurde ein modifizierter 2A6 entwickelt. So erhielt Griechenland von 2007 bis 2008 170 generalüberholte 2A6HEL. Viele dieser Panzer wurden in Griechenland montiert, wobei von KMW gelieferte Bausätze mit vor Ort hergestellten ELVO-Komponenten kombiniert wurden.

Kanada setzte den von KMW modifizierten 2A6M-CAN ein. Im Jahr 2007 leaste Kanada 20 generalüberholte deutsche 2A6M und kaufte von den Niederlanden weitere 100 2A6. Diese Panzer modernisierte KMW mit einem kanadischen System für elektronische Gegenmaßnahmen, einer stärkeren Unterbodenpanzerung gegen Minen und einer Käfigpanzerung gegen Panzerabwehrgranaten seitlich und hinten an Wanne und Turm.

Von 2007 bis 2011 setzte Kanada diese Panzer im südlichen Afghanistan im Rahmen der ISAF-Mission ein. Vor Ort wurden die Panzer nachträglich mit Klimaanlagen und dem Barracuda-Tarnsystem mit Hitze-Transfer-System von SAAB ausgerüstet. Keiner der kanadischen 2A6M-CAN ging in Afghanistan verloren, aber einige wurden durch Minen erheblich beschädigt.

Ein Kampfpanzer Leopard 2A6 des portugiesischen Heeres 2013 bei einer NATO-Übung in der Nähe von Santa Margarida in Portugal.

Leopard 2A6M

Kanada setzte seine 2A6M von 2007 bis 2013 in Afghanistan ein. Diese für den Ortskampf optimierten Panzer haben eine Käfigpanzerung hinten und kanadische Systeme für elektronische Gegenmaßnahmen.

LEOPARD 2A6

Baujahr	2001
Stückzahl	580 (+ 290 Exportmodelle)
Gewicht	62,0 t
Länge (mit Rohr)	10,99 m
Breite	3,70 m
Höhe	3,00 m
Antrieb	12-Zylinder-Vielstoffmotor MTU MB 873 mit 1.500 PS
Höchstgeschwindigkeit (Straße)	70 km/h
Besatzung	4 Mann
Panzerung	Verbundpanzerung + Schottpanzerung + Seitenschürzen
Hauptbewaffnung	120-mm-Glattrohrkanone Rheinmetall L/55
Kampfbeladung	40 Geschosse

Bereits 1998 hatte Spanien 108 deutsche 2A4 gekauft. Von 2003 bis 2007 entstanden dann in Spanien in Lizenz 219 stärker gepanzerte 2A6E (2E) mit Hilfe von Rüstsätzen von KMW und örtlich produzierten Komponenten. Der 63 Tonnen schwere Leopard 2A6E verfügte über das Feuerleitsystem Indra-LINCE, ein SAPA-Stromerzeugeraggregat und stärkere integrierte Panzermodule an der Bugplatte der Wanne und am Turm.

Von 2005 bis 2006 ließen die Niederlande ihre 2A5NL bei KMW zu 2A6NL modernisieren. Starke Kürzungen des Verteidigungshaushalts zwangen die Niederlande später, alle ihre 2A4NL und 2A6NL zu verkaufen. 2014 wurde beschlossen, die 124 verbleibenden 2A6NL zwischen 2015 und 2019 an Finnland zu verkaufen.

LEOPARD 2E

Baujahr	2003
Stückzahl	219 unter Lizenz
Gewicht	63,0 t
Länge (mit Rohr)	10,99 m
Breite	3,70 m
Höhe	3,00 m
Antrieb	12-Zylinder-Vielstoffmotor MTU MB 873 mit 1.500 PS
Höchstgeschwindigkeit (Straße)	70 km/h
Besatzung	4 Mann
Panzerung	Verbundpanzerung + Schottpanzerung + Seitenschürzen
Hauptbewaffnung	120-mm-Glattrohrkanone Rheinmetall L/55
Kampfbeladung	40 Geschosse

Leopard 2E

Der modifizierte spanische Leopard 2E (2A6E) wurde in Spanien aus deutschen Bausätzen und spanischen Komponenten zusammengebaut. Hier ein Panzer im Jahr 2010 mit einfarbiger olivgrüner Tarnung.

LEOPARD 2A7+

Von 2007 bis 2010 entwickelte KMW den 67,5 Tonnen schweren Leopard 2A7+. Zwischen 2010 und 2014 wurden 20 überschüssige, ehemals niederländische 2A6NL auf den Standard 2A7+ gebracht, die dann bei der Bundeswehr eingeführt wurden. Diese deutschen 2A7+ verfügten über ein verbessertes stabilisiertes Periskop PERI-RTWL aus dem Puma, eine Plattform für die Kommunikation mit der Infanterie und eine Kampfraumkühlanlage.

Katar beschaffte 62 neu gebaute 2A7+, die für das heiße Klima optimiert wurden. Davon wurden 45 Stück von 2015 bis 2018 ausgeliefert. Diese katarischen Panzer hatten auf dem Turm den fernbedienten Waffenstand FLW-200, auf dem entweder ein schweres 12,7-mm-MG RMG-50 oder ein automatisches 40-mm-Granatenabschussgerät H&K GMG installiert war. Diese Waffe wird bei den deutschen Panzern noch nicht eingesetzt. 2018 kündigte das deutsche Heer an, 100 eingelagerte 2A4 auf den Standard 2A7+ aufrüsten zu wollen.

Parallel dazu entwickelte Rheinmetall zwischen 2017 und 2018 das abstandsaktive Hardkill-Schutzsystem der dritten Generation und erprobte es auf einem 2A7+. Also ist es durchaus möglich, dass es bei künftigen Versionen des Leopard eingeführt wird.

Darüber hinaus entwickelte Rheinmetall von 2013 bis 2014 auch das Evolution-/Revolution-Paket, das für den Leopard 2 genutzt wird. Es umfasst ein Baukastensystem, das an die jeweiligen Forderungen des Nutzers angepasst werden kann, sowohl bei der Verbundpanzerung als auch beim abstandsaktiven Schutzsystem.

Im Jahr 2016 begann die Entwicklung des Nachfolgers des Leopard, bezeichnet als Main Ground Combat System (MGCS).

LEOPARD 2A7+

Baujahr	2014
Stückzahl	20 + 62 (+ 100 geplant)
Gewicht	67,5 t
Länge (mit Rohr)	10,99 m
Breite	3,10 m
Höhe	3,00 m
Antrieb	12-Zylinder-Vielstoffmotor MTU MB 873 mit 1.500 PS
Höchstgeschwindigkeit (Straße)	68 km/h
Besatzung	4 Mann
Panzerung	Verbundpanzerung + Seitenschürzen
Hauptbewaffnung	120-mm-Glattrohrkanone Rheinmetall L/55
Kampfbeladung	42 Geschosse

Der Leopard 2A7+ war mit einem besonderen Schutz gegen Panzerabwehrgranaten und Bomben sowie mit einer stärkeren Klimaanlage speziell auf die Gefechtsbedingungen im Nahen Osten ausgelegt.

Leonardo

M60-Aufrüstungspaket Leonardo

Dieser Panzer hat dreiteilige Seitenschürzen über die gesamte Länge. Die „Pfefferstreuer"-Mündungsbremse weist auf die 120-mm-Kanone L/45 hin.

Im Jahr 2017 stellte der italienische Rüstungskonzern Leonardo auf eigene Initiative ein Modernisierungspaket für den amerikanischen M60A3 vor. Der M60A3 kommt zwar allmählich in die Jahre, aber er wird noch von vielen Streitkräften genutzt, die ihn aus finanziellen Gründen nicht ersetzen können.

Leonardo bietet verschiedene Modernisierungsmodule mit dem Ziel an, einen Teil dieses lukrativen Marktes zu erobern. Dieses Paket beinhaltet Verbesserungen bei der Panzerung, beim Antrieb, bei den inneren Systemen und bei der Feuerkraft, die den M60A3 auf den Standard der aktuellen Kampfpanzer der dritten Generation bringen. Dazu gehört die stärkere 120-mm-Glattrohrkanone mit geringem Rückstoß aus dem Radpanzer Centauro 2. In Kombination mit dem LOTHAR-Visier und dem digitalen Feuerleitsystem TURMS hat die Kanone eine verbesserte Hunter-Killer-Fähigkeit und eine größere Reichweite. Die Kanone verfeuert NATO-Munition für 120-mm-Glattrohrkanonen, und alle Modernisierungen am Feuerleitsystem sind auch mit der Standard-120-mm-Kanone der NATO kompatibel, sodass der Käufer aus zwei Kanonen wählen kann. Das LOTHAR-Tag-/Nachtvisier hat einen 10-km-Laser-Entfernungsmesser, eine Lang- oder Mittelwellen-Infrarotkamera (LWIR/MWIR) sowie eine TV-Kamera mit doppeltem Blickfeld.

LEONARDO

Baujahr	2017
Stückzahl	1 (Prototyp)
Gewicht	45,7 t
Länge (mit Rohr)	9,40 m
Breite	3,63 m
Höhe	3,28 m
Antrieb	Ottomotor AVDS-1790-2C mit 750 PS oder Ottomotor AVDS-1790-5T+CD-850-B1 mit 908 PS
Höchstgeschwindigkeit (Straße)	48 km/h
Besatzung	4 Mann
Panzerung	Gewalzter homogener Panzerstahl + Verbundpanzerung + Käfigpanzerung + Seitenschürzen 25 – 254 mm
Hauptbewaffnung	120-mm-Glattrohrkanone Leonardo L/45
Kampfbeladung	40 Geschosse

NAHVERTEIDIGUNG

Für die Nahverteidigung hat der Turm ein fernbedientes, stabilisiertes schweres 12,7-mm-MG HITROLE-L mit dem modularen Optiksystem MINI-COLIBRI, bestehend aus einem IR-Nachtsichtgerät, einer Tageslicht-TV-Kamera und einem Laser-Entfernungsmesser mit Augenschutz. Das HITROLE-L kann auch mit einem 7,62-mm-MG oder einem automatischen 40-mm-Granatenabschussgerät bestückt werden. Eine weitere Verbesserung der Optik ist das Nachtsichtgerät DNVS-4 für den Fahrer mit einem hochauflösenden Wärmebildgerät ERICA, das ein wesentlich größeres Blickfeld bietet.

Für den Antrieb steht ein generalüberholter und verbesserter 750-PS-Ottomotor AVDS-1790-2C aus dem M60A3 zur Verfügung, auf Wunsch kann aber auch ein modernerer AVDS-1790-5T+CD-850-B1 mit 908 PS eingebaut werden. Dieser hat trotz 20 Prozent Mehrleistung 75 Prozent der Teile mit dem vorherigen Motor gemeinsam, was Wartung und Reparatur vereinfacht und die Kosten reduziert. Zum Paket gehört auch ein neues passives Schutzpaket, das auf der Stahlgusspanzerung des M60 montiert wird und Schutz gemäß NATO-STANG Stufe 6 bieten soll. Dazu kommen neue Seitenschürzen, die über die dritte Laufrolle reichen. Eine neue Käfigpanzerung bietet mehr Schutz gegen Panzerfaustangriffe von hinten. Eine automatische Brandmelde-/-unterdrückungsanlage erhöht die Überlebensfähigkeit der Besatzung.

NEUE MERKMALE

Im Rahmen des Umbaus erhält der M60A3 auch neue Drehstäbe, Bremsen, Elektrik, Laufrollen, Versiegelungen, Lackierung, Tanks und Nebelgranaten, die zu einer umfassenden Modernisierung gehören. Dazu können von Leonardo entwickelte Störsysteme gegen Sprengfallen oder Laser-Warnempfänger eingebaut werden. Damit ist dies derzeit wohl das flexibelste und kostengünstigste M60-Aufrüstungspaket auf dem Markt. Bahrain, das 60 ältere M60A3 besitzt, soll an diesem Paket von Leonardo interessiert sein. Die Zeit wird zeigen, ob sich die Initiative von Leonardo auch auszahlen wird.

Ariete C1 und C2

Im Jahr 1985 begann Italien mit der Entwicklung eines neuen Kampfpanzers, der den überholten M60 als Rückgrat der Panzertruppe ablösen sollte. 1986 entstand der erste Prototyp des Ariete („Widder") C1. Die Bezeichnung verweist auf die berühmte italienische Panzerdivision, die in Nordafrika an der Seite Deutschlands gekämpft hatte.

Nach den Vorgaben der italienischen Regierung entwickelte ein Konsortium aus Iveco und OTO Melara die Spezifikationen für einen schnellen, tödlichen und agilen Panzer mit ausgezeichneter Feuerleitung. Der Ariete C1 ist etwas kleiner als vergleichbare westliche Kampfpanzer. Die Bugplatte ist schräg gehalten, aber die Seiten sind flach und die Motorabdeckung steigt nach hinten an. Das Laufwerk verfügt über einstellbare Kettenräder hinten, Kettenspannrollen vorn, Drehstabfederung, hydraulische Stoßdämpfer, Reibungsdämpfer und vier Stützrollen auf jeder Seite. Bei vielen Laufwerkskomponenten sieht man den Einfluss des Leopard 2, den OTO Melara in Lizenz baute. Die Panzerung besteht aus einer Stahl-Verbundpanzerung und Seitenschürzen. Hier diente der britische Challenger als Vorbild. Die Wanne ist komplett ABC-geschützt und lässt sich so versiegeln, dass Flüsse bis zu fünf Metern Tiefe durchquert werden können.

Der Turm, wiederum vom Challenger inspiriert, hat eine abgeschrägte Front und trägt auf der Kuppel ein 7,62-mm-NATO-Standard MG 42/59 auf einer Ringlafette. Ein weiteres MG ist koaxial zur Kanone installiert. Bei der letzteren handelt es sich um eine automatische 120-mm-Glattrohrkanone OTO Melara L/44. Sie kann panzerbrechende Unterkalibermunition, Hohlladungsgeschosse, Quetschkopfgeschosse sowie andere Standardmunition verschießen. Die Kanone hat eine Wärmeschutzhülle, einen Rauchabsauger und eine elektrisch-hydraulische Stabilisierung. An den Seiten des Turms befinden sich elektronisch gesteuerte Wurfanlagen für Nebelmittel oder Düppel.

Das Feuerleitsystem Galileo Avionica OG14L3 TURMS hat ein Panoramavisier SP-T-694, ein stabilisiertes Wärmebildzielgerät und einen Laser-Entfernungsmesser. Für präzises Zielen sorgt ein digitaler Feuerleitrechner.

MBT ARIETE C1

Baujahr	1995
Stückzahl	200
Gewicht	55,9 t
Länge (mit Rohr)	10,80 m
Breite	3,50 m
Höhe	2,45 m
Antrieb	V12-Turbodiesel FIAT-Iveco MTCA mit 1.270 PS
Höchstgeschwindigkeit (Straße)	48 km/h
Besatzung	4 Mann
Panzerung	Verbundpanzerung + Seitenschürzen 35 – 195 mm
Hauptbewaffnung	120-mm-Glattrohrkanone L11A1
Kampfbeladung	42 Geschosse

Ariete C1

Man sieht die abgeschrägte Bugplatte, die erhöhte Motorabdeckung, die Wärmeschutzhülle der Kanone und die Nebelwurfgeräte am Turm.

Ein italienischer Soldat weist im Jahr 2016 einen Ariete C2 bei der Strong Europe Tank Challenge auf dem US-Truppenübungsplatz Grafenwöhr in die Schießbahn ein.

Der 1.270 PS starke V-12-Turbodieselmotor FIAT-Iveco MTCA mit 25,8 Litern Hubraum ermöglicht eine Höchstgeschwindigkeit von 65 km/h.

PROTOTYPEN UND MODIFIKATIONEN

1986 wurden sechs Prototypen fertiggestellt und erprobt. Aufgrund zahlreicher Änderungen verzögerte sich die Produktion jedoch bis 1995. Bis zur Einstellung des Modells im Jahr 2002 wurden etwa 200 Stück gebaut. 164 Ariete C1 sind derzeit im aktiven Einsatz bei der Truppe. Weitere dieser Panzer befinden sich bei den italienischen Truppenschulen.

Der Ariete hat nur wenig Kampferfahrung gesammelt. Er war an den Friedenseinsätzen im ehemaligen Jugoslawien beteiligt, und im Jahr 2004 wurden sechs Panzer im Irak eingesetzt. Sie erhielten dafür eine zusätzliche Panzerung und 7,62-mm-MGs hinter einem Schild auf dem Dach. Allerdings hatte der schwache Motor mit dem höheren Gewicht zu kämpfen. Im Kampfeinsatz zeigten sich diverse Unzulänglichkeiten, wobei der Motor das größte Problem darstellte. So entwickelte Iveco einen 30-l-Turbodiesel mit Einspritzung und 1.600 PS, der aber aufgrund fehlender Mittel bislang noch nicht in den C1 eingebaut wurde. Eine weitere Modernisierung, die 2005 genehmigt, aber noch nicht umgesetzt wurde, ist der Einbau des Navigations- und Führungssystems SJCCONA. Ebenfalls aus finanziellen Gründen konnten weitere geplante Modernisierungen noch nicht stattfinden.

ARIETE C2

Einige dieser Modernisierungen finden sich im Projekt Ariete C2, dessen Prototyp im Jahr 2005 entwickelt wurde. Er hat einen stärkeren Motor mit 1.500 PS, eine hydropneumatische Federung, einen Ladeautomaten und ein moderneres Feuerleitsystem. Nach ausgiebigen Tests erklärte sich die Regierung zunächst bereit, 500 Ariete C2 als Ersatz für den C1 zu beschaffen. Die Produktion sollte 2024 anlaufen. Allerdings wurde die Einführung aus finanziellen Gründen immer weiter verschoben.

Da ein Zeitpunkt für die Einführung des C2 noch nicht abzusehen ist, hat die italienische Regierung ab 2021 mit der Halbzeitmodernisierung des C1 begonnen. Daraufhin hat die italienische Industrie diverse Verbesserungen für den C1 entwickelt. Darunter ist eine Zusatzpanzerung mit besserem Front- und Seitenschutz, die momentan in der Erprobung ist. Auch ein Paket für Friedenseinsätze wird erstellt. Iveco hat mehrere Motoren in der Entwicklung und hat den 1.500 PS starken V12 des C2 inzwischen im C1 erprobt. Es wird auch an breiteren Ketten gearbeitet, die das aufgrund der Zusatzpanzerung zu erwartende höhere Gewicht ausgleichen sollen. OTO Melara hat zudem ein multispektrales Panoramavisier entwickelt. Ein Aufrüstsatz zur Reduzierung der Radar- und Wärmesignatur wurde erprobt und soll die Infrarotsignatur um 85 bis 99 Prozent reduzieren.

MBT ARIETE C2

Baujahr	2015
Stückzahl	88
Gewicht	58,0 t
Länge (mit Rohr)	9,52 m
Breite	3,61 m
Höhe	2,45 m
Antrieb	Iveco V12-Turbodiesel mit 1.500 PS
Höchstgeschwindigkeit (Straße)	70 km/h
Besatzung	3 Mann
Panzerung	Unterliegt der Geheimhaltung, Verbundpanzerung der 4. Generation mit abgereichertem Uran
Hauptbewaffnung	120-mm-Glattrohrkanone L/44
Kampfbeladung	44 Geschosse

Ariete C2

Der Ariete C2 ähnelt äußerlich dem C1, bis auf die nach vorn verlängerten Seitenschürzen. Die meisten Veränderungen befinden sich innen: ein stärkerer Motor, ein Ladeautomat für die Kanone und Modernisierung der Systeme und des Laufwerks.

Altay

Der Altay ist ein moderner türkischer Kampfpanzer der dritten Generation, der auf dem südkoreanischen K2 Black Panther basiert. Entwickelt wurde er von Otokar und hat seinen Namen von Fahrettin Altay, einem General aus dem türkischen Unabhängigkeitskrieg (1919 – 1923).

Das Projekt für den Bau des ersten eigenen türkischen Kampfpanzers stammt aus der Mitte der 1990er-Jahre, als es in der Türkei noch gar keine Panzerfabriken gab. Daher wurde erst 2007 ein Entwicklungsauftrag an Otokar vergeben, wo bereits Automobile und Militärfahrzeuge gebaut wurden. Die erste Attrappe wurde im Jahr 2011 öffentlich vorgestellt. Nach der erfolgreichen Erprobung der Prototypen von 2014 bis 2016 erhielt die türkisch-katarische Firma BMC im April 2018 einen Produktionsauftrag für 250 Panzer. Es sind drei Folgeaufträge für 250 Panzer geplant, die über die aktuellen Modernisierungen verfügen sollen. Die Produktion sollte 2019 anlaufen, hat sich aber auf unbestimmte Zeit verzögert. Saudi-Arabien, Kolumbien, Pakistan, Oman und Aserbaidschan haben ihr Interesse an dem Panzer bekundet, aber konkrete Exportverträge gibt es noch nicht.

Der Panzer soll 65 Tonnen wiegen und eine von MKEK in Lizenz gebaute fernbediente 120-mm-Rheinmetall-Glattrohrkanone mit integrierter Stabilisierung erhalten. Daneben ist er mit einem fernbedienten 12,7-mm-MG auf einer Drehzapfenlafette und einem koaxialen 7,62-mm-MG bewaffnet. Roketsan ist dabei, eine modulbasierte Verbundpanzerung mit Reaktivpanzerelementen zu entwickeln, deren genaue Daten noch nicht bekannt gegeben wurden. Der Altay wird auch Schutzsysteme gegen ABC- und Strahlenbedrohungen haben.

Die geplante Höchstgeschwindigkeit liegt bei 58 km/h. Da MTU den Technologietransfer des zunächst geplanten MTU-Turbodiesel mit 1.500 PS in die Türkei ablehnte, ist ein neu entwickelter 1.800-PS-Motor von BS vorgesehen. Der Panzer kann sich unter Wasser bis zu 4,1 Metern Tiefe fortbewegen. Beim Laufwerk handelt es sich um eine Lizenzversion aus dem südkoreanischen K2 Black Panther mit hydropneumatischer Federung. In dem türkischen Turm befinden sich ein Feuerleitsystem Volkan III von Aselan und das abstandsaktive Schutzsystem AKKOR. Der Altay ist mit einem Gefechtsfeld-Zielmarkierungssystem gemäß STANAG 4579 ausgestattet, die Interoperabilität mit anderen NATO-Panzern ist somit sichergestellt.

PROTOTYP ALTAY-AHT

2017 zeigte Otokar den Prototypen eines Panzers für den Ortskampf. Dieser Altay-AHT hat einen verbesserten Panzerschutz durch Reaktivpanzerkacheln und eine BAR-Käfigpanzerung, um seine Überlebensfähigkeit gegen Angriffe ballistischer Flugkörper zu erhöhen. Ein Räumschild zur Schuttbeseitigung, ein ausfahrbares Fernrohr, fernbediente Waffenstände und ein elektronisches Störsystem gegen Sprengfallen gehören zur Ausrüstung. Es ist nicht bekannt, ob die Produktion des Altay-AHT von der türkischen Regierung genehmigt wird, aber es könnten einzelne Konstruktionsmerkmale in den geplanten Losen des ursprünglichen Altay auftauchen.

ALTAY

Baujahr	2019
Stückzahl	1.000 (geplant)
Gewicht	65,0 t
Länge (mit Rohr)	10,30 m
Breite	3,90 m
Höhe	2,60 m
Antrieb	Dieselmotor MTU mit 1.500 PS
Höchstgeschwindigkeit (Straße)	58 km/h
Besatzung	4 Mann
Panzerung	Modulare Panzerung + Verbundpanzerung + Reaktivpanzerkacheln
Hauptbewaffnung	120-mm-Glattrohrkanone Rheinmetall L/55
Kampfbeladung	unterliegt der Geheimhaltung

Altay BMT

Ein Prototyp des Altay, wie er bei der IDEF 2017 gezeigt wurde. Es handelt sich um einen modifizierten südkoreanischen K2 Black Panther mit türkischem Turm. Bei der Ausstellung hatte er ein Tarnnetz, das hier nicht gezeigt wird.

Sabra
Das verbesserte ballistische Profil der Zusatzpanzerung und die stärkere 120-mm-Glattrohrkanone MG253 L/44 unterscheiden ihn von dem älteren Magach 7C.

Sabra

Beim Sabra handelt es sich um ein Modernisierungspaket aus Israel für den M60, mit dem sowohl seine Dienstzeit verlängert als auch sein potenzieller Einsatz bei Streitkräften in aller Welt ermöglicht werden soll. Der Sabra ist ein modifizierter israelischer Magach 7C (aufgebaut auf dem M60) mit einer verbesserten Zusatzpanzerung, einer neuen, in Israel entwickelten 120-mm-Glattrohrkanone, einem neuen Feuerleitsystem und überarbeitetem Laufwerk. So sollen Tödlichkeit, Panzerschutz und Beweglichkeit des Sabra verbessert werden. Die 120-mm-Kanone des Sabra ist der ursprünglichen 105-mm-Kanone des M60 weit überlegen und kann sämtliche 120-mm-NATO-Standardmunition verschießen. Gesteuert wird sie über das neue Feuerleitsystem Knight von Elbit Systems. Die Nebenbewaffnung umfasst ein koaxiales 7,62-mm-MG M240 und zwei drehzapfengelagerte 7,62-mm-MGs 34A1 auf dem Dach. Zusätzlich verfügt der Sabra über einen integrierten 60-mm-Mörser.

Das ballistische Profil der Zusatzpanzerung wurde verbessert und der aus dem Magach 7 stammende Turbodiesel Continental AVDS 1790-5A mit 908 PS eingebaut. Änderungen an Chassis und Laufwerk, unter anderem ein vollelektrisches Hydrauliksystem, gleichen zusätzliches Gewicht aus und erhöhen die Beweglichkeit im Gelände.

MODERNISIERUNG

Der Sabra I hatte keinen Erfolg auf dem Exportmarkt. Die Türkei kaufte das überarbeitete Aufrüstungspaket Sabra II, das unter anderem eine modulare Verbundpanzerung und Reaktivpanzerkacheln umfasst. Diese Version ist gut zu erkennen, denn sie verfügt weiterhin über die große Kommandantenkuppel M19 aus dem M60 mit ihrem 12,7-mm-Browning-MG. Der Sabra II hat einen 1.000 PS starken Turbodiesel MTU 881 und ein verbessertes Renk-Getriebe mit vier Vorwärts- und zwei Rückwärtsgängen. Die aktuelle Version III hat die Panzerung und den Radar-/Infrarot-Warnempfänger aus dem Merkava IV. Dazu wird das MG des Kommandanten fernbedient.

MBT SABRA II (M60T)

Baujahr	2007
Stückzahl	170
Gewicht	59,0 t
Länge (mit Rohr)	6,95 m
Breite	3,63 m
Höhe	3,27 m
Antrieb	Dieselmotor MTU MT 881 KA-501 mit 1.000 PS
Höchstgeschwindigkeit (Straße)	55 km/h
Besatzung	4 Mann
Panzerung	Gewalzter homogener Panzerstahl + modulare Verbundpanzerung + Reaktivpanzerung + Seitenschürzen
Hauptbewaffnung	120-mm-Glattrohrkanone MG 253
Kampfbeladung	42 Geschosse

EXPORTE

Derzeit steht der Sabra nur bei der Türkei im Dienst. 2002 erhielt Israel Military Industries (IMI) den Auftrag, 170 türkische M60 auf den Standard Sabra II zu bringen. IMI lieferte 2005 einen Prototypen zur Erprobung, und die Fertigung erfolgte 2005 bis 2007 in der Türkei. Dort wird er als M60T bezeichnet und wurde nach 2016 gelegentlich bei den türkischen Eingriffen in den syrischen Bürgerkrieg beobachtet, aber auch im Kampf gegen kurdische Aufständische. Dort schlug er sich gut, kam aber nicht groß zum Einsatz.

Fotos aus Syrien belegen die Existenz eines modernisierten türkischen M60T-1 (Sabra II). Diese in der Türkei entwickelte Version hat einen fernbedienten Waffenstand anstelle des 12,7-mm-MG und anscheinend einen Laser-Warnempfänger, der als Schutz gegen den lasergesteuerten Panzerabwehrlenkflugkörper M133 Komet, der vom IS eingesetzt wird, dienen soll.

Merkava III und IV

Der Merkava III, ein modernisierter Merkava II der Israelischen Verteidigungsstreitkräfte, wurde 1989 eingeführt und bis 2003 produziert. Mit 780 Exemplaren ist er der häufigste Kampfpanzer im israelischen Dienst. Er besitzt umfangreiche Verbesserungen bei der Bewaffnung, beim Antrieb, bei der Panzerung und der Elektronik. Zudem erhielt er die neue israelische 120-mm-Kanone IMI MG 251, einen stärkeren Dieselmotor Teledyne Continental mit 1.200 PS und eine modulare KASAG-Panzerung, die auf dem Gefechtsfeld schnell ausgetauscht werden kann.

Zu den weiteren Verbesserungen zählen ein Telefon für die Kommunikation mit der Infanterie, verbesserte Munitionsbehälter und Laser-Zielmarkierungsgeräte. Diese Maßnahmen erhöhten das Gesamtgewicht auf 65 Tonnen, aber dank des stärkeren Motors stieg die Höchstgeschwindigkeit trotzdem auf 60 km/h.

1995 erfolgte die Einführung des Merkava III-B BAZ Barak Zoher, der ein modernes Feuerleitsystem Knight III von Electro Optics Industries mit einer automatischen Zielverfolgung hat, mit dem Ziele auch aus der Bewegung bekämpft werden können. Zu weiteren Verbesserungen zählen ABC-Schutzsysteme und eine stärkere ballistische Panzerung.

Der letzte Merkava III aus dem Jahr 2000, der IIID Dor-Dalet („Vierte Generation“), hatte Verbesserungen, die schließlich zum Standard für den Mark IV wurden, darunter stärkere Ketten und den Rafael-Überkopf-Waffenstand mit einer automatischen 25-mm-Kanone,

Ein Merkava III auf Wache in der Nähe der Golanhöhen. An dieser umstrittenen Grenze zu Israels Nachbarn Syrien flammen seit Jahrzehnten immer wieder Konflikte auf.

Merkava Mark III

Ein Merkava Mark III in einer frühen Ausführung von 1990. Der Turm ist durch seitliche Panzerplatten geschützt, ansonsten ähnelt er stark dem Mark IID.

einem koaxialen 7,62-mm-MG und einem Nebelwerfer. Der Merkava III wurde im südlichen Libanon, der Zweiten Palästinensischen Intifada, im Libanonkrieg 2006, im Gaza-Krieg und 2014 im Israel-Gaza-Krieg (Operation Protective Edge) eingesetzt, wo er sich – wenn auch in überschaubarem Gefechtsumfeld – bewährte.

MERKAVA III

Baujahr	1998
Stückzahl	780
Gewicht	65,0 t
Länge (mit Rohr)	9,53 m
Breite	3,78 m
Höhe	2,22 m
Antrieb	Dieselmotor W-92MS mit 950 PS
Höchstgeschwindigkeit (Straße)	60 km/h
Besatzung	4 Mann
Panzerung	Gewalzter homogener Panzerstahl + Verbundpanzerung + Reaktivpanzerung + Selbstschutzsystem + Seitenschürzen
Hauptbewaffnung	120-mm-Kanone IMI MG 251
Kampfbeladung	43 Geschosse

MERKAVA MARK IV

Der aktuelle Merkava IV wurde 2004 eingeführt. Von ihm wurden bislang 360 Exemplare gebaut. Die abnehmbare modulare Panzerung des Mark IIID wurde beibehalten und durch ein V-förmiges Panzerpaket für den Unterboden ergänzt. Um die dünnere Panzerung am Wannenheck zu verstärken, installierte man Ketten mit eisernen Kugeln, die Geschosse bereits vor dem Kontakt mit der Wanne zur Detonation bringen sollen. Es gab diverse Verbesserungen für die Überlebensfähigkeit der Besatzung: Die Ladeschützenluke im Turm entfiel, die 120-mm-Geschosse sind in feuerfesten Behältern untergebracht und ein elektrisch angetriebener Turm reduziert die Brandgefahr, die durch auslaufendes Hydrauliköl entstehen kann. Auch die Auffindbarkeit des Panzers wurde erschwert: mit einer besser geformten Wanne, nicht reflektierenden Farben auf der Außenseite und Abschirmung der Motor-Wärmestrahlung zur Reduzierung der Radar- sowie Infrarot-Signatur, um gegnerische Wärmebildgeräte zu irritieren.

Der Merkava IV hat die gleiche Kanone wie auch seine Vorgänger, kann aber mehr Munitionsarten abschießen, unter anderem Hohlladungsgeschosse und Treibspiegelgeschosse wie KE-Pfeilgeschosse mit Treibspiegel. Ein halbautomatisches Trommelmagazin mit Elektroantrieb nimmt zehn Schuss auf. Das leichte MG der Vorgänger wurde durch ein schweres 12,7-mm-MG ersetzt. Zudem hat der Mark IV das Ketten-, Federungs- und Laufrollensystem TSAWS von Caterpillar, das hilft, der Zerstörung der Ketten durch das Basaltgestein auf den Golanhöhen und im Libanon vorzubeugen.

Dazu ist das modernisierte rechnergesteuerte Feuerleitsystem EL-OP Knight IV, das Boden- und Luftziele auch aus der Bewegung heraus erfassen kann, installiert. Zu den optischen Verbesserungen zählen neben der Sichtlinienstabilisierung ein TV-Visier der zweiten Generation, ein automatisches Wärmebildzielgerät, ein verbessertes

Wärmebild-Nachtsichtgerät und ein Laser-Entfernungsmesser. Ein Laser-Warnempfänger Amcoram LWS-2 stellt auftauchende Bedrohungen fest und feuert anschließend automatisch Nebelgranaten ab, um die Erfassung durch feindliche Laserstrahlen zu verhindern. Darüber hinaus warnt ein elektromagnetisches System vor Radar-Ortung, während das Gefechtsführungssystem (BMS) von Elbit Daten sowohl von mehreren Panzern als auch Drohnen verarbeiten und verschlüsselte Befehle an sämtliche BMS-Plattformen, die sich im Operationsgebiet befinden, erteilen kann.

Merkava III

Nebenbewaffnung
Der Merkava III hat bis zu drei 7,62-mm-MGs FN-MAG zur Abwehr von Infanterie und ein 12,7-mm-MG M2HB Browning gegen tief fliegende Bedrohungen aus der Luft wie Hubschrauber.

Hauptbewaffnung
Die Hauptbewaffnung des Merkava war zunächst die 105-mm-Kanone L43,5 M68. In späteren Versionen erhielt er die 120-mm-Glattrohrkanonen MG251 und MG253, die verschiedene Munitionstypen abfeuern konnten.

Turm
Ähnlich wie bei einem schweren selbstfahrenden Artilleriegeschütz saß der flache, keilförmige Turm des Merkava hinten auf der Wanne. Das reduziert die Silhouette des Panzers beträchtlich.

DER WINDBREAKER

Der 2009 eingeführte Merkava Mark IV-M Windbreaker verfügt über das abstandsaktive Trophy-Schutzsystem Meil Ruach (Windbreaker – Windjacke). Dieses System verhindert die direkte Erfassung durch Panzerabwehrlenkflugkörper über ein elektronisches/elektro-optisches „Softkill“-System für Gegenmaßnahmen, das eintreffende Flugkörper ablenkt. Die erste Panzerbrigade mit dem Mark IV-M war 2011 einsatzbereit. Während der Operation Protective Edge der Israelis im Gazastreifen 2014 konnte das Trophy-System alle Angriffe der Hamas mit Panzerabwehrgranaten und Panzerabwehrlenkflugkörpern 9M133

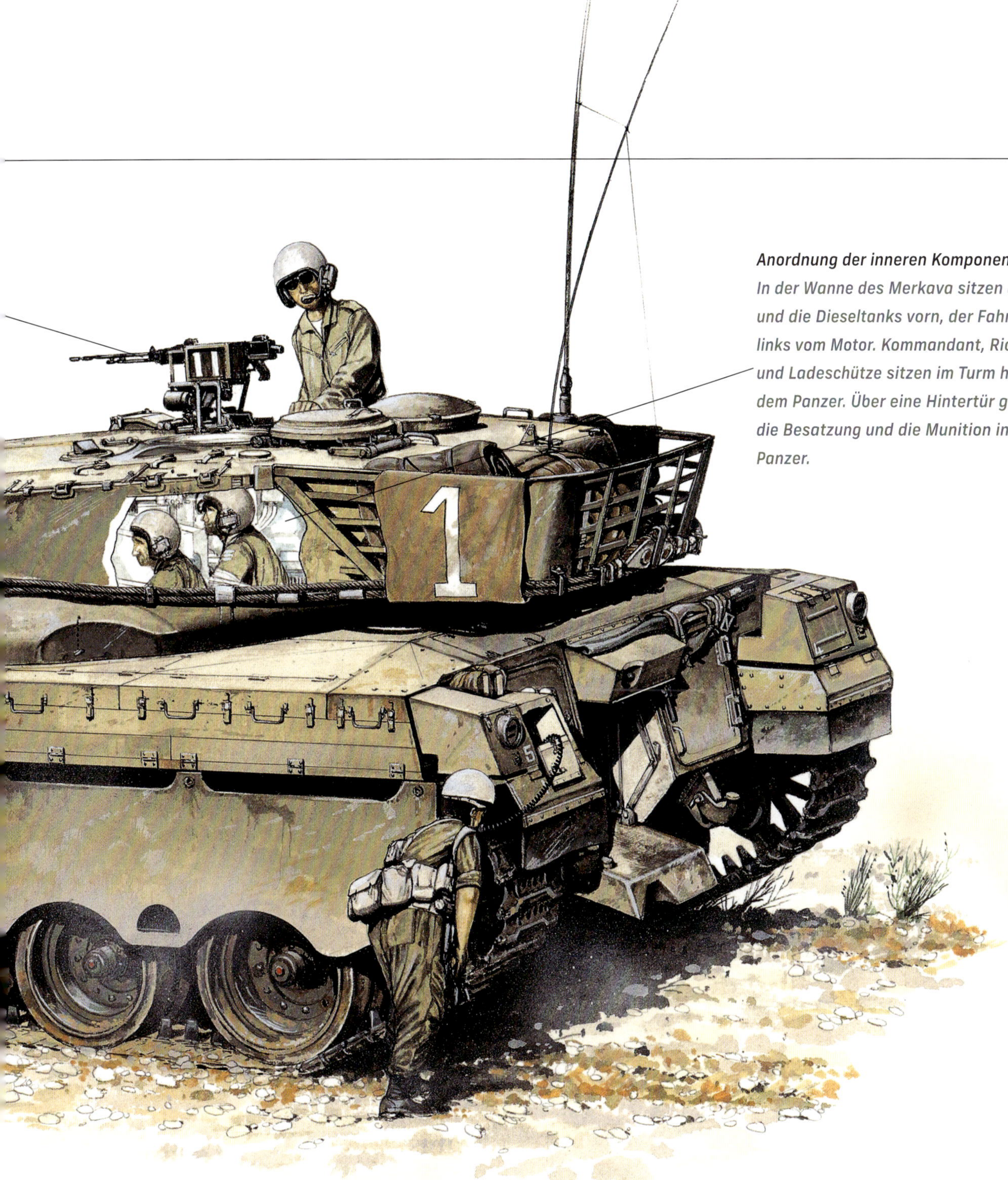

Anordnung der inneren Komponenten

In der Wanne des Merkava sitzen der Motor und die Dieseltanks vorn, der Fahrer sitzt links vom Motor. Kommandant, Richtschütze und Ladeschütze sitzen im Turm hinten auf dem Panzer. Über eine Hintertür gelangen die Besatzung und die Munition in den Panzer.

Der Merkava Mark IV hat eine nicht reflektierende Lackierung, die vor Radarerfassung schützt.

MERKAVA IV

Baujahr	2004
Stückzahl	360
Gewicht	65,0 t
Länge (mit Rohr)	9,00 m
Breite	3,70 m
Höhe	2,70 m
Antrieb	Dieselmotor General Dynamics GD 883 mit 1.500 PS
Höchstgeschwindigkeit (Straße)	64 km/h
Besatzung	4 Mann
Panzerung	Modulare Verbundpanzerung
Hauptbewaffnung	120-mm-Glattrohrkanone MG 253
Kampfbeladung	48 Geschosse

Kornet erfolgreich abwehren. Und das System ermittelt den Standort des Angreifers, während das Gefechtsfeldführungssystem diese Koordinaten für schnelle Gegenangriffe an die nächsten Boden- und Lufttruppen meldet.

Ganz neu ist der Merkava LIC für den Ortskampf. Er verfügt über LED-Leuchten an den Ecken des Fahrzeugs, eine Rückwärtskamera, Schutzgitter für Luftein- und -auslässe und weitere Veränderungen, die den Panzer vor Angriffen aus unmittelbarer Nähe schützen.

Merkava Mark IV

Ein Merkava Mark IV vom 18. Panzerbataillon in Sandbeige im Jahr 2008. Der Merkava IV ist der neueste und wohl auch der beste Kampfpanzer im Nahen Osten.

Magach 7

Der Magach 7 ist ein umfassend überarbeiteter Kampfpanzer von Israel, der auf dem M60 basiert. Der aktive Magach 6 erhielt vor der Invasion des Libanon 1982 neue Reaktivpanzerkacheln, Ketten vom Merkava, ein neues Feuerleitsystem, eine Wärmeschutzhülle für die Kanone und Nebelgranaten und wurde anschließend als Magach 7 bezeichnet. In den 1980er-Jahren erhielt er mehr als 300 Verbesserungen. In den 1990er-Jahren hat allerdings der neue Merkava den Magach 7 im aktiven Dienst abgelöst. Heute findet sich der immer weiter modernisierte Magach 7 nur noch in den Reserveeinheiten der Israelis.

Der Magach 7 war ein Quantensprung gegenüber dem Magach 6. Die frühere Blazer-Reaktivpanzerung wurde durch dicke Zusatzpanzerplatten an der Bugplatte und am Turm ersetzt. Zusammen mit beweglichen Seitenschürzen geben sie zusätzlichen Schutz, besonders gegen Panzerbüchsen und Flugkörper. Das verbesserte Feuerleitsystem arbeitet dank eines Laser-Entfernungsmessers präziser. Weiterhin wurde ein überarbeiteter 908-PS-Motor vom Typ Continental AVDS-1790-5A eingebaut. Er ist gekoppelt an das Getriebe aus dem Merkava, das zwei Vorwärtsgänge und einen Rückwärtsgang hat. Das verbesserte Laufwerk verfügt über zusätzliche Stoßdämpfer und hydraulische Stoßpolster an einigen Laufrollen sowie Hochleistungs-Drehstäbe und die Ketten des Merkava. Damit hat sich die Geländegängigkeit des Panzers deutlich verbessert.

Als Hauptbewaffnung wurde weiterhin die 105-mm-Zugrohrkanone L7/M68 des früheren M60 genutzt, jedoch mit einer Wärmeschutzhülle, die für mehr Präzision sorgt. Die Nebenbewaffnung besteht aus einem 7,62-mm-MG FN-MAG in einer umgestalteten Urdan-Kuppel und zwei weiteren Drehzapfenlafetten für dieselbe Waffe. Auf dem Turmdach kann oberhalb der Rohrblende ein 12,7-mm-MG M2HB für den Ortskampf montiert werden.

VERSIONEN

Es gab vier wesentliche Versionen des Magach 7:

- Der 7A Alef hat eine feste flache Rohrblende mit auffälligen Waffenöffnungen und ist an seiner blockartigen Panzerung erkennbar.
- Der 7B Bet war ein Zwischenmodell mit der Panzerung des späteren 7C, der es nie zur Serienreife geschafft hat.
- Der 7C Gimel hat eine feste schräge Rohrblende mit Waffenöffnungen und eine verbesserte Panzerung.
- Der 7D hat eine weiter verbesserte Panzerung an Wanne und Turm.

Im Juli 2015 stellte Israel offiziell die letzte Version vor: den Panzerjäger Pereh. Anstelle der Kanone verfügt er über ein Abschussgerät für Panzerabwehrlenkflugkörper in einem größeren gepanzerten Turm. Mit seinen zwölf Flugkörpern Tamuz Spike NLOS kann er Ziele bis über eine Entfernung von 25 Kilometern zerstören. Getarnt ist er als normaler Magach 7 mit einer Kanonenattrappe, nur erkennbar an der gebogenen Antenne hinten auf dem Turmdach.

MAGACH 7

Baujahr	1981
Stückzahl	300
Gewicht	55,0 t
Länge (mit Rohr)	9,43 m
Breite	3,63 m
Höhe	3,25 m
Antrieb	Dieselmotor Continental AVDS-1790-5A mit 908 PS
Höchstgeschwindigkeit (Straße)	65 km/h
Besatzung	4 Mann
Panzerung	Gewalzter homogener Panzerstahl + Zusatzpanzerung
Hauptbewaffnung	105-mm-Zugrohrkanone M68L7
Kampfbeladung	unterliegt der Geheimhaltung

Magach 7C

Ein Magach 7C im oliven Farbkleid an der Nordgrenze zum Libanon und zu Syrien. Einige dieser Panzer waren von 2008 bis 2011 im Gaza-Streifen im Einsatz.

Olifant

Der Olifant („Elefant") ist Südafrikas schwerster Kampfpanzer. Er war eine Eigenentwicklung aus der Zeit des Kalten Krieges, als Südafrika aufgrund der Apartheid einem internationalen Waffenembargo unterlag und mit Freiheitskämpfern an den Grenzgebieten zu tun hatte.

Der Olifant I war eine Weiterentwicklung des in den 1950er-Jahren gekauften britischen Centurion. 1974 baute die Armaments Corporation of South Africa (ARMSCOR) wegen des Waffenembargos neun modifizierte Skokiaan Centurion III und im Jahr darauf 35 neue Centurion VA Semel. 1976 entwickelte ARMSCOR zusammen mit der Olifant Manufacturing Company (OMC) den Olifant I: ein Centurion V mit den Verbesserungen des israelischen Panzers Sh'ot. Als Grundlage dienten 200 in Jordanien gekaufte Centurion. Die ersten drei Vorserienmodelle wurden 1976 bis 1978 erprobt, und im Jahr darauf lief die Serienfertigung an. Eine zufällige Beschlagnahmung von sowjetischen T-55 auf dem Weg nach Tansania zeigte aber die Schwächen des Panzers deutlich auf. Daher wurde 1981 umgehend die verbesserte Version IA entwickelt und ab 1983 in Serie gebaut.

Der Olifant IA wog 57 Tonnen und hatte einen 750 PS starken V12-Turbodiesel mit einem halbautomatischen Getriebe. Damit erreichte er eine Höchstgeschwindigkeit von 45 km/h auf der Straße. Er verfügte über eine bessere Waffenstabilisierung und ein moderneres Feuerleitsystem mit einem Achtfach-Tagesvisier für den Richtschützen, gekoppelt an einen Laser-Entfernungsmesser. Der Olifant IA hatte eine 84-mm-Kanone und zwei 7,62-mm-MGs, eines koaxial und eines auf der Kommandantenkuppel. Seitlich am Turm saßen zwei Reihen mit vier 81-mm-Nebelwerfern. Behalten wurde die Centurion-Panzerung aus gewalztem homogenem Panzerstahl mit einer Stärke von 29 Millimetern hinten und bis zu 152 Millimetern an der Turmfront. In den 1980er-Jahren wurden 153 Olifant IA und 14 Bergepanzer gebaut. Diese verfügten über einen Bodenanker am Heck und eine Winde mit 120 Tonnen Zuglast.

Der Olifant IA wurde von 1966 bis 1989 im Krieg gegen Angola häufig eingesetzt. Er kämpfte auf der Seite der UNITA gegen die von der Sowjetunion unterstützten Forças Armadas Populares de Libertação de Angola (Volksstreitkräfte zur Befreiung Angolas, FAPLA). Um die

OLIFANT IA

Baujahr	1983
Stückzahl	153
Gewicht	57,0 t
Länge (mit Rohr)	7,56 m
Breite	3,39 m
Höhe	2,94 m
Antrieb	29-I-V12-Turbodiesel von Continental mit 750 PS
Höchstgeschwindigkeit (Straße)	45 km/h
Besatzung	4 Mann
Panzerung	Gewalzter homogener Panzerstahl, 29 – 152 mm
Hauptbewaffnung	84-mm-Kanone
Kampfbeladung	72 Geschosse

Olifant 1A
Als Modernisierung des Centurion V ist der Olifant IA schneller, und seine 84-mm-Kanone kann mit den Wolframgeschossen jeden Panzer im südlichen Afrika durchschlagen.

Ein Olifant IB fährt während einer Übung über ein Hindernis.

30 Olifant kämpften gegen circa 150 sowjetische Panzer, und einige von ihnen gingen verloren, in erster Linie durch Panzerminen. Der Olifant IA konnte sich jedoch gegen die moderneren sowjetischen Panzer behaupten.

OLIFANT IB

Der Olifant IB wurde 1991 in den Dienst gestellt. Auf ihm war die stärkere halbautomatische 105-mm-Kanone GT3B L7 von Lyttleton Engineering Works (LEW) montiert, die Hartkernmunition mit Treibspiegel, Sprenggranaten und Hohlladungsgeschosse verschießen kann. Die letzteren können 420 Millimeter Panzerstahl durchschlagen. Ab 1987 gab es KE-Pfeilgeschosse mit Treibspiegel und später noch stärkere Wolframmunition, die sogar 580 Millimeter Panzerstahl durchschlug.

Ein stärkerer Motor leistete nun 1.040 PS, und das verbesserte automatische Getriebe Gear Ratio AMTRA 3 bot eine Doppeldifferentiallenkung. Eine leistungsfähigere Drehstabfederung mit hydraulischen Stoßdämpfern erhöhte die Geländegängigkeit enorm. Ein Bildverstärker sowie ein tragbarer Laser-Entfernungsmesser wurden installiert. Nach 1991 wurden 44 dieser Panzer gebaut.

Der Olifant II entstand in den 1990er-Jahren, als das Waffenembargo gegen Südafrika nicht mehr existierte. Er wurde zur Bekämpfung des T-72 entwickelt, da Südafrika befürchtete, dass seine Nachbarstaaten diesen kaufen. Er ähnelt dem IB, unterscheidet sich jedoch an der kastenförmigen Beobachtungsplattforn des Kommandanten, die voll stabilisiert ist und über ein Wärmebildgerät verfügt. Ein stärkerer Motor und ein überarbeitetes Getriebe brachten die Höchstgeschwindigkeit auf 58 km/h.

Die Kanone blieb gleich, kann aber nun auch Quetschkopfgeschosse und WP-Nebelgeschosse verschießen. Der Panzer hat nur ein 7,62-mm-MG und ein voll integriertes Feuerleitsystem mit automatischer Zielverfolgung aus der Bewegung, einem integrierten Laser-Entfernungsmesser und Allwetter-Tag/Nacht-Hunter-Killer-Fähigkeiten. Die Originalpanzerung wurde zum Schutz vor Panzerbüchsen mit einer Schott-Verbundpanzerung an der vorderen Bugplatte und am Turm ergänzt. Überarbeitete gepanzerte Seitenschürzen schützen das Laufwerk und der doppelt gepanzerte Boden bietet Schutz gegen die ständige Gefahr von Panzerminen. Durch Einspritzen von Treibstoff in den Auspuff kann ein Nebelschleier gelegt werden.

Nach 2005 wurden 26 Olifant IB auf den Standard des Olifant II gebracht. Vier Panzer dienen zur Ausbildung an der südafrikanischen Panzerschule, die restlichen 22 sind eingelagert, können aber rasch mobilisiert werden.

OLIFANT IB

Baujahr	1991
Stückzahl	44
Gewicht	59,0 t
Länge (mit Rohr)	8,30 m
Breite	3,43 m
Höhe	3,04 m
Antrieb	luftgekühlter 29-I-V12-Turbodiesel von Continental mit 1.040 PS
Höchstgeschwindigkeit (Straße)	58 km/h
Besatzung	4 Mann
Panzerung	Gewalzter homogener Panzerstahl, 31 – 152 mm
Hauptbewaffnung	105-mm-Kanone
Kampfbeladung	65 Geschosse

Olifant IB

Der Olifant IB unterscheidet sich von seinem Vorgänger durch die etwas andere Silhouette aufgrund der Verbundpanzerung, die Seitenschürzen, das fehlende MG auf dem Turmdach und die neue Wärmeschutzhülle für die Kanone.

Osório

Osório EE-T1

Der zweite Prototyp von 1986 mit der 120-mm-Kanone von GIAT war für das brasilianische Heer gedacht. Deutschlands Verweigerung der Lizenz bedeutete das Ende des Projekts.

Der brasilianische EE-T1 Osório entstand ab 1982 auf Eigeninitiative der Firma Engesa, die in Brasilien Panzerwagen und Militär-Lkw baute. Man spekulierte auf das Interesse im Nahen Osten, und ganz speziell in Saudi-Arabien.

Dort war man zu der Zeit auf der Suche nach einem Nachfolger für die veralteten französischen AMX-30. Das brasilianische Heer selbst war an dem Osório nicht interessiert, denn er hielt die Gewichts- und Breitenvorgaben der Streitkräfte für den Bahntransport im Inland nicht ein. Engesa entwickelte zwei Prototypen mit unterschiedlichen Türmen, die von Vickers Defence Systems aus Großbritannien kamen. Der erste Prototyp von 1985 hatte eine voll stabilisierte 105-mm-Zugrohrkanone British Vickers L/7, die weit verbreitet war und eine Vielzahl der gebräuchlichsten Munitionsarten abschießen konnte, unter anderem Wolframgeschosse und Mehrzweck-Hohlladungsgeschosse.

Der zweite Panzer aus dem Folgejahr hatte eine 120-mm-Glattrohrkanone, die GIAT mit einer Lizenz von Rheinmetall baute. Diese Waffe war auch im Leclerc verbaut. Die deutsche Regierung untersagte jedoch Brasilien die Lizenzproduktion. Als Nebenbewaffnung hatten beide Osório ein schweres 12,7-mm-MG M2HB auf dem Dach und ein koaxiales 7,62-mm-MG Hughes X34.

OSÓRIO	
Baujahr	1985
Stückzahl	2
Gewicht	38,9 t
Länge (mit Rohr)	9,90 m
Breite	3,20 m
Höhe	2,40 m
Antrieb	V12-Dieselmotor MWM TBD 234 mit 746 PS
Höchstgeschwindigkeit (Straße)	70 km/h
Besatzung	4 Mann
Panzerung	Gewalzter homogener Panzerstahl + modulare Bimetall-/Verbundpanzerung + Seitenschürzen
Hauptbewaffnung	105-mm-Zugrohrkanone Vickers L7 L/52 oder 120-mm-Glattrohrkanone GIAT-Rheinmetall
Kampfbeladung	40 Geschosse

EIGENSTÄNDIGE MERKMALE

Der Osório war in vielerlei Hinsicht eine eigenständige Konstruktion: Er hatte ein ganz neues Chassis und war klassisch mit einer gut abgeschrägten Bugplatte gebaut, zudem hatte er drei Sehrohre und ein passives Wärmebildgerät. Die Panzerung war modular, die innere Wanne aus Panzerstahl wurde durch Module aus Verbundpanzerung, Bimetall und Laminatblöcken ergänzt. Beide Prototypen hatten einen deutschen 746-PS-Turbodiesel mit einem ZF-Getriebe LSG 3000, sie erreichten auf der Straße eine Höchstgeschwindigkeit von 70 km/h. Die hydropneumatische Federung von Dunlop entsprach der aus dem britischen Challenger. Das Laufwerk wurde von gummierten Seitenschürzen geschützt und umfasste sechs kleine doppelte Laufrollen, fünf Stützrollen und Kettenantriebsräder hinten. Damit konnte der Osório einen Graben von drei Metern Breite durchqueren und bis zu einer Tiefe von 1,2 Metern waten. Aufgrund der angepeilten Exportmärkte besaß er aber keine Tiefwatfähigkeit.

Der Osório hatte ein modernes Feuerleitsystem mit Laser-Entfernungsmesser, ein stabilisiertes Wärmebildzielgerät mit Vergrößerung für den Richtschützen, eine Kommandantenkuppel mit sechs Sehrohren und Infrarotvisier sowie einen digitalen Ballistikrechner. Zur aktiven Verteidigung waren auf dem Turm zwei Reihen mit drei elektrischen Nebelwerfern montiert.

„WÜSTENLÖWE"

Im Jahr 1989 bestellte Saudi-Arabien 318 Varianten des Osório, die man als Al Fahd („Wüstenlöwe") bezeichnete. Als aber im folgenden Jahr Kuwait vom Irak überfallen wurde, bestellte Saudi-Arabien stattdessen im Geheimen den amerikanischen M1 Abrams und stornierte seine Bestellung für den Osório.

Aufgrund des Verlusts dieses großen Exportauftrags ging Engesa in Konkurs. Die beiden fertigen Prototypen wurden im Rahmen der Liquidierung des Unternehmens an das brasilianische Heer verkauft.

TAM 2C

Der Tanque Argentino Mediano (TAM – „argentinischer mittelschwerer Panzer“) ist der Standard-Kampfpanzer des argentinischen Heeres. Der in den 1970er-Jahren ursprünglich von Rheinmetall entwickelte TAM wurde mit Hilfe importierter Bauteile in Argentinien montiert und dort 1980 eingeführt.

Als der TAM allmählich in die Jahre kam, wurde ab 2009 in Zusammenarbeit mit israelischen Firmen ein Nachfolgemodell entwickelt. Man hatte auch den Kauf des Leopard 2A4, des Leclerc, des Merkava und des T-90 ins Auge gefasst, aber schließlich erwies sich die Modernisierung des in Argentinien gebauten TAM als kostengünstigste Option.

Verschiedene Firmen, darunter auch Rheinmetall und Elbit, wurden um Angebote gebeten. Schließlich wurde Elbit im Jahr 2010 ausgewählt und stellte 2013 den ersten Prototypen fertig. Nach einer technischen Erprobung wurde im Jahr 2015 ein Vertrag über die Modernisierung von 74 Panzern auf den Standard TAM 2C unterschrieben. Drei Fahrzeuge sind in der Überarbeitung, aber aufgrund finanzieller Probleme kam und wird es wohl weiterhin zu Verzögerungen kommen.

DAS AUFRÜSTUNGSPAKET

Die Modernisierung umfasst Elektronik und Ausrüstung. Ein kleines, turbinengetriebenes Hilfsaggregat ist außen am Heck montiert worden und produziert Strom, wenn der Motor nicht läuft. Eine schnellere elektrische Turmschwenkanlage hat das hydraulische System abgelöst, und der Besatzungs- und Motorraum wurden mit einer automatischen Brandunterdrückungsanlage ausgestattet.

Der Fahrer hat eine Wärmebildkamera mit geringer Reichweite erhalten, womit er auch nachts und bei schlechter Sicht fahren kann. Sowohl der Kommandant als auch der Richtschütze verfügen über TV-Kameras, digitale Displays und Wärmebildkameras mit eingebautem Laser-Entfernungsmesser. Auch der Bordrechner wurde umfassend erweitert und hat nun eine Wetterstation.

Die alte 105-mm-Kanone FMK.4 Mod.1L wurde nicht abgelöst, aber doch deutlich aufgewertet. Sie erhielt ein Gegengewicht und eine Wärmeschutzhülle. Ein neues Durchladesystem ermöglicht das Laden von Munition während der Fahrt, der Zielverfolgung und des Zielens. Dazu wurde ein KE-Pfeilgeschoss mit Treibspiegel auf dem neuesten Stand der Technik entwickelt. Nun können verbesserte Hohlladungsgeschosse, panzerbrechende APDS-Geschosse, Quetschkopfgeschosse sowie Nebelgranaten abgefeuert werden.

Angeblich soll der TAM 2C auch die israelische halbaktiv lasergesteuerte Panzerabwehrlenkwaffe Merkava LAHAT verschießen können, die eine Kampfentfernung von acht Kilometern hat und 800 Millimeter senkrechten

TAM 2C

Der modernisierte TAM 2C ist an den wellenförmigen Seitenschürzen, der Wärmebildkamera für den Fahrer, der Wärmeschutzhülle für die Kanone, dem Staukorb hinten am Turmheck und der Kamera des Kommandanten erkennbar.

TAM 2C

Baujahr	2017
Stückzahl	74 (geplant)
Gewicht	31,0 t
Länge (mit Rohr)	0,20 m
Breite	3,10 m
Höhe	2,40 m
Antrieb	6-Zylinder-Dieselmotor MTU-MB 833 Ka-500 mit 720 PS
Höchstgeschwindigkeit (Straße)	75 km/h
Besatzung	4 Mann
Panzerung	Verbundpanzerung aus einer Metall-Legierung + Seitenschürzen 20 – 50 mm
Hauptbewaffnung	105-mm-Kanone FM K.4 Modelo 1L
Kampfbeladung	48 Geschosse

Panzerstahl durchdringen kann. Die Nebenbewaffnung besteht aus zwei 7,62-mm-MGs MAG, eines koaxial und das andere neben der Kommandantenluke. Beide eignen sich für die Nahverteidigung und die Abwehr von Tieffliegern. Geblieben sind auch zwei Reihen zu vier Granatwerfern seitlich am Turm. Sie können Granaten gegen die feindliche Infanterie oder Nebelgranaten abfeuern.

Der TAM 2C hat weiter die schwache Panzerung des TAM: verschweißte Platten aus Stahl, Nickel und Molybdän mit 20 bis 50 Millimetern Stärke. Er erhielt aber neue Seitenschürzen, die das Aufwirbeln von Staub reduzieren sollen. Damit ist er weiterhin schlecht gepanzert und verwundbar. Angetrieben wird er nach wie vor durch den 720-PS-Motor MTU MB 833, gekoppelt an ein vorn eingebautes Renk-Getriebe HSWL-204. Das Laufwerk hat auf jeder Seite sieben Paare gummibeschichteter Laufrollen an Drehstäben. Die ersten drei Paare und das letzte haben dazu Hydraulikstoßdämpfer. Die Kettenspannrolle ist hinten, das Kettenantriebsrad vorn, die Kette wird von drei Stützrollen gehalten. So wird die Höchstgeschwindigkeit des TAM 2C dieselbe wie die seines Vorgängers sein.

VORTEILE IM GELÄNDE

Der TAM 2C ist nicht besonders leistungsfähig und dem chilenischen Leopard 2A4CHL mit der neuen 120-mm-Kanone L/55 unterlegen, der ihn leicht ausschalten kann. Allerdings ist der TAM 2C im schwierigen Gelände der Anden, die einen Großteil der Grenze zwischen beiden Staaten ausmachen, weitaus beweglicher.

Vergleichbar ist er in etwa mit dem brasilianischen M60. Er könnte auch auf die Falkland-Inseln verschifft werden, falls der Konflikt mit Großbritannien erneut ausbricht. Mit der Modernisierung zum TAM 2C sollte der TAM ein weiteres Jahrzehnt im Dienst bleiben können.

Allerdings rückt der Zeitpunkt schnell näher, an dem Argentinien einen neuen, fortschrittlichen und leistungsfähigen Kampfpanzer braucht. Das ist aber aufgrund der Haushaltslage äußerst schwierig. Man weiß nicht einmal, ob das Modernisierungsprogramm zum 2C erfolgreich abgeschlossen werden wird.

Typ 59

Der chinesische mittlere Kampfpanzer Typ 59 war ein leicht veränderter und vereinfachter Nachbau des allgegenwärtigen sowjetischen T-54A. Die ersten Exemplare für die Erprobung wurden 1958 gebaut. Erst 1962 begann die Serienproduktion, mit einem großen Anteil an Komponenten aus der Sowjetunion. Schon bald stützte sich die Produktion aber auf chinesische Fabriken wie die Fabrik 617 in Baotou in der Inneren Mongolei.

Die Produktion des Panzers einschließlich verbesserter Modelle dauerte bis 2003. Insgesamt liefen 10.000 Stück vom Band, wovon 4.000 exportiert wurden. Ein Großteil dieser Lieferungen ging nach Nordvietnam, Nordkorea, Pakistan und Tansania. Im Jahr 2002 verfügte die Volksbefreiungsarmee noch über 5.000 Panzer vom Typ 59 aus verschiedenen Generationen. Von 2006 bis 2018 wurden die älteren Exemplare allmählich aus dem aktiven Dienst genommen. So waren im Dezember 2015 noch etwa 2.360 Typ 59-I, 59-II, 59D und 59G im Dienst. Über mehr als ein halbes Jahrhundert hinweg hat sich der Typ 59 als zuverlässig, robust, leicht zu warten und reparieren und ebenso leicht zu bedienen erwiesen. Diese Eigenschaften wussten viele afrikanische und asiatische Streitkräfte sehr zu schätzen.

Der ursprüngliche Typ 59 von 1962 hatte die 100-mm-Zugrohrkanone Typ 59L/53,5, einen genauen Nachbau der sowjetischen CD-10T mit dem langen, zylindrischen Rauchabsauger an der Mündung. Die Kanone saß mittig in einem gegossenen halbkugelförmigen Turm, der genau dem sowjetischen Vorbild T-54A entsprach, und auch der Panzerschutz war genau der gleiche. Mit 203 Millimetern befand sich die stärkste Panzerung an der Turmfront. An Bord war nur Platz für 34 Geschosse, die überwiegend in der Wanne untergebracht waren. Die einfachere Variante Chinas hatte weder einen Stabilisator für die Kanone noch einen IR-Suchscheinwerfer.

Dafür hatte sie gleich drei Nebenwaffen: ein 7,62-mm-MG Typ-59T koaxial zur Kanone, ein 12,7-mm-Fla-MG Typ-54 auf dem Turmdach und ein weiteres MG Typ-59T im Bug. Angetrieben wurde der Typ 59 durch den 520 PS starken, wassergekühlten V-12-Dieselmotor 12150L, und das Laufwerk entsprach dem sowjetischen Vorbild mit Drehstabfederung und fünf Laufrollen pro Seite. Auch das

Ein chinesischer Typ 59 bei einer Schießübung.

Typ 59-I

Dieser Typ 59-I des pakistanischen Heeres, hier im Juni 2011, hat die gezackten, gummierten Seitenschürzen. Der Typ 59-I war die erste Version, die diesen zusätzlichen Schutz für das obere Laufwerk und die Ketten bot.

TYP 59

Baujahr	1958
Stückzahl	über 10.000
Gewicht	36,0 t
Länge (mit Rohr)	9,00 m
Breite	3,27 m
Höhe	2,59 m
Antrieb	V12-Dieselmotor 12150L mit 520 PS
Höchstgeschwindigkeit (Straße)	50 km/h
Besatzung	4 Mann
Panzerung	Gewalzter homogener Panzerstahl, 20 – 203 mm
Hauptbewaffnung	100-mm-Zugrohrkanone Typ-59 L/53,5
Kampfbeladung	34 Geschosse

typische Erscheinungsbild des sowjetischen T-54 mit der vorderen Laufrolle, die etwas mehr Abstand von den anderen Laufrollen hatte, blieb gewahrt.

EXPORTE DES TYP 59

Der Panzer wurde in großer Zahl an verschiedene Staaten verkauft (und gelegentlich auch verschenkt), darunter Bangladesch, Kambodscha, Nordkorea, Nordvietnam, Pakistan, Iran und Irak, Algerien, der Kongo, Sudan, Tansania, Sambia, Simbabwe und Albanien. Von 1964 bis 1975 beschaffte Pakistan 300 Typ 59, während Albanien zwischen 1966 und 1975 insgesamt 721 Panzer kaufte. Noch in den 1980er-Jahren beschaffte der Irak 300 Typ 59 und entwickelte daraus den Zafir-74. Albanien war also der einzige europäische Staat, der den Typ 59 hatte. Viele dieser Panzer kämpften im Grenzkonflikt mit Jugoslawien 1999, aber inzwischen ist der mehrheitliche Teil außer Dienst gestellt.

Die chinesischen Typ 59 nahmen 1969 am chinesisch-sowjetischen Grenzkonflikt sowie 1979 am Krieg zwischen China und Vietnam teil. Etwa 350 nordvietnamesische Typ 59, die China von 1970 bis 1972 geliefert hatte, wurden im Vietnamkrieg eingesetzt. Gleichzeitig waren die Typ 59 des pakistanischen Heeres 1971 am Konflikt zwischen Indien und Pakistan beteiligt.

Die chinesische Volksbefreiungsarmee setzte diese Panzer im Juni 1989 auch bei der brutalen Unterdrückung der Studentenproteste auf dem Tian'anmen-Platz ein. Fast jeder hat das Video gesehen, auf dem ein unbekannter junger Mann mit viel Mut eine Kolonne aus vier Typ 59 aufhielt.

Das irakische Heer nutzte im Golfkrieg 1991 einige Hundert Typ 59. Diese hatten gegen die amerikanischen Abrams M1A1-HA und die britischen Challenger jedoch nicht den Hauch einer Chance, die Iraker verloren 40 Prozent ihrer Panzer in diesem Konflikt.

TYP 59-I

Der 1979 eingeführte Typ 59-I umfasste die ersten echten Modernisierungen des ursprünglichen chinesischen Panzers von 1958. Er hatte zahlreiche Verbesserungen in Bezug auf Feuerkraft, ISTAR und Überlebensfähigkeit und verfügte über die verbesserte 100-mm-Kanone Typ 69-II. Zu den ISTAR-Modernisierungen zählen ein automatisiertes Feuerleitsystem und ein Laser-Entfernungsmesser. Für eine bessere Überlebensfähigkeit sorgten schnell öffnende Luken sowie eine automatische Feuerlöschanlage. Einige Exemplare erhielten auch gummierte Seitenschürzen mit einer gezackten Unterkante. Der Typ 59-I hatte dazu einen nun 580 PS starken Dieselmotor 12150L7 und eine hydraulische Lenkung. Zwischen 1982 und 1988 beschaffte Pakistan insgesamt 828 Typ 59-I, von denen die meisten noch im aktiven Dienst stehen.

TYP 59-II

Der Typ 59-II (auch als WZ-120B bezeichnet) wurde 1982 eingeführt und unterschied sich vom Typ 59-I durch eine stärkere Kanone. Es handelte sich um die in Österreich entwickelte 105-mm-Zugrohrkanone Typ 81 (eine Weiterentwicklung der britischen L7A3). Der Rauchabsauger saß nun in der Mitte des Rohres und nicht mehr am Ende wie bei den Vorgängern. Diese neue Kanone erhielt auch ein neues Infrarot-Nachtsichtgerät. Darüber hinaus hatte der Typ 59-II ein neues Kommunikationssystem sowie ein besseres Feuerleitsystem. Diese Änderungen erhöhten das Gesamtgewicht des Panzers auf 36,5 Tonnen. In den vier Jahren von 1982 bis 1985 wurden in China 448 Typ 59-II gebaut.

Typ 59-IIA war ein weiter modifiziertes Modell mit stärkerer Panzerung. Er war der erste Typ 59 mit einer Verbundpanzerung. Für eine bessere Überlebensfähigkeit sorgten zudem modulare Panzerkacheln mit Reaktivpanzerblöcken an den Turmseiten. Seine verbesserten Seitenschürzen hatten eine auffällig gezackte Unterkante. Außerdem erhielten viele Typ 59-IIA Wärmeschutzhüllen an der Kanone, ebenso ein modernisiertes Feuerleitsystem.

TYP 59-II

Baujahr	1982
Stückzahl	448
Gewicht	36,5 t
Länge (mit Rohr)	9,40 m
Breite	3,27 m
Höhe	2,59 m
Antrieb	V12-Dieselmotor 12150L mit 520 PS
Höchstgeschwindigkeit (Straße)	50 km/h
Besatzung	4 Mann
Panzerung	Gewalzter homogener Panzerstahl, 20 – 203 mm + Verbundpanzerung + Reaktivpanzerung
Hauptbewaffnung	105-mm-Zugrohrkanone Typ 81
Kampfbeladung	34 Geschosse

TYP 59D

Der Typ 59D (WZ-120C) wurde in den 1990er-Jahren bei der Volksbefreiungsarmee eingeführt. Statt die überholten Typ 59-II durch eine neue Konstruktion abzulösen, entschied sich China dafür, die vorhandene Flotte mit nun verfügbaren modernen Komponenten aufzurüsten. Auf diese Weise wurden etwa 800 ältere Typ 59, 59-I und 59-II auf den neuen Standard gebracht. Dank den neuen Reaktivpanzerkacheln an den Turmseiten und vorn an der Wanne hatte sich auch die Überlebensfähigkeit weiter verbessert. Darüber hinaus erhielt der Typ 59D ein rechnergesteuertes, stabilisiertes Feuerleitsystem.

Die Version 59D1 verfügte über die verbesserte 105-mm-Zugrohrkanone Typ 79 oder Typ 83A. Wie bei allen Vorgängermodellen waren weiterhin nur 34 Schuss für die Kanone an Bord, darunter KE-Pfeilgeschosse mit Treibspiegel, Hohlladungsgeschosse und Hohlladungs-

Typ 59-II

Anders als der neuere Typ 59-IIA hatte der Typ 59-II – hier ein einfarbiger Panzer des irakischen Heeres im Golfkrieg 1991 – keine Reaktivpanzerkacheln vorn seitlich am Turm.

Typ 59-IIA

Dieser chinesische Typ 59-IIA, hier im Jahr 2005, verfügte über eine stärkere 105-mm-Zugrohrkanone mit Wärmeschutzhülle, ein neues Feuerleitsystem, Verbundpanzerung und Reaktivpanzerkacheln.

Typ 59-IIA

Ein modernisierter chinesischer Typ 59-IIA mit einem neuen Feuerleitsystem in den 2000er-Jahren.

Der Typ 59 basierte auf dem sowjetischen T-54. Der leichte, bewegliche Panzer war jahrzehntelang recht nützlich und blieb bis 2002 bei der Volksbefreiungsarmee.

Splittergeschosse. Das modernisierte Feuerleitsystem Typ 37A hatte einen Ballistikrechner mit Zweifach-Stabilisierung, gekoppelt mit einem Laser-Entfernungsmesser und einem Tag-/Nachtsichtgerät für den Kommandanten, sowie ein bildverstärkendes Nachtsichtgerät für den Richtschützen.

Ab 2004 ging die Zahl der 59D in China bis auf 350 Stück herunter, weil sie durch modernere Panzer abgelöst wurden. In den letzten Jahren wurden viele überschüssige Typ 59D verkauft. Im Jahr 2004 beschaffte Myanmar 25 Stück, der Sudan kaufte insgesamt 50 zwischen 2010 und 2015.

TYP 59G

Die letzte Modernisierung war der 40 Tonnen schwere Typ 59G, der über Technologien der dritten Generation verfügte. Auch optisch unterschied er sich stark von seinen Vorgängern. Diese bei Norinco gebaute Version hatte einen neu konzipierten verschweißten Turm, geschützt durch breite, flache und eckige Panzermodule. So sieht er auf den ersten Blick aus wie der Turm des neuen Kampfpanzers Typ 96. Auch die Wanne wurde neugestaltet. Sie ist eckiger und verfügt über integrierte Seitenschürzen mit flacher Unterkante und Reaktivpanzerkacheln. Diese Kacheln finden sich auch vorn an der Wanne sowie vorn und seitlich am Turm.

Der Typ 59G hat eine 125-mm-Glattrohrkanone L/55 mit Rauchabsauger mittig auf dem Rohr, die durch einen halbautomatischen Lader vom Typ 2A46M versorgt wird. Diese Waffe ist für verschiedene Munitionen geeignet: KE-Pfeilgeschosse mit Treibspiegel, Hohlladungsgeschosse und Hohlladungs-Splittergeschosse. Dazu kann sie Panzerabwehrlenkflugkörper bis in eine Entfernung von 5.000 Metern abfeuern. Beibehalten wurden das 12,7-mm-Fla-MG auf dem Turmdach und das koaxiale 7,62-mm-MG, das Bug-MG verschwand. Dank eines stärkeren Dieselmotors mit 800 PS war die Beweglichkeit trotz des höheren Gewichts immer noch ausreichend.

Von 2011 bis 2013 beschaffte Tansania 24 Typ 59G, 2017 folgten 24 weitere Exemplare. Bangladesch kaufte zwischen 2010 und 2015 insgesamt 300 Typ 59G. Die Volksbefreiungsarmee hat noch 850 Typ 59G und 1.510 ältere Versionen des Typ 59 im Einsatz.

Allerdings ist die Konstruktion im Vergleich zu den Kampfpanzern der dritten Generation, wie dem Abrams M1A2-SEPv3, dem israelischen Merkava IV oder auch dem russischen T-14 Armata, schon arg überholt. Es ist davon auszugehen, dass China in naher Zukunft immer weniger auf den Typ 59 setzen wird, da modernere Konstruktionen zur Verfügung stehen.

TYP 59G

Baujahr	1999
Stückzahl	2.312
Gewicht	40,0 t
Länge (mit Rohr)	9,10 m
Breite	3,27 m
Höhe	2,59 m
Antrieb	V12-Dieselmotor 12150L7 mit 800 PS
Höchstgeschwindigkeit (Straße)	50 km/h
Besatzung	4 Mann
Panzerung	Gewalzter homogener Panzerstahl + Verbundpanzerung + Reaktivpanzerung + Seitenschürzen
Hauptbewaffnung	125-mm-Glattrohrkanone L/55
Kampfbeladung	34 Geschosse

Typ 59G

Mit seinen eckigen Verbundpanzermodulen und Reaktivpanzerkacheln unterschied sich der zuletzt gebaute Typ 59G, hier im Einsatz für Tansania, recht deutlich von seinen Vorgängern.

Al Zarrar
Diesem ungewöhnlich konfigurierten Al Zarrar aus dem Jahr 2004 fehlen die gepanzerten Seitenschürzen.

Al Zarrar

Von 1990 bis 2003 arbeitete die pakistanische Rüstungsfirma Heavy Industries Taxila (HIT) an der Entwicklung des Kampfpanzers der zweiten Generation Al Zarrar. Dabei handelte es sich um eine Weiterentwicklung des chinesischen Typ 59, der seinerzeit im pakistanischen Heer eingesetzt wurde.

Von 1990 bis 1994 war zunächst nur beabsichtigt, den vorhandenen Typ 59 einfach zu modernisieren. In den folgenden vier Jahren wurden die Änderungen jedoch so umfangreich, dass praktisch ein neuer Panzer entstand. Er verfügte über 54 wesentliche Modifizierungen gegenüber dem ursprünglichen Typ 59 sowie über Komponenten aus dem noch in Entwicklung befindlichen Kampfpanzer Al Khalid. Von 1998 bis 2002 erprobte das pakistanische Heer drei verschiedene Protoypen des Al Zarrar ausgiebig und wählte die überzeugendste Konstruktion für eine Serienfertigung. Die Produktion begann im Jahr 2003, und Mitte 2004 wurde das erste Los von 88 Panzern beim pakistanischen Heer eingeführt. Bis Ende 2018 wurden 340 Al Zarrar in den Dienst gestellt. Sie ersetzten 400 Typ 59, die daraufhin eingelagert wurden.

Von 2008 bis 2015 bestand zwischen Pakistan und Bangladesch eine Vereinbarung zur Modernisierung von 300 Typ 59 und 59-II aus Bangladesch auf den Al-Zarrar-Standard. Ende 2018 war allerdings noch kein einziger Panzer fertig.

Der Al Zarrar wurde bei Einsätzen gegen die Taliban im Swat-Distrikt in Nordwestpakistan eingesetzt. Bei einer dieser Operationen ging im Mai 2009 ein Al Zarrar verloren. Getroffen wurde er von einer großen Sprengfalle am Straßenrand und von sechs Selbstmordattentätern auf Motorrädern.

AL ZARRAR

Baujahr	2003
Stückzahl	220
Gewicht	40,6 t
Länge (mit Rohr)	9,50 m
Breite	3,27 m
Höhe	2,59 m
Antrieb	V12-Dieselmotor HIT mit 730 PS
Höchstgeschwindigkeit (Straße)	65 km/h
Besatzung	4 Mann
Panzerung	Gewalzter homogener Panzerstahl + Reaktivpanzerkacheln an Wanne und Turm
Hauptbewaffnung	125-mm-Glattrohrkanone L/48
Kampfbeladung	49 Geschosse

BEWAFFNUNG

Der 40,6 Tonnen schwere Kampfpanzer hatte vier Mann Besatzung und eine in Pakistan umgebaute Version der chinesischen 125-mm-Glattrohrkanone L/48 mit einer Chromschicht. Die Munitionszufuhr erfolgte über einen halbautomatischen Lader. Ein Rauchabsauger saß auf dem vorderen Viertel des Rohrs. Als Munition standen KE-Pfeilgeschosse mit Treibspiegel, auch mit abgereichertem Uran (Naiza), Hartkernmunition mit Treibspiegel, Hohlladungsgeschosse mit Flossenstabilisierung, Sprenggeschosse und Splitter-Spreng-Geschosse zur Verfügung, von denen 49 Stück untergebracht werden konnten. Dazu konnte die Kanone auch sowjetische Panzerabwehrlenkflugkörper vom Typ 9M119M Refleks (AT-11 Sniper) verschießen.

Mit der Naiza-Munition aus abgereichertem Uran kann der Al Zarrar 545 Millimeter senkrechten Panzerstahl auf 2.000 Meter durchschlagen. Die Kanone verfügt über ein modernes Feuerleitsystem mit einem Ballistikrechner, einem bildstabilisierten Laser-Entfernungsmesser und zwei Infrarotvisieren. Als Nebenbewaffnung standen ein schweres 12,7-mm-Fla-MG auf dem Turmdach und ein koaxiales 7,62-mm-MG zur Verfügung. Hinten am Turm befanden sich Staugestelle.

PANZERUNG

Beim Panzerschutz setzte der Al Zarrar auf Wanne und Turm aus Panzerstahl wie auch beim Typ 59. Dazu gab es Reaktivpanzerkacheln vorn und seitlich am Turm und vorn an der Wanne. Zum Schutz des oberen Laufwerks gab es fünfteilige Seitenschürzen mit wellenförmiger Unterkante. Weiteren Schutz bot das in Pakistan entwickelte ATCOP LTS-1, das die Besatzung darauf hinwies, dass ihr Fahrzeug von einem feindlichen Laser-Zielmarkierungsgerät erfasst wurde. Im Besatzungsraum befand sich auch eine automatische Feuerlösch- und Explosionsunterdrückungsanlage. In der Mitte der Turmseiten befanden sich jeweils zwei vierrohrige Nebelwerfer.

Der Panzer hatte eine Drehstabfederung aus gehärtetem Stahl mit je fünf doppelt bereiften, mittelgroßen Laufrollen. Wie beim Typ 59 hatte die vordere Laufrolle etwas mehr Abstand von den übrigen Laufrollen. Für den Antrieb sorgte der in Pakistan entwickelte V12-Dieselmotor HIT mit 730 PS. Daraus ergab sich ein relativ bescheidenes Leistungsgewicht von 18,3 PS/t. Der Al Zarrar erreichte eine Höchstgeschwindigkeit von 65 km/h auf der Straße und 40 km/h im Gelände. Der Kraftstoff in den Innentanks sorgte für eine maximale Fahrstrecke von 450 Kilometern.

AL ZARRAR II

Baujahr	2015
Stückzahl	90
Gewicht	40,6 t
Länge (mit Rohr)	9,50 m
Breite	3,27 m
Höhe	2,59 m
Antrieb	V12-Dieselmotor HIT mit 730 PS
Höchstgeschwindigkeit (Straße)	65 km/h
Besatzung	4 Mann
Panzerung	Gewalzter homogener Panzerstahl + modulare Zusatzpanzerung an der Turmfront + Reaktivpanzerung an Wanne, Turm und Seitenschürzen
Hauptbewaffnung	125-mm-Glattrohrkanone L/48
Kampfbeladung	49 Geschosse

IM EINSATZ

Der Al Zarrar II wurde 2004 bei den pakistanischen Streitkräften eingeführt. Im selben Jahr wurde die Fertigung des Vorgängermodells nach 220 Exemplaren eingestellt, und die Anlagen wurden auf den Typ II umgerüstet. Diese besser gepanzerte Version hatte eine modulare Zusatz-Verbundpanzerung an Wanne und Turm und pfeilförmige Reaktivpanzerkacheln an der Turmfront. Ebenso erhielten die Seitenschürzen fünf Sätze Reaktivpanzerkacheln. Jeder Satz hatte zwei Reihen zu je drei Kacheln. Bis Ende 2018 wurden 90 Al Zarrar II fertiggestellt.

Al Zarrar II

Dieser wesentlich besser gepanzerte Al Zarrar II aus dem Jahr 2015 hat pfeilförmige Reaktivpanzerkacheln an der Turmfront, mit Reaktivpanzerkacheln verstärkte Seitenschürzen und Reaktivpanzerkacheln an den Seiten von Wanne und Turm.

Typ 80-II
Dieser chinesische Typ 80 aus den frühen 1990er-Jahren verfügt über einen externen Laser-Entfernungsmesser auf der „Saukopf"-Rohrblende und käfigartige Staukästen rund um das Turmheck.

Typ 80

Während die Panzer vom Typ 69 und 79 noch modifizierte Typ 59 mit Nachbauten von Komponenten aus erbeuteten T-62 waren, handelte es sich beim Typ 80 und dem daraus folgenden Typ 88 um ganz neue Kampfpanzer der zweiten Generation, die viele Jahre in China im Einsatz waren.

Der 1981 eingeführte Typ 80 (ZTZ 80) hatte vier Mann Besatzung und eine Wanne aus verschweißten Panzerstahlplatten wie der Typ 59, die aber für einen größeren Motor verlängert wurde. Auch der breite, flache Turm ähnelte dem vom Typ 59. Die Platten aus Panzerstahl entsprachen dem des Vorgängermodells, waren aber an den entscheidenden Stellen wie der Rohrblende und der Bugplatte verstärkt. Dazu gab es gummierte Seitenschürzen mit gezackter Unterkante, wie sie bereits beim Typ 59-I, -II, -D und -G verbaut wurden.

Im Typ 80 war die in Österreich entwickelte, manuell zu ladende 105-mm-Zugrohrkanone Typ 83 (eine Weiterentwicklung der britischen ROF L7A3) installiert, bei der der Rauchabsauger in der Mitte des Rohres saß. Die Kanone saß vorn am Turm in einer typischen „Saukopf"-Rohrblende. An Bord hatte der Typ 80 in Wanne und Turm 44 Schuss für diese Kanone: Sprenggranaten, HAP-Geschosse, Splittergeschosse, Hohlladungsgeschosse und KE-Pfeilgeschosse mit Treibspiegel mit abgereichertem Uran. Mit dem letzteren Geschoss konnte der Typ 80 460 Millimeter senkrechten Panzerstahl auf 2.000 Meter durchschlagen. Dank des in zwei Achsen voll stabilisierten Feuerleitsystems Typ 37A war die Tödlichkeit wesentlich besser als beim Vorgänger. Als Nebenbewaffnung hatte der Typ 80 zwei Waffen: ein koaxiales 7,62-mm-MG Typ 67 und ein schweres 12,7-mm-Fla-MG Typ 77 auf dem Turmdach.

Der 38,6 Tonnen schwere Typ 80 hatte auch ein ganz neues Laufwerk, bestehend aus sechs mittelgroßen, gusseisernen Laufrollen mit Gummibeschichtung je Seite, aufgehängt an Drehstäben. Mit diesem Laufwerk fuhr sich der Typ 80 im Gelände wesentlich angenehmer als der Typ 59. Der im Heck sitzende Motor war eine deutsche Konstruktion, der 730 PS starke Dieselmotor 12150L-7BV. Trotz des höheren Gewichts, verglichen mit Typ 59, war der Typ 80 aufgrund des um 25 Prozent besseren Leistungsgewichts deutlich agiler. Auf befestigten Straßen erreichte er eine Höchstgeschwindigkeit von 55 km/h.

TYP 80

Baujahr	1981
Stückzahl	1.800
Gewicht	38,6 t
Länge (mit Rohr)	9,32 m
Breite	3,37 m
Höhe	2,29 m
Antrieb	Dieselmotor 12150L-7BV mit 730 PS
Höchstgeschwindigkeit (Straße)	55 km/h
Besatzung	4 Mann
Panzerung	Gewalzter homogener Panzerstahl + Seitenschürzen
Hauptbewaffnung	105-mm-Zugrohrkanone Typ 83
Kampfbeladung	44 Geschosse

Typ 88

Der Typ 88, gehörig zur Familie der Kampfpanzer der zweiten Generation vom Typ 80, wurde auch als ZTZ88 bezeichnet. Konzipiert für den ausschließlichen Einsatz bei der Volksbefreiungsarmee, war er der erste chinesische Panzer mit Reaktivpanzerung. Er wurde 1988 in den Dienst gestellt.

Die erste modernisierte Version, der Typ 80-I, wurde nur in kleiner Zahl zur Erprobung gebaut und schnell durch den Typ 80-II abgelöst. Dieser verfügte über einen externen Laser-Entfernungsmesser aus Großbritannien, gekoppelt an das Hauptvisier des Feuerleitsystems. Die Überlebensfähigkeit der Besatzung wurde durch eine Anti-ABC-Beschichtung des Innenraums erhöht. Der Typ 80-II wurde aber auch nur kurz gebaut und dann ab 1988 durch den Typ 88 abgelöst. Dabei handelte es sich um eine weiter modernisierte Version des Typ 80. Durch Reaktivpanzerkacheln erhöhte sich die Überlebensfähigkeit weiter.

TYP 88

Baujahr	1988
Stückzahl	1.860
Gewicht	39,6 t
Länge (mit Rohr)	9,32 m
Breite	3,37 m
Höhe	2,29 m
Antrieb	V12-Dieselmotor VR 36 mit 730 PS
Höchstgeschwindigkeit (Straße)	55 km/h
Besatzung	4 Mann
Panzerung	Gewalzter homogener Panzerstahl, 20 – 203 mm + Verbundpanzerung + Reaktivpanzerung
Hauptbewaffnung	105-mm-Zugrohrkanone Typ 83
Kampfbeladung	48 Geschosse

Der Typ 88 (ZTZ88) besaß die kurze 105-mm-Zugrohrkanone Typ 83, verbunden mit einem Ladeautomaten, sodass nun drei Mann Besatzung genügten. Diese Waffe erreichte eine Schussfolge von sieben Schuss/min und hatte nun einen innen verbauten Laser-Entfernungsmesser. In Wanne und Turm waren insgesamt 48 Schuss für die Kanone untergebracht.

Die erste Modernisierung des Typ 88 lief verwirrenderweise unter der Bezeichnung Typ 88B. Dieser verfügte über ein neues Feuerleitsystem vom Typ 212. Der darauffolgende Typ 88A hatte weitere Verbesserungen der Tödlichkeit und Überlebensfähigkeit. Er hatte die längere 105-mm-Kanone vom Typ 83A und einen verbesserten Hinterladermechanismus, mit dem die Feuerfolge auf beeindruckende 13 Schuss/min gesteigert wurde. Die Kanone vom Typ 83A ist an ihren drei (und nicht mehr zwei) Rohrsegmenten vor dem Rauchabsauger erkennbar. Der Typ 88 hat auch verbesserte doppelt explosive Reaktivpanzerkacheln der FY-Reihe. 2012 beschaffte Myanmar 230 Kampfpanzer vom Typ 88, die seitdem in verschiedenen Landesteilen zur Bekämpfung von Aufständischen eingesetzt wurden.

Der Typ 88C ist lediglich ein umbenannter Typ 85 IM. Die Fertigung des Typ 88B wurde im Jahr 1995 eingestellt. Seine Zahl bei der Volksbefreiungsarmee geht seitdem zurück, da er Zug um Zug durch modernere Konstruktionen abgelöst wird. Im Jahr 2018 hatte China noch etwa 400 Typ 88 im aktiven Dienst.

Typ 88A

Dieser Kampfpanzer der Volksbefreiungsarmee vom Typ 88A hat ein dreifarbiges Tarnkleid aus dunklem Olivgrün, mittlerem Feldgrün und trübem Khaki.

KONZEPT FÜR EINEN JAGDPANZER

Nach dem Zweiten Weltkrieg verlor das Konzept des Jagdpanzers an Boden, da sich die meisten Panzertruppen auf den Kampfpanzer konzentrierten. Ein Jagdpanzer ist ein Panzer mit einer starken Fähigkeit zur Vernichtung von Panzern. Manchmal sitzt die Kanone in einem festen Gehäuse statt in einem Turm, da sie auf die Vernichtung von Panzern durch Direktfeuer optimiert ist.

In den später 1970er- und frühen 1980er-Jahren wurde China bewusst, dass die Kanonen seiner vorhandenen Panzer kaum die Panzerung eines sowjetischen T-72 oder T-80 durchschlagen konnten. Bis 1982 hatten die chinesischen Panzer Typ 59 und 59-I die 100-mm-Kanone L/53,5. Gegen die neuere sowjetische Panzerung aus Panzerstahl, Schottpanzerung und Verbundpanzerung hatte diese Waffe keinerlei Chance. Auch mit der Einführung des Panzers Typ 59-II mit seiner 105-mm-Zugrohrkanone vom Typ 81 ab dem Jahr 1982 änderte sich diese Situation nur unwesentlich.

So versuchte China im Jahr 1977, bei Rheinmetall eine Lizenz für die Produktion der 120-mm-Glattrohrkanone L/44 zu erlangen. Als dieser Versuch scheiterte, begann man in China mit der Entwicklung einer eigenen 120-mm-Kanone. Diese Kanone wurde in den Jahren 1979 bis 1981 entwickelt, erprobt und verbessert. Bei der endgültigen Gefechtserprobung im Frühjahr 1981 konnte sie ein KE-Pfeilgeschoss mit Treibspiegel mit einer Mündungsgeschwindigkeit von 1.646 m/sek abfeuern und damit 450 Millimeter senkrechten Panzerstahl aus einer Entfernung von 2.000 Metern durchdringen. Von 1982 bis 1984 wurde weitere Feinarbeit geleistet, aber die Kanone hatte immer noch eine bescheidene Kampfentfernung im Vergleich zu den neuesten sowjetischen 125-mm- oder den westlichen 120-mm-Glattrohrkanonen.

Typ 88A

Ein Typ 88A der Volksbefreiungsarmee. Er hat die gleichen kleinen Laufrollen wie sein Vorgänger, der Typ 80.

Typ 88B

Seit 2012 setzt das Heer von Myanmar modernisierte chinesische Kampfpanzer vom Typ 88B, die über die lange Kanone vom Typ 83A verfügen, gegen die Aufständischen aus den Volksgruppen der Kachin und Karen ein.

Jagdpanzer Typ 89
Die Effektivität des Jagdpanzers Typ 89 litt unter der geringen Überlebensfähigkeit im Vergleich zu den üblichen Kampfpanzern Ende der 1980er-Jahre.

Jagdpanzer Typ 89

1985 entschied man sich für die Weiterentwicklung der sowjetischen 125-mm-Glattrohrkanone mit Ladeautomat für künftige Kampfpanzerprogramme. Als Ergebnis dieser Arbeiten wurde 1997 der Kampfpanzer Typ 96 eingeführt. Er besaß die 125-mm-Glattrohrkanone Typ 90 L/48, die an ein russisches halbautomatisches Ladesystem gekoppelt war. China nutzte zur Verbesserung der Jagdpanzer-Fähigkeiten während der Entwicklung von Kanone und Kampfpanzer die Tödlichkeit der 120-mm-Kanone, indem sie auf das Laufwerk des vorhandenen Kettenfahrzeugs Typ 321 gesetzt wurde. Der daraus entstandene Jagdpanzer Typ 89 wurde 1989 bei der Volksbefreiungsarmee eingeführt.

JAGDPANZER TYP 89	
Baujahr	1989
Stückzahl	104
Gewicht	31,5 t
Länge (mit Rohr)	6,40 m
Breite	2,80 m
Höhe	3,12 m
Antrieb	Wassergekühlter V12-Dieselmotor 12V150LB/12150L mit 520 PS
Höchstgeschwindigkeit (Straße)	45 km/h
Besatzung	4 Mann
Panzerung	Gewalzter homogener Panzerstahl, 50 mm
Hauptbewaffnung	120-mm-Glattrohrkanone L/50
Kampfbeladung	30 Geschosse

Die vierköpfige Besatzung saß in einem großen und relativ hohen Turm, der weit hinten auf der Wanne montiert war. Der Motor befand sich vorn in der Wanne. Die unstabilisierte 120-mm-Glattrohrkanone L/50 saß in einer großen, weichen „Saukopf"-Rohrblende. Mit dem halbautomatischen Lader waren neun Schuss pro Minute möglich. Die Kanone verfügte über einen Rauchabsauger und eine Wärmeschutzhülle. An Bord befanden sich 30 Schuss, darunter KE-Pfeilgeschosse mit Treibspiegel, Hohlladungsgeschosse Sprenggranaten und Sprenggranaten mit Splitterwirkung. Der Typ 89 hatte als Nebenbewaffnung ein 12,7-mm-Fla-MG auf dem Turmdach und ein koaxiales 7,62-mm-MG vom Typ 67.

Das Hauptproblem war, dass das Fahrgestell des Typ 321 nur auf eine Last von 31,5 Tonnen ausgelegt war. Die Panzerung bestand daher nur aus 50 Millimeter starkem Panzerstahl, was heutzutage im Gefecht absolut nicht mehr ausreicht. Daher sollte der Panzer nur kurz eingesetzt und seine Tödlichkeit genutzt werden, um sich sofort wieder zurückzuziehen. Angetrieben wurde der Typ 89 von einem 520 PS starken V12-Dieselmotor. Das Laufwerk umfasst sechs kleine Laufrollen pro Seite an Drehstäben aus gehärtetem Stahl. Mit dem Motor kam der Typ 89 auf ein eher bescheidenes Leistungsgewicht von 16,8 PS/t. So lag die Höchstgeschwindigkeit auf der Straße dann auch bei nur 45 km/h.

Von 1989 bis 1991 wurden 104 Jagdpanzer vom Typ 89 gebaut, die überwiegend in den Militärbezirken Peking und Jinan eingesetzt wurden. Der Panzer hat vermutlich nie einen Kampfeinsatz erlebt. 2015 entschied sich China, seine vorhandenen Typ 89 vor allem aus drei Überlegungen heraus einzulagern: Die einstmals beeindruckende Tödlichkeit der Kanone war durch neuere Entwicklungen überholt worden (die Kampfpanzer vom Typ 96 und 99 konnten mit ihrer 125-mm-Kanone Panzerabwehrlenkflugkörper abschießen), die Überlebensfähigkeit war minimal und setzte die Besatzung dadurch einem hohen Risiko aus und die Kosten für den Betrieb einer so kleinen Flotte waren nicht mehr tragbar.

Typ 96

Seit 2018 bildet der Kampfpanzer vom Typ 96 das Rückgrat der chinesischen Panzertruppe, die Eliteeinheiten verfügen über die moderneren Typen 98 und 99. Der 1997 eingeführte Typ 96 war ein Zwittertyp zwischen der zweiten und dritten Generation, dessen Abstammung über den Typ 90 bis auf den Typ 85 zurückgeht.

Der letztere wurde 1986 eingeführt und verfügt sowohl über Merkmale des sowjetischen T-62 (Typ 69) als auch Komponenten des Typs 80. Der Typ 90 aus dem Jahr 1990 war ein besser gepanzerter Typ 85. Als erster chinesischer Kampfpanzer besaß er eine modulare Panzerung aus Panzerstahl, die sich leicht austauschen und reparieren ließ. Der Typ 90 IM bildete die Grundlage für den in Pakistan entwickelten Kampfpanzer Al Khalid. Von 1997 bis 2006 löste der Typ 96 allmählich einen Großteil der Panzer vom Typ 59, 59-I und 59-II ab, die noch im aktiven Dienst standen, bis der modernisierte Typ 96A/G in die Serienfertigung ging.

Der Typ 96 war auf eine dreiköpfige Besatzung ausgelegt und hatte ähnlich wie der Typ 90 eine neugestaltete Wanne aus verschweißtem Panzerstahl, die nach hinten leicht anstieg, um Platz für den Motor zu schaffen. Vorn wird der umkonstruierte Turm durch drei verschraubte Panzermodule geschützt. Weiteren Schutz bieten Reihen pfeilförmiger Reaktivpanzerkacheln an der Turmfront und drei weitere Reihen flacher Kacheln an Bugplatte und Front. Die Panzerung des Typ 96 soll dem Schutz von 530 Millimeter Panzerstahl gegen ein aus 2.000 Metern abgefeuertes KE-Pfeilgeschoss mit Treibspiegel entsprechen. Wie auch die Vorgängermodelle hatte der Typ 96 sechs gummierte Seitenschürzen mit gezackter Unterkante zum Schutz des oberen Laufwerks.

Er verfügte über die 125-mm-Glattrohrkanone Typ 90 L/48, versorgt durch einen russischen Ladeautomaten. In Wanne und Turm waren 45 Geschosse untergebracht: KE-Pfeilgeschosse mit Treibspiegel und Wolframkern

TYP 96

Baujahr	1997
Stückzahl	1.200
Gewicht	43,0 t
Länge (mit Rohr)	10,28 m
Breite	3,45 m
Höhe	2,30 m
Antrieb	V12-Turbodiesel Norinco 12150ZL mit 780 PS
Höchstgeschwindigkeit (Straße)	65 km/h
Besatzung	3 Mann
Panzerung	Gewalzter homogener Panzerstahl + Reaktivpanzerung + Seitenschürzen
Hauptbewaffnung	125-mm-Glattrohrkanone Typ 90 L/48
Kampfbeladung	45 Geschosse

Typ 96

Dieser frühe Typ 96 hatte Laufrollen mit weiß bemalten Felgen. Vermutlich hat er an der jährlichen Militärparade am 1. Oktober teilgenommen.

Typ 96A1

Der Typ 96A1 hat spitz zulaufende Zusatzpanzermodule vorn am Turm sowie senkrechte, nach oben schräg ansteigende Module an den hinteren Turmseiten, was ihm einen ganz eigenen Auftritt gab.

TYP 96A1

Baujahr	2007
Stückzahl	326
Gewicht	44,5 t
Länge (mit Rohr)	10,28 m
Breite	3,45 m
Höhe	2,30 m
Antrieb	V12-Turbodiesel Norinco 12150ZL mit 780 PS
Höchstgeschwindigkeit (Straße)	61 km/h
Besatzung	3 Mann
Panzerung	Gewalzter homogener Panzerstahl + Reaktivpanzerung + Selbstschutzsystem + Seitenschürzen
Hauptbewaffnung	125-mm-Glattrohrkanone Typ 90 L/48
Kampfbeladung	44 Geschosse

TYP 96G

Baujahr	2007
Stückzahl	487
Gewicht	44,6 t
Länge (mit Rohr)	10,28 m
Breite	3,45 m
Höhe	2,30 m
Antrieb	V12-Turbodiesel Norinco 12150ZLD mit 1.000 PS
Höchstgeschwindigkeit (Straße)	66 km/h
Besatzung	3 Mann
Panzerung	Gewalzter homogener Panzerstahl + Reaktivpanzerung + Seitenschürzen
Hauptbewaffnung	125-mm-Glattrohrkanone Typ 90 L/48
Kampfbeladung	44 Geschosse

Typ 96G

Äußerlich unterschied sich der Typ 96G kaum vom 96A. Dieses Fahrzeug, hier bei einer gemeinsamen Antiterror-Übung, hat ein vierfarbiges, grün-braunes, „digital" gemustertes Tarnkleid.

oder abgereichertem Uran, Hohlladungsgeschosse, Sprenggranaten und Splittergeschosse. Dazu kann die 125-mm-Kanone ebenso den Panzerabwehrlenkflugkörper 9M119M Refleks (AT-11 Sniper) sowjetischer Herkunft abfeuern. Dieser durchdringt 700 bis 900 Millimeter senkrechten Panzerstahl aus 5.000 Metern Entfernung. Ein mit einer Mündungsgeschwindigkeit von 1.730 m/sek abgefeuertes KE-Pfeilgeschoss mit Treibspiegel konnte 500 Millimeter senkrechten Panzerstahl auf 2.000 Meter durchdringen. Als Nebenbewaffnung verfügte der Typ 80, typisch für China, über zwei Waffen: ein schweres 12,7-mm-Fla-MG Typ 85, montiert auf dem Turmdach, und ein koaxiales 7,62-mm-MG vom Typ 67.

Der erste Typ 96 wog 43 Tonnen, zwölf Prozent mehr als beim Typ 85. Das Laufwerk ist bereits bekannt aus den Typen 80/85/88/90: sechs mittelgroße doppelte Laufrollen pro Seite, aufgehängt an Drehstäben. Wegen des nach dem Massaker auf dem Tian'anmen-Platz im Juni 1989 verhängten Technologie-Embargos hat der neue Kampfpanzer weiterhin den bewährten, aber überholten 780-PS-V12-Turbodiesel Norinco 12150ZL aus dem Jahr 1988, wenn auch mit einigen Verbesserungen. Trotzdem erreichte der Typ 96 eine durchaus beachtliche Höchstgeschwindigkeit von 65 km/h auf der Straße und eine Reichweite von etwa 400 km.

TYP 96A/G

2006 wurde der weiterentwickelte Typ 96A/G eingeführt, während die Produktion des Typ 96 auslief. Dieser neue Panzer war eine deutlich überarbeitete Version mit zahlreichen Verbesserungen hinsichtlich seiner Tödlichkeit und Überlebensfähigkeit. Er erhielt drei neu konstruierte Panzermodule am Turm (ähnlich wie beim Typ 98/99), bessere Reaktivpanzerkacheln, eine modernisierte ABC-Schutzbelüftungsanlage und ein am Turm montiertes elektro-optisches Störgerät als passiven Schutz. Seine Panzerung soll dem Schutz von beeindruckenden 830 Millimetern Panzerstahl gegen ein aus 2.000 Meter Entfernung abgefeuertes KE-Pfeilgeschoss mit Treibspiegel entsprechen, das sind 156 Prozent des Wertes im Typ 96.

Für eine höhere Tödlichkeit erhielt der Typ 96A/G ein modernisiertes Feuerleitsystem und ein verbessertes Wärmebildzielgerät für den Richtschützen. Der Panzer wog nun 44,5 Tonnen, was sich in einer verringerten Höchstgeschwindigkeit von 61 km/h bemerkbar machte, zumindest bei den Panzern mit dem Motor 12150ZL. Die letzten Serienfahrzeuge hatten aber schon einen in China entwickelten, 1.000 PS starken Dieselmotor, der für ein wesentlich besseres Leistungsgewicht sorgte. Zwischen 2006 und 2010 baute China 994 Kampfpanzer vom Typ 96A/G.

Typ 96 VT-1A

Ein marokkanischer Typ 96 VT-1A. Die Königliche Armee von Marokko hat mindestens 54 VT-1A in ihren Reihen. Sie sind wesentlich besser als der T-72 und entsprechen mit ihrer Kombination aus Verbund- und Reaktivpanzerung und westlicher Elektronik eher dem T-80UM2. Die Wüstentarnung entspricht der des Kampfpanzers 3000.

Typ 98
Der Typ 98, der nur in kleiner Zahl gebaut wurde, hatte ein längeres Laufwerk mit sechs Laufrollen in größeren Abständen pro Seite. Auch hier findet man die für chinesische Panzer so typischen, ungleichmäßigen Abstände.

Typ 99 (98)

Der in 2001 eingeführte Typ 99 (ZTZ-99) für drei Mann Besatzung ist Chinas Kampfpanzer der dritten Generation. In den ersten zehn Jahren gingen nur wenige dieser Panzer an die Truppe, in der Regel an Elite-Panzerdivisionen. Davor wurde im Jahr 1999 der Typ 98 in sehr geringer Zahl gebaut. Einige Analysten betrachten ihn aber als Vorserienmodell des Typ 99. In vielerlei Hinsicht handelte es sich beim Typ 98 um die heimische Version des Exportmodells Typ 90-II.

Der Typ 99 hatte eine stabilisierte 125-mm-Glattrohrkanone vom Typ 99 L/48 mit einem Ladekarussell nach russischer Art. Automatisch betrug die Feuerfolge acht Schuss/min, beim Laden mit der Hand lediglich zwei Schuss/min. Die Kanone hatte einen Rauchabsauger in der Mitte des Rohres und eine Wärmeschutzhülle. Verschießen konnte sie die meiste chinesische und russische Munition, darunter KE-Pfeilgeschosse mit Treibspiegel, Sprenggranaten mit Splitterwirkung und Hohlladungsgeschosse. Ein solches KE-Pfeilgeschoss, abgefeuert mit einer Mündungsgeschwindigkeit von 1.780 m/sek, konnte 850 Millimeter senkrechten Panzerstahl auf 2.000 Meter durchdringen.

Der Panzer kann 42 Schuss für die Kanone mitführen, davon 22 im Ladeautomaten. Für die Tödlichkeit sorgt das Feuerleitsystem ISFCS-212 mit einem automatischen IR-Zielverfolgungssystem. Damit ist die 125-mm-Kanone bis auf eine Entfernung von 5.000 Meter wirksam. Die Kanone kann auch den Panzerabwehrlenkflugkörper 9M119M Refleks (AT-11 Sniper) abfeuern. Die Nebenbewaffnung besteht auch hier aus zwei Waffen: auf der Kommandantenkuppel im Turm ein schweres 12,7-mm-Fla-MG sowie ein koaxiales 7,62-mm-MG.

TYP 98

Baujahr	1999
Stückzahl	42
Gewicht	53,9 t
Länge (mit Rohr)	11,00 m
Breite	3,50 m
Höhe	2,25 m
Antrieb	V12-Turbodiesel Norinco 12150ZL mit 1.500 PS
Höchstgeschwindigkeit (Straße)	80 km/h
Besatzung	3 Mann
Panzerung	Modulare Verbundpanzerung + modulare Schottpanzerung + Reaktivpanzerung + Seitenschürzen
Hauptbewaffnung	125-mm-Glattrohrkanone Typ 99 L/80
Kampfbeladung	41 Geschosse

PANZERUNG UND ANTRIEB

Der Typ 99 bot einen fortschrittlichen Panzerschutz. Der flache, eckige Turm aus Schweißstahl (ähnlich dem des M1 Abrams) und die an den T-72 angelehnte verschweißte Wanne hatten pfeilförmige Schottpanzermodule und Verbundpanzerplatten auf einer Panzerung aus Panzerstahl. Front und Seiten des Turms wie auch der Bug der Wanne wurden zusätzlich von Reaktivpanzerkacheln der ersten Generation geschützt. Neue Seitenschürzen schützten die oberen Ketten und das Laufwerk. Die Frontpanzerung soll 1.100 Millimeter Panzerstahl entsprechen. Darüber hinaus hatte der Panzer eine ABC-Schutzbelüftungsanlage, eine vollautomatische Brandunterdrückungsanlage und eine Reihe passiver Gegenmaßnahmen zur elektronischen Kampfführung.

Angetrieben wurde er vom 1.500 PS starken V12-Dieselmotor Norinco 12150ZL, der Typ 98 hatte nur 1.200 PS. Trotz des Gewichts von 54 Tonnen erreichte der Typ 99 das beachtliche Leistungsgewicht von 28,3 PS/t. Damit war er äußerst beweglich. Die Höchstgeschwindigkeit betrug 80 km/h auf der Straße und 65 km/h im Gelände.

MODERNISIERTE VERSIONEN

Wie die vorherigen chinesischen Kampfpanzer wurde auch der Typ 99 laufend verbessert. Allerdings ist man sich über die korrekten Bezeichnungen und die Art der Modernisierung nicht ganz sicher. Es gab anscheinend vier Folgeversionen, die Typen 99G, 99A, 99A1 und 99A2. Der Typ 99A soll über eine verbesserte 125-mm-Kanone mit einem neuen Mündungsbezugssystem verfügen. Das System erkennt winzige Turbulenzen in der Mündung und meldet dies an das Feuerleitsystem, was die Präzision der Waffe weiter verbessert. Sein Nachfolger soll der Typ 99A1 gewesen sein. Dieser hatte einen neu gestalteten, etwas höheren Turm mit stärker gepanzertem Turmdach. Die aktuellste eingeführte Version ist der Typ 99A2. Er hat erneut einen veränderten und größeren Turm und eine weiter verbesserte 125-mm-Kanone.

Von 2001 bis 2018 baute China etwa 500 Typ 99 aller Versionen, 150 davon modernisierte Panzer vom Typ 99G, A, A1 und A2. Aufgrund der hohen Leistungsfähigkeit hat

TYP 99

Baujahr	2001
Stückzahl	500
Gewicht	54,0 t
Länge (mit Rohr)	11,00 m
Breite	3,50 m
Höhe	2,25 m
Antrieb	V12-Turbodiesel Norinco 12150ZL mit 1.500 PS
Höchstgeschwindigkeit (Straße)	80 km/h
Besatzung	3 Mann
Panzerung	Modulare Verbundpanzerung + modulare Schottpanzerung + Reaktivpanzerung + Seitenschürzen
Hauptbewaffnung	125-mm-Glattrohrkanone Typ 99 L/48
Kampfbeladung	42 Geschosse

Typ 99
Im Gegensatz zum Typ 98 hatte der Typ 99 pfeilförmige Schottpanzermodule an der Turmfront und zwei Reihen zu fünf Schottpanzerplatten auf jeder Turmseite.

Typ 99KM
Der erste Prototyp dieser Version mit der 125-mm-Kanone gab sein Debüt bei der chinesischen Nationalparade. Er hat ein auffälliges vierfarbiges „digitales" Tarnmuster aus drei Grüntönen und Sandbeige.

VT-4
Der gerade im Entwurf fertige VT-4 ist die chinesische Exportvariante des Typ 99. Er ist bedeutend kürzer und höher als das ursprüngliche Grundmodell.

China den Typ 99 – wenig überraschend – nicht in den Export gegeben. Ein Teil seiner Technologie findet sich aber im derzeit entwickelten Exportmodell VT-4.

In der Erprobung befindet sich aktuell der Typ 99KM, ein Kampfpanzer der vierten Generation. Es ist nicht ganz sicher, ob er bereits eingeführt wurde. Er soll entweder eine neu konstruierte 140-mm- oder 155-mm-Glattrohrkanone haben. Damit soll die allerneueste Generation der Non-Line-of-Sight-Munition (NLOS-M, sichtverbindungslose Munition) verschossen werden können und eine beeindruckende Kampfentfernung von bis zu 12.000 Metern erreicht werden. Es kann sich hier aber auch um bewusste Falschinformationen handeln.

VT-4

Baujahr	2018
Stückzahl	17
Gewicht	52,0 t
Länge (mit Rohr)	10,10 m
Breite	3,50 m
Höhe	2,25 m
Antrieb	V12-Turbodiesel Norinco 12150Z mit 1.300 PS
Höchstgeschwindigkeit (Straße)	68 km/h
Besatzung	3 Mann
Panzerung	Modulare Verbundpanzerung + modulare Schottpanzerung + Reaktivpanzermodule + Selbstschutzsystem + Seitenschürzen
Hauptbewaffnung	125-mm-Glattrohrkanone Typ 99 L/80
Kampfbeladung	38 Geschosse

Kampfpanzer vom Typ 99A bei einer Militärparade auf dem Tian'anmen-Platz in Peking am 3. September 2015. Anlass ist der 70. Jahrestag des Siegs über Japan und des Endes des Zweiten Weltkriegs.

Al Khalids bei einer Parade zum pakistanischen Nationalfeiertag im März 2017.

Al Khalid

Von 1990 bis 2001 entwickelte Pakistan den Al Khalid im Rahmen einer Rüstungskooperation mit China. Er war eine Weiterentwicklung des chinesischen Typ 90, die über den modernisierten Typ 90 IM und die Exportvarianten MBT-2000 und VT-1a verlief. Der Al Khalid wurde 2001 beim pakistanischen Heer eingeführt. In den folgenden zehn Jahren wurden etwa 200 Stück gebaut. Unterdessen hatten Bangladesch, Marokko, Myanmar und Sri Lanka insgesamt 214 ähnliche VT-1a aus chinesischer Produktion beschafft.

Der Al Khalid hat eine dreiköpfige Besatzung und eine in Pakistan weiterentwickelte Version der chinesischen 125-mm-Glattrohrkanone Typ 90 L/48 mit einem russischen Ladeautomaten. Sie verschießt die üblichen KE-Pfeilgeschosse mit Treibspiegel und Wolframkern oder abgereichertem Uran, Hohlladungsgeschosse und Sprenggranaten mit Splitterwirkung und kann eine Feuerfolge von acht Schuss/min erreichen. Mit der pakistanischen Naiza-Munition aus abgereichertem Uran kann sie 570 Millimeter senkrechten Panzerstahl auf 2.000 Meter durchdringen.

Der Ladeautomat nimmt 24 Schuss auf, weitere 15 Schuss können in Wanne und Turm verstaut werden. Des Weiteren können auch Panzerabwehrlenkflugkörper wie die sowjetische 9M119M Refleks (AT-11 Sniper) abgefeuert werden. Die Nebenbewaffnung ist chinesischer Herkunft: ein koaxiales 7,62-mm-MG vom Typ 67 und ein schweres 12,7-mm-Fla-MG auf dem Turmdach.

Der Panzerschutz besteht aus einem Gerüst aus besonders gehärteten Stahlplatten auf dem Grundpanzer aus Panzerstahl. Am Turm und an Teilen der Wanne gibt es darüber noch fortschrittliche Verbundpanzermodule. Die Turmfront verfügt über pfeilförmige Reaktivpanzerkacheln, weitere flache Reaktivpanzerkacheln befinden sich vorn an der Wanne. Das obere Laufwerk wird durch Seitenschürzen geschützt. Dazu verfügt der Panzer über das abstandsaktive Hardkill-Schutzsystem GIDS AORAK Mark 2. Es basiert auf einer Reaktivpanzerung, die Panzerabwehrlenkflugkörper oder Panzerabwehrgranaten im Anflug kurz vor dem Aufprall zerstört.

Der 46,7 Tonnen schwere Al Khalid hat sechs große Laufrollen pro Seite, die an Drehstäben aufgehängt sind. Der 1.200 PS starke, aufgeladene 6-Zylinder-Dieselmotor aus der Ukraine ist an ein halbautomatisches Getriebe gekoppelt. Dieser starke Motor gibt dem Kampfpanzer ein hervorragendes Leistungsgewicht von 26,1 PS/t. Damit erreicht er eine Höchstgeschwindigkeit von 72 km/h auf der Straße. Zusätzlich besitzt der Al Khalid noch ein gepanzertes Hilfsaggregat, das die Geräte bei stehendem Motor versorgt und so Treibstoff spart.

Al Khalid
Der in Pakistan entwickelte Kampfpanzer Al Khalid unterscheidet sich von dem chinesischen Basismodell durch eine Wanne, deren obere Linie sanft und gleichmäßig nach hinten ansteigt.

AL KHALID I

Im Jahr 2016 wurde der modernisierte Al Khalid I eingeführt. Er verfügt über einen besseren Ladeautomaten, der die Feuerfolge auf neun Schuss/min bringt. Es können auch drei weitere Geschosse untergebracht werden. Somit sind jetzt 42 Schuss an Bord. Auch für die Munition der Nebenbewaffnung ist nun mehr Platz. Ein verbessertes ballistisches Feuerleitsystem ermöglicht die Zielerfassung bis auf 7.000 Meter, die effektive Kampfentfernung wurde auf 3.500 Meter ausgeweitet. Es sollen insgesamt 200 Stück gebaut werden, bevor die Produktion auf das Nachfolgemodell Al Khalid II umgestellt wird.

AL KHALID

Baujahr	2001
Stückzahl	200
Gewicht	46,7 t
Länge (mit Rohr)	10,00 m
Breite	3,50 m
Höhe	2,40 m
Antrieb	6-Zylinder-Dieselmotor 6TD-2 mit 1.200 PS
Höchstgeschwindigkeit (Straße)	72 km/h
Besatzung	3 Mann
Panzerung	Gewalzter homogener Panzerstahl + modulare Verbundpanzerung + Reaktivpanzerung
Hauptbewaffnung	Modifizierte 125-mm-Glattrohrkanone Typ 90 L/48
Kampfbeladung	39 Geschosse

AL KHALID II

Der Al Khalid II ist bereits seit 2006 in der Entwicklung. Der Bau der ersten Serienfahrzeuge war eigentlich für 2021 vorgesehen. Da die bilaterale Rüstungskooperation mit China weiterläuft, soll der neue pakistanische Kampfpanzer angeblich Komponenten des chinesischen Typ 99 enthalten. Er ist schwerer als sein Vorgänger und hat einen neu gestalteten, größeren Turm. Auch Teile der Elektronik und Zielerfassung sollen aufgerüstet sein und vermutlich auf türkischer Technologie basieren. Die Überlebensfähigkeit soll modernisiert sein, wohl durch verbesserte Verbundpanzermodule. Er soll über abstandsaktive Schutzsysteme verfügen, möglicherweise über das ukrainische opto-elektronische Laserwarnsystem Varta, das die Laser-Zielmarkierung eintreffender Panzerabwehrlenkflugkörper stört. Trotz des höheren Gewichts hat sich die Beweglichkeit verbessert, da der Panzer nun den 1.500 PS starken, ukrainischen Dieselmotor 6TD-3 hat.

Es wurden 6.000 Al Khalid II in Auftrag gegeben, 200 davon sind allerdings modernisierte Al Khalid I. Wahrscheinlich wird es gemeinsame technische Komponenten mit dem chinesischen Export-Kampfpanzer MBT-3000 geben, der sich derzeit in der Entwicklung befindet.

Al Khalid
Ein ungewöhnlicher Al Khalid des Heeres von Myanmar aus dem Jahr 2015. Während der Panzer selbst das typische dreifarbige Tarnkleid in Sand/Olive/Anthrazit trägt, hat die Kanone vermutlich noch den originalen Werkslack in einfarbigem Mittelfeldgrün.

Chonma Ho III

Der Chonma Ho III unterscheidet sich von den Vorgängern Typ I und II durch seine Seitenschürzen und die Wärmeschutzhülle für das Kanonenrohr. Diese späte Version hat auch schon die Reaktivpanzerkacheln an der Turmseite, die eher typisch für den Typ IV sind.

Chonma Ho

Der Chonma Ho („Pegasus"), auch als Chollima bekannt, war der erste in Nordkorea entwickelte Kampfpanzer. Es gibt nicht viele zuverlässige Informationen über ihn. Die meisten Angaben sind von Teilnahmen an Militärparaden abgeleitet, die im Fernsehen übertragen wurden.

Mit Hilfe eines Lizenzabkommens mit der Sowjetunion wurde der Chonma Ho in Nordkorea zwischen 1975 und 1980 entwickelt. Als Basismodell diente ein von Syrien angelieferter, sowjetischer T-62. Mitte der 1980er-Jahre exportierte die Sowjetunion auch 800 T-62D nach Nordkorea. Diese Panzer hatten ebenfalls Einfluss auf die späteren Versionen des Chonma Ho. Diese werden oft fälschlicherweise als Chonma Ho II bezeichnet.

Zwischen 1980 und 2002 baute das North Korean Second Machine Industry Bureau (SMIB) insgesamt 1.250 Chonma Ho, die sich auf fünf Grundversionen aufteilen. Viele dieser Panzer sind derzeit noch bei den sechs Panzerdivisionen im Einsatz, die die demilitarisierte Zone (DMZ) an der Grenze zu Südkorea überwachen.

CHONMA HO I

Der 1980 eingeführte, 40,6 Tonnen schwere Chonma Ho I hatte eine exakte Kopie der sowjetischen 115-mm-Glattrohrkanone 2A20 L/50 in dem typischen runden gusseisernen Turm, der der Form einer halben Birne ähnelte. Die Kanone hatte keine Mündungsbremse, aber einen Rauchabsauger mittig auf dem Rohr, und verfügte über einen halbautomatischen Lader. Somit war eine Feuerfolge von vier Schuss/min möglich. Der Laser-Entfernungsmesser des sowjetischen T-62 war aber nicht vorhanden.

CHONMA HO I

Baujahr	1980
Stückzahl	320 (+ 150 Exportmodelle für den Iran)
Gewicht	40,6 t
Länge (mit Rohr)	6,63 m
Breite	3,52 m
Höhe	2,40 m
Antrieb	Dieselmotor mit 750 PS
Höchstgeschwindigkeit (Straße)	50 km/h
Besatzung	4 Mann
Panzerung	Gewalzter homogener Panzerstahl + Schottpanzerung 20 – 160 mm
Hauptbewaffnung	115-mm-Glattrohrkanone 2A20 L/50
Kampfbeladung	40 Geschosse

Dazu hatte der Chonma Ho I zwei MGs: ein koaxiales 7,62-mm-MG und ein nach vorn gerichtetes schweres 14,5-mm-Fla-MG vom Typ KPV auf dem Turmdach. Der Typ I hatte einen wesentlich schlechteren Panzerschutz als der sowjetische T-62. Die Grundpanzerung aus 20 bis 160 Millimeter Panzerstahl wurde durch eine Schottpanzerung vorn an der Wanne ergänzt. Fünf mittelgroße Laufrollen waren in größeren Abständen angeordnet und an Drehstäben aufgehängt. Mit dem 750-PS-Dieselmotor konnte der Panzer eine Höchstgeschwindigkeit von 50 km/h auf der Straße erreichen. SMIB baute von 1980 bis 1989 insgesamt 470 Chonma Ho I, darunter 150 Exportversionen, die von 1982 bis 1985 an den Iran geliefert wurden.

CHONMA HO II

Der modernisierte Chonma Ho II wurde 1990 eingeführt. Er hatte nun einen Laser-Entfernungsmesser oberhalb der Rohrblende und kreisförmige Zusatzpanzerplatten um den Turm, die als „Schottpanzerung" dienten, und weitere Staukästen außen. Der darauffolgende Chonma Ho III hatte verbesserte Nachtsichtgeräte für die Zielerfassung, eine Wärmeschutzhülle für das Rohr und vier gepanzerte Seitenschürzen über die gesamte Länge des Laufwerks.

Chonma Ho IV
Der Chonma Ho IV hatte als erste Version serienmäßig Reaktivpanzerkacheln an den Turmseiten sowie die typische abgestufte Unterkante der vorderen und hinteren Elemente der Seitenschürzen.

In den 1990er-Jahren wurde der Typ IV entwickelt, der mehr Feuerkraft, Panzerschutz und Beweglichkeit bot. Unter anderem verfügte er über ein aufwendiges, rechnergesteuertes ballistisches Feuerleitsystem sowie einen stärkeren Dieselmotor. Auch die Nebelwerfer an den Turmseiten wurden überarbeitet. Nun saßen zwei Sätze nach vorn geneigte, vierrohrige Abschussgeräte vorn und mittig am Turm, insgesamt also 16 Rohre. Dazu hatte der Typ IV eine Verbundpanzerung vorn an Wanne und Turm, 14 in Nordkorea entwickelte leichte IDZ-Reaktivpanzerkacheln auf jeder Turmseite und neu gestaltete gepanzerte Seitenschürzen mit abgestuften Kanten an den vorderen und hinteren Elementen. Diese Modernisierungen erhöhten das Gesamtgewicht des Chonma Ho IV auf 45 Tonnen.

CHONMA HO V

Baujahr	2001
Stückzahl	283
Gewicht	46,6 t
Länge (mit Rohr)	6,98 m
Breite	3,52 m
Höhe	2,40 m
Antrieb	Dieselmotor mit 750 PS
Höchstgeschwindigkeit (Straße)	48 km/h
Besatzung	4 Mann
Panzerung	Gewalzter homogener Panzerstahl + Verbundpanzerung + Reaktivpanzerung + Seitenschürzen
Hauptbewaffnung	125-mm-Glattrohrkanone 2A46 L/48
Kampfbeladung	38 Geschosse

CHONMA HO V

Im Jahr 2001 wurde der Chonma Ho V als letzte Version eingeführt. Dieser komplett überarbeitete Panzer verfügte über Komponenten aus den fünf T-72 und T-90, die Nordkorea beschafft hatte. So besaß er eine stärkere Kanone, eine Lizenzversion der 125-mm-Glattrohrkanone 2A46 L/48 aus den sowjetischen T-72 und T-90. Der neue Turm, der für diese Kanone benötigt wurde, hatte auch einen großen hinteren Turmerker. Zudem war die Kanone mit einem neuen, stark verbesserten ballistischen Feuerleitsystem verbunden. Für besseren Schutz sorgten modulare Verbundpanzerelemente sowie vier große Reaktivpanzerkacheln an den vorderen Seitenschürzen. In der Folge entwickelte Nordkorea dann weiter modifizierte, längere Versionen des Chonma Ho, die unter der Bezeichnung Pokpung Ho geführt wurden.

Daneben sind im Panzerwerk SMIB in Nordkorea auch diverse Spezialversionen des Chonma Ho entstanden. So wurden einige Typ I und Typ II zu Führungspanzern umgebaut. Sie hatten eine Kanonenattrappe und wesentlich leistungsstärkere Kommunikationsgeräte. Weiterhin gab es 14 Bergepanzer auf der Basis des Chonma Ho. Diese hatten anstelle des Turms eine große gepanzerte Kasematte, in der sich eine starke Winde und Abschleppvorrichtungen befanden.

Chonma Ho V
Diese letzte Version des Chonma Ho hatte eine Kanone mit größerem Kaliber, einen ins Auge fallenden Turmerker und vier rechteckige Reaktivpanzerkacheln an den vorderen Seitenschürzen.

Pokpung Ho

Der Pokpung Ho („Sturmtiger“) war die zweite Generation von in Nordkorea entwickelten und gebauten Kampfpanzern. Er war auf eine vierköpfige Besatzung ausgelegt und im Prinzip eine Weiterentwicklung der Vorgänger Chonma Ho I-V (die wiederum auf dem T-62 basierten), mit Elementen aus den sowjetischen/russischen T-72 und T-90 und des chinesischen Typ 85. Dazu kamen auch in Nordkorea entwickelte Komponenten.

Aufgrund der extremen Verschwiegenheit der nordkoreanischen Regierung gibt es nur wenige Informationen über diese Baureihe. SMIB entwickelte den Pokpung Ho I (der auch als Chonma-215 oder Model-2002 bekannt ist) zwischen 1990 und 2002, wobei der erste Prototyp 1992 bei der Panzerfabrik Ryu Kong-su gebaut wurde.

Nach der ausgiebigen Erprobung mehrerer Prototypen lief die Serienproduktion des Pokpung Ho I im Jahr 2002 an. Der Sturmtiger verfügte über Nachbauten diverser Komponenten aus den wenigen sowjetischen/russischen T-72 und T-90, die Nordkorea über verschiedene Kanäle nach dem Zusammenbruch der Sowjetunion zwischen 1991 und 1994 beschafft hatte.

POKPUNG HO I

Baujahr	2002
Stückzahl	180
Gewicht	44,8 t
Länge (mit Rohr)	7,05 m
Breite	3,50 m
Höhe	2,20 m
Antrieb	V12-Dieselmotor mit 1.000 PS
Höchstgeschwindigkeit (Straße)	60 km/h
Besatzung	4 Mann
Panzerung	Verbundpanzerung + Reaktivpanzerung + Seitenschürzen
Hauptbewaffnung	115-mm-Kanone 2A20 L/50
Kampfbeladung	40 Geschosse

POKPUNG HO I

Im Prinzip handelte es sich bei dem Pokpung Ho I um eine modifizierte, verlängerte Version der Chonma Ho IV und V. Das Laufwerk hatte nun sechs anstatt fünf eng beieinander angeordneter mittelgroßer Laufrollen pro Seite, aufgehängt an einer Drehstabfederung. Der 44,8 Tonnen schwere Typ I wurde von einem in Nordkorea entwickelten, 1.000 PS starken V12-Dieselmotor angetrieben. Damit hatte der Panzer ein Leistungsgewicht von 22,7 PS/t, was immerhin 20 Prozent mehr waren als beim Chonma Ho I. Dadurch war der Pokpung Ho I im Gelände viel beweglicher als seine Vorgänger und konnte auf der Straße eine Höchstgeschwindigkeit von 60 km/h erreichen. Zumeist trug dieser Panzer eine zweifarbige Tarnung aus Oliv und Grün. Auffällig waren weiße Streifen, die die Felgen der Laufrollen verzierten.

Die ersten Pokpung Ho I hatten noch eine Kopie der sowjetischen 115-mm-Glattrohrkanone 2A20 L/50, wie sie auch in den Chonma Ho I-V zu finden war. Gesteuert wurde sie durch ein fortschrittliches ballistisches Feuerleitsystem, welches mit einem Laser-Entfernungsmesser, Tag-/Nachtvisieren sowie einem Wettersensormast verbunden war. Das Feuerleitsystem könnte durchaus Komponenten des britischen Chieftain enthalten, der geheim von den Iranern an Nordkorea weitergegeben wurde.

Der Typ I hatte die gleiche Nebenbewaffnung wie alle Chonma Ho: ein koaxiales 7,62-mm-MG und ein nach vorn gerichtetes schweres 14,5-mm-Fla-MG vom Typ KPV auf dem Turmdach. An den Turmseiten befanden sich jeweils zwei Vierfach-Nebelwerfer.

Die Panzerung entsprach im Prinzip der des Chonma Ho V. Er hatte hoch leistungsfähige Verbundpanzermodule

Pokpung Ho III
Pokpung Ho III war die ursprüngliche Bezeichnung der ersten Vorserie, aus der später der Songun Ho I entwickelt wurde.

Pokpung Ho IV

Die zweite Reihe der Vorserienfahrzeuge des Songun Ho I hieß zunächst Pokpung Ho IV. Dieser Panzer der Elitedivision Ryu Kyong-Su verfügt über eine schultergestützte Boden-Luft-Flugabwehrrakete, die hier auf dem Turmdach montiert wurde.

sowie IDZ-Reaktivpanzerkacheln vorn und seitlich am Turm und vorn an der Wanne. Die gepanzerten Seitenschürzen verliefen über die gesamte Länge des Laufwerks, die vorderen Elemente hatten vier lange, rechteckige Reaktivpanzerkacheln. Es wird vermutet, dass die Überlebensfähigkeit in etwa einem Schutz von 500 Millimetern Panzerstahl gegen ein aus 1.000 Metern abgefeuertes KE-Pfeilgeschoss mit Treibspiegel entspricht. Die Panzerfabrik Ryu Kong-su baute von 2002 bis 2007 insgesamt 250 Pokpung I. Die Elite-Panzerdivision 105. Seoul Ryu Kyong-Su des nordkoreanischen Heeres hatte die Mehrzahl davon erhalten.

POKPUNG HO II

Das Folgemodell, der Pokpung Ho II (auch Chonma-216), verfügte über eine stärkere Kanone. Es handelte sich um eine Kopie der 125-mm-Glattrohrkanone 2A46 L/48 aus den sowjetischen/russischen T-72 und T-90. Über die gleiche Waffe hatte bereits der Chonma Ho V verfügt.

Zur Aufnahme der neuen Kanone hatte der Pokpung Ho II einen neu gestalteten Turm mit einer besseren Verbundpanzerung. Einige Panzer dieser Version hatten auch die Kurzstrecken-Boden-Luft-Rakete 9K-32 Strela-2 (SA-7 Grail), die hier auf einer Drehzapfenlafette hinten auf dem Turmdach montiert war.

In der Folge wurden beim SMIB zwei weitere Versionen entwickelt. Sie wurden zunächst als Typ III und Typ IV bezeichnet, dann aber noch während der Entwicklungsphase in Songun Ho I und II umbenannt (siehe folgenden Abschnitt). Zwischen 2002 und 2011 baute Nordkorea insgesamt 260 Pokpung Ho I und II. Angesichts der Isolation Nordkoreas als „Schurkenstaat“ in der internationalen Weltordnung ist nichts über Exporte des Pokpung Ho bekannt.

Songun Ho

Der Songun Ho war die dritte Generation der in Nordkorea entwickelten und gebauten Kampfpanzer. Sein Name bedeutet „Militär zuerst“, benannt wurde er nach der Devise des früheren nordkoreanischen Führers Kim Jong-il, der von 1994 bis 2011 regierte. Der Panzer war auf eine vierköpfige Besatzung ausgelegt und eine Weiterentwicklung der Pokpung Ho I und II, die von 2002 bis 2011 gebaut wurden. Zu Beginn der Entwicklung des späteren Songun Ho wurden die ersten Versuchsfahrzeuge tatsächlich noch als Pokpung Ho III und IV bezeichnet. Die ersten Songun I bekam die Öffentlichkeit im Februar 2010 bei der jährlichen nordkoreanischen Militärparade in der Hauptstadt Pjöngjang neben den Pokpung Ho I und II zu sehen. Auch über diesen neuesten Kampfpanzer aus nordkoreanischer Produktion gibt es kaum zuverlässige Informationen.

SONGUN HO I

Der Songun Ho I ähnelte in vielen Aspekten noch dem Pokpung Ho II. Allerdings verfügte er doch über einige wesentliche Verbesserungen. So hatte der Songun Ho I überraschenderweise einen Turm aus Gussstahl in Form einer halben Birne wie der T-62. Das war eine Rückkehr zu der Form des Chonma Ho I aus den 1980er-Jahren. Allerdings zeigte sich auf den zweiten Blick, dass der Turm des Songun Ho I doch größer und tiefer war, um Platz für die größere Kanone zu schaffen. Bei dieser Waffe handelte es sich um die 125-mm-Glattrohrkanone 2A46 L/48 aus den sowjetischen/russischen T-72 und T-90.

Damit hatte er die gleiche Hauptbewaffnung wie sein Vorgänger, der Pokpung Ho II. Der neu geformte Turm hatte auch einen breiteren und längeren, rechteckigen

Turmerker, in dem sich vermutlich die Munition für die Kanone befand. Auch die Nebenbewaffnung blieb gegenüber den früheren Chonma Ho und Pokpung Ho unverändert: ein koaxiales 7,62-mm-MG und ein nach vorn gerichtetes schweres 14,5-mm-Fla-MG vom Typ KPV auf dem Turmdach. Das letztere war aber im Vergleich zum Pokpung Ho II weiter hinten auf dem Turmdach montiert. Auch der neue Panzer hatte wieder jeweils zwei vierrohrige Nebelwerfer in der Mitte der Turmseiten.

Auch die Panzerung entsprach der des Pokpung Ho II, also eine verbesserte modulare Verbundpanzerung. Allerdings waren die IDZ-Reaktivpanzerkacheln nun etwas anders angeordnet. Auf der Bugplatte der Wanne saßen vier Reihen (eine schräg, drei waagerecht angeordnet) mit vier bis sechs Reaktivpanzerkacheln. Vorn am Turm befanden sich sechs doppelreihige pfeilförmige Reaktivpanzerkacheln und vorn am Turmdach zwei Reihen dünnerer, waagerecht angebrachter Kacheln.

Der neue Panzer hatte gummierte und gepanzerte Seitenschürzen mit gerader Unterkante. Einige Fahrzeuge hatten auch vier lange, rechteckige Reaktivpanzerkacheln am vorderen Element der Seitenschürzen. Es gibt auch Fotos vom Songun Ho II, wo diese Seitenschürzen entfernt wurden.

SONGUN HO I

Baujahr	2009
Stückzahl	100
Gewicht	45,6 t
Länge (mit Rohr)	7,05 m
Breite	3,50 m
Höhe	2,00 m
Antrieb	V12-Dieselmotor mit 1.000 PS
Höchstgeschwindigkeit (Straße)	60 km/h
Besatzung	4 Mann
Panzerung	Verbundpanzerung + Reaktivpanzerung + Seitenschürzen
Hauptbewaffnung	125-mm-Glattrohrkanone 2A46 L/48
Kampfbeladung	40 Geschosse

SONGUN HO II

Der 2017 eingeführte Songun Ho II zeichnet sich besonders durch Verbesserungen der Tödlichkeit aus. Neben der 125-mm-Kanone und den zwei MGs hat der Typ II zwei weitere Waffensysteme.

Das erste davon ist eine in Nordkorea gebaute Kopie des sowjetischen Panzerabwehrlenkflugkörpers 9M113 Konkurs (Contest)/AT-5 Spandrel. Diese Waffe wurde aus dem Innenraum des Panzers bedient und saß oben auf dem Laser-Entfernungsmesser, der wiederum auf der Rohrblende montiert war. Die Nutzung dieser Waffe lässt darauf schließen, dass die 125-mm-Kanone keine Panzerabwehrlenkflugkörper abfeuern kann, für das sowjetische Original 2A46 L/48 ist dies Standard.

Beim zweiten zusätzlichen Waffensystem des Songun Ho II handelt es sich um zwei von außen zu bedienende, schultergestützte Kurzstrecken-Boden-Luft-Raketen 9K10 Igla-1 (Needle)/SA-16 Gimlet mit Infrarot-Suchkopf aus dem Jahr 1981, die hier rechts vorn oder hinten auf dem Turmdach sitzen.

Dazu gibt es weitere Merkmale, anhand derer sich der Songun Ho II vom Typ I und dem Pokpung Po II unterscheiden lässt, so neu gestaltete Kettenabdeckungen und Schlitze für die Motorkühlung. Von 2010 bis 2018 wurden in den nordkoreanischen Panzerfabriken 120 Songun Ho I und II gebaut.

Eine weitere Version des Songun Ho II war auf der Jahresparade 2017 erstmals zu sehen. Diese hatte das Startgerät für den AT-5 links auf dem Turm, das Startgerät für die SA-16 rechts hinten auf dem Turm und dazu ein doppeltes, von Schilden geschütztes MG oberhalb des Laser-Entfernungsmessers. Eine Quelle beschrieb diese Variante alternativ als Pokpung Ho IV.

Songun Ho II

Der hohe Turm des Songun Ho in der Form einer halben Birne unterscheidet ihn von seinen Vorgängern mit flacherem Turm. Dieser Typ II hat noch nicht die auf dem Turm montierten Panzerabwehrlenkflugkörper Contest und Needle, die eigentlich zu diesem Modell gehören.

K1-88

Im Jahr 1988 plante Südkorea, seine überholten Kampfpanzer M48A3K und M48A5K durch ein neues Modell zu ersetzen, das in etwa den zeitgenössischen Leopard oder Abrams entsprechen sollte.

General Dynamics für Korea entwickelte einen Typ, der dem XM1 Abrams ähnelte, aber leichter und kleiner war und nur über den 1.200 PS starken Motor Teledyne Continental AVCR-1790 aus dem Merkava III verfügte. Bei der Kanone handelte es sich um die 105-mm-Zugrohrkanone M68E1 aus dem Abrams, die in Lizenz als K68 produziert wurde. Der Panzer hatte ein Feuerleitsystem von Hughes Aircraft und einen Laser-Entfernungsmesser vom Typ Nd-YAG. Dazu kamen ein Wärmebildzielgerät für den Richtschützen und ein autonomes Panoramavisier, was bereits für eine Art „Hunter Killer“-Fähigkeit sorgte.

Der Prototyp wurde 1983 fertig, und die Produktion startete ab 1985 bei Hyundai. 1988 erfolgte die Einführung des Kampfpanzers unter der Bezeichnung K1-88. Ab 1999 wurde mit dem K1A1 eine verbesserte Version gebaut, ab 2012 folgte der K1A2.

VOM ABRAMS BEEINFLUSST

Die Wanne und der sechseckige Turm zeigen Ähnlichkeit mit dem Abrams, ebenso die spitz nach oben verlaufende Front und die fast flache Bugplatte, die in zwei Stufen ansteigende Wanne mit dem hochgezogenen Motorraum

Koreanische Soldaten auf ihrem Kampfpanzer K1-88. Der K1-88 ist auch heute noch bei den koreanischen Streitkräften im Dienst.

K1-88

Ein früher K1-88 in Wintertarnung. Auf der Kommandantenkuppel befinden sich ein schweres 12,7-mm-MG und ein leichtes 7,62-mm-MG. Die Staukästen dienen gleichzeitig als Käfigpanzerung.

und die starren, abnehmbaren Seitenschürzen zum Schutz des Laufwerks. Auf die stählerne Wanne und den Turm aus Panzerstahl sind Schichten einer speziellen Verbundpanzerung aufgeschweißt, die der Panzerung des Abrams stark ähneln. Die Staukästen an den Turmseiten dienen auch als Käfigpanzerung gegen Panzerabwehrgranaten und -flugkörper. Der aktive Schutz umfasst ein Laser-Warnsystem und zwei am Turm montierte Abschussgeräte für Nebel- und Splittergranaten. Jedoch ist kein ABC-Schutz vorgesehen. Zügige Fortbewegung garantiert der 1.200 PS starke MTU MB 871 Ka-501, der mit dem Getriebe ZF LSG 3000 für eine Höchstgeschwindigkeit von 65 km/h auf der Straße sorgt.

K1-88

Baujahr	1988
Stückzahl	1.027
Gewicht	51,9 t
Länge (mit Rohr)	9,67 m
Breite	3,60 m
Höhe	2,25 m
Antrieb	8-Zylinder-Dieselmotor MTU MB 871 Ka-501 mit 1.200 PS
Höchstgeschwindigkeit (Straße)	65 km/h
Besatzung	4 Mann
Panzerung	Gewalzter homogener Panzerstahl + Verbundpanzerung + Seitenschürzen
Hauptbewaffnung	105-mm-Zugrohrkanone KM68A1
Kampfbeladung	47 Geschosse

BEWAFFNUNG

Die voll stabilisierte 105-mm-Zugrohrkanone KM68A1 stand als Hauptbewaffnung zur Verfügung. Ein schweres 12,7-mm-MG K6 sowie ein 7,62-mm-MG M60D, jeweils montiert auf einer Drehzapfenlafette, und ein koaxiales 7,62-mm-MG M60E2-1 dienten als Nebenbewaffnung. Als Munition konnten Sprenggranaten, Splittergeschosse, Hohlladungsgeschosse und KE-Pfeilgeschosse mit Treibspiegel eingesetzt werden.

Das moderne Feuerleitsystem entsprach dem des Leopard 2, es erzielte eine Erstschuss-Trefferwahrscheinlichkeit von über 90 Prozent. Der Kommandant hatte aber kein Wärmebildgerät. Er musste sich ausschließlich auf seine Nachtsichtbrille verlassen. Das Wärmebildzielgerät für den Richtschützen (GPTTS) mit integriertem CO_2-Laser-Entfernungsmesser von Texas Instruments ersetzte in späteren Serienmodellen das ursprünglich genutzte Hughes-System.

Zwischen 1987 und 1998 baute Hyundai insgesamt 1.027 K1-88. Die Version K1 PIP verfügte serienmäßig über das Schutzniveau KSAP, das GPTTS und den CO_2-Laser-Entfernungsmesser. Mit dem Modernisierungspaket K1E1, das 2013 eingeführt wurde, soll der K1 auf den Standard des neueren K1A2 gebracht werden. Alle vorhandenen K1 sollen bis 2026 auf diesen Standard umgerüstet werden.

K1A1

Eine wesentliche Verbesserung stellte der ab 1996 gebaute K1A1 dar. Er hatte eine in Lizenz produzierte 120-mm-Glattrohrkanone KM256, die auf der Rheinmetall M256 L/44 basierte. Für die neue Kanone waren eine dickere Wärmeschutzhülle und Modifikationen am Turm und dem koaxialen MG notwendig. Auch das Feuerleitsystem, die Wärmebildzielgeräte und Stabilisierungsanlagen der Kanone wurden verbessert. Ein moderneres KSAP-System bot mehr Schutz. Das Panorama-Wärmebildgerät des Kommandanten wurde ausgetauscht, dazu kam noch ein besserer CO_2-Laser-Entfernungsmesser. Das Gewicht des Panzers erhöhte sich auf nunmehr 53,2 Tonnen.

K1A1

Baujahr	2001
Stückzahl	484
Gewicht	53,2 t
Länge (mit Rohr)	9,71 m
Breite	3,60 m
Höhe	2,25 m
Antrieb	8-Zylinder-Dieselmotor MTU MB 871 Ka-501 mit 1.200 PS
Höchstgeschwindigkeit (Straße)	65 km/h
Besatzung	4 Mann
Panzerung	Spezielle koreanische Verbundpanzerung (KSAP)
Hauptbewaffnung	120-mm-Glattrohrkanone KM256
Kampfbeladung	32 Geschosse

Bis 2010 wurden 484 K1A1 und K1A2 gebaut. Danach wurden die vorhandenen K1A1 Stück für Stück bis 2022 auf den Standard K1A2 modernisiert. Die letzte Version des K1A2 erschien gleichzeitig mit dem Modernisierungspaket K1E1 und war stark beeinflusst vom neuen K2 Black Panther.

Dieser wurde von 2008 bis 2010 auf der Grundlage des K1A1 PIP entwickelt, die Produktion startete 2012. Die Wanne erhielt einen Tiefwatschacht und ein automatisches Feuerleitsystem mit Freund-Feind-Kennung, Satellitennavigation, ein Trägheitsnavigationssystem INS, digitale Funkgeräte sowie bessere digitale Bildschirme für die Besatzung. Ein abstandsaktives Schutzsystem gegen Flugkörper und Raketen wurde ebenfalls installiert.

Zu den Sondermodellen zählt der Bergepanzer K1 ARV mit Kran, Winde und fester Räumschaufel. Er wurde von 1988 bis 1992 bei Krupp/Rheinmetall entwickelt und gebaut und 1993 erstmals eingesetzt. Der Brückenlegepanzer K1 hat ein System nach dem Scherenprinzip, das von Vickers Defence Systems entwickelt wurde. Weder der K1-88 noch einer seiner Nachfolger wurden allerdings je im Gefecht eingesetzt.

K1A1
Ein stark getarnter K1A1 bei einer Übung. Die veränderte Wärmeschutzhülle der 120-mm-Kanone und der neu gestaltete Turm werden durch die Tarnnetze verdeckt, aber die neue Mündungsbremse ist zu sehen.

K2 Black Panther
Ein K2 Black Panther im Jahr 2018 im Sommer-Tarnkleid. Man erkennt die lange 120-mm-Glattrohrkanone und die Staukästen am Turm, die auch als Käfigpanzerung dienen.

K2 Black Panther

Der K2 Heukpyo (Black Panther) war ein moderner, südkoreanischer Kampfpanzer der dritten Generation. Er wurde 1984 entwickelt und hat keinerlei ausländische Komponenten. Die Vorserienfahrzeuge wurden im Jahr 2006 erprobt, und 2007 lief die Produktion bei Hyundai an. Für den Antrieb sorgte ein 1.500 PS starker Dieselmotor der Doosan Infracore Corporation, der auf dem deutschen MTU-890 basierte.

Wegen anfänglicher Kinderkrankheiten wurde er erst 2014 bei der Truppe eingeführt. So erhielten die ersten 100 Panzer den ursprünglichen MTU-Motor aus dem K1. Mit diesem Motor erreichte der K2 eine Höchstgeschwindigkeit von 70 km/h auf der Straße.

In einer rekonfigurierbaren Kanonenwiege, die auch eine 140-mm-Kanone aufnehmen konnte, saß eine 120-mm-Glattrohrkanone L/55 von Hyundai, die eine Feuerfolge von zehn Schuss/min ermöglichte. Mit dem langen Rohr war eine Mündungsgeschwindigkeit von 1.400 m/sek möglich, was der Waffe mehr Präzision und Schlagkraft verlieh. Die Nebenbewaffnung umfasste ein schweres 12,7-mm-MG auf dem Dach und ein koaxiales leichtes 7,62-mm-MG.

Die Kanone konnte KE-Pfeilgeschosse mit Treibspiegel, Hohlladungsgeschosse und die speziell entwickelte koreanische KSTAM (Korean Smart Top-Attack Munition) abschießen. Diese schwebt mit Hilfe eines Fallschirms über dem Ziel ein und bekämpft es von oben. Die halbautonome Munition hat eine Reichweite von zwei bis acht Kilometern und trifft die meist deutlich empfindlichere Oberseite der feindlichen Panzer.

K2 BLACK PANTHER (ERSTES SERIENLOS)

Baujahr	2014
Stückzahl	241
Gewicht	55,0 t
Länge (mit Rohr)	10,00 m
Breite	3,17 m
Höhe	2,20 m
Antrieb	Dieselmotor MB-883 KA500 mit 1.500 PS
Höchstgeschwindigkeit (Straße)	70 km/h
Besatzung	3 Mann
Panzerung	Gewalzter homogener Panzerstahl + Verbundpanzerung + Reaktivpanzerung + Selbstschutzsystem + Seitenschürzen
Hauptbewaffnung	120-mm-Glattrohrkanone L/55
Kampfbeladung	40 Geschosse

SCHUTZSYSTEME

Der Kern der Wanne besteht aus mehreren Schichten aus verschweißtem, gehärtetem Stahl, abgedeckt durch eine Verbundpanzerung. Weiterhin hat der K2 Reaktivpanzerkacheln und Seitenschürzen. Bei Erprobungen hielt die Front 120-mm-KE-Pfeilgeschossen mit Treibspiegel aus jeder Entfernung stand. Das Koreanische Aktive Schutzsystem (KAPS) dient zur Abwehr von Flugkörpern, die es auffassen und bekämpfen kann. Ein 360°-Millimeterwellenradar und ein Wärmebildgerät erfassen zusätzlich Bedrohungen und zerstören eintreffende Panzerabwehrgranaten und - lenkflugkörper.

Dabei richtet das Laser-Warnsystem den Turm automatisch auf die Quelle der Zielbeleuchtung und verkürzt so die Reaktionszeit. Dazu verfügt das Millimeterwellenradar über ein Flugkörper-Warnsystem, das eintreffende Projektile ortet und dann automatisch Nebelgranaten und IR-Nebelgranaten abfeuert. ABC-Schutzsysteme und eine Brandunterdrückungsanlage sind serienmäßig vorhanden.

RADAR UND BEWAFFNUNG

Das Feuerleitsystem umfasst ein Millimeterwellenradarsystem verbunden mit einem Laser-Entfernungsmesser, einem Seitenwindsensor und einer Wärmebildkamera, die mehrere Ziele gleichzeitig bis zu einer Entfernung von 9,8 Kilometern erfassen kann.

Eine moderne Stabilisierung der Kanone und ein Verzögerungsmechanismus für den Auslöser verbessern das Feuer aus der Bewegung. Dazu kommen ein koreanisches Hauptvisier für den Richtschützen und ein koreanisches Panoramavisier für den Kommandanten, die einen Hunter-Killer-Modus ermöglichen. Das Gefechtsführungssystem kann die Kanone automatisch laden und abfeuern. So ist der Panzer auch noch kampfbereit, wenn nur der Fahrer überlebt hat.

Zusätzlich verfügt der K2 auch über ein C4I-Führungsinformationssystem, das den Austausch von Daten mit anderen Boden- und Luftsystemen ermöglicht und so die Koordination wesentlich verbessert. Ein GPS-Navigationssender und eine Freund-Feind-Kennung sind installiert, um Eigenbeschüsse auf ein Minimum zu reduzieren.

Eine 100-PS-Gasturbine von Samsung Techwin ermöglicht eine kurzzeitige Beschleunigung und den Betrieb der Führungssysteme bei ausgeschaltetem Motor. Dadurch reduzieren sich die thermische und die akustische Signatur und es spart Kraftstoff. Der K2 kann Steigungen von 60° erklimmen und knapp zwei Meter hohe, senkrechte Hindernisse überwinden. Mit dem Schnorchel kann er bis in vier Meter Tiefe waten. Eine hoch moderne hydropneumatische Federung (ISU) steuert jede Laufrolle separat. Dadurch kann sich die gesamte Wanne in fast jede Richtung neigen, was die Geschwindigkeit und Beweglichkeit verbessert und die Silhouette verkleinern kann.

NEUESTE ENTWICKLUNGEN

Die ersten 25 Vorserien-K2 wurden 2013 eingeführt. 2016 waren 241 von 390 bestellten K2 ausgeliefert. Bis zum Ende der 2020er-Jahre sollen es etwa 680 werden. 206 K2 sind derzeit an der Grenze zu Nordkorea im Einsatz.

Beim K2 PIP handelt es sich um ein Modernisierungspaket, mit dem seit 2016 die ältesten K2 ausgerüstet werden. Folgende Änderungen sind enthalten: Das semiaktive Federungssystem wird auf voll aktiv aufgerüstet und ein hochauflösendes Echtzeit-Geländeerfassungssystem unterstützt beim Durchqueren von schwierigem Gelände. Dazu gibt es ein moderneres KAPS-System gegen Flugkörper und zusätzliche Reaktivpanzerung aus nicht explosivem Material.

2007 erwarb die Türkei eine Lizenz für den Bau eines stark modifizierten K2 als Altay. Peru hat den K2 erprobt, aber anschließend kein Exemplar bestellt.

Ein K2 Black Panther während einer Übung bei Feuer aus der Bewegung. Er ist schwerer, hat einen stärkeren Motor und ist etwas schneller als der K1A1.

TYP 90

Der Typ 90 Kyu-maru ist ein japanischer Kampfpanzer der dritten Generation, der sich am M1 Abrams und am Leopard 2 orientiert. In Japan war er als Ablösung für die Typen 61 und 74 vorgesehen. Die ersten Spezifikationen für einen neuen Panzer wurden Mitte der 1970er-Jahre aufgestellt. Mitsubishi Heavy Industries entwickelte zusammen mit dem Technology Research and Development Institute (TRDI) des japanischen Verteidigungsministeriums den Prototypen TK-X, der von 1976 bis 1984 erprobt wurde.

Wie der Leopard 2 und der M1 Abrams hatte der neue Panzer die in Lizenz gebaute 120-mm-Kanone L/44 von Rheinmetall. Von 1986 bis 1988 wurde ein zweites Los mit Prototypen gebaut und erprobt. Die ersten 30 Serienfahrzeuge baute Mitsubishi 1990, daher auch die Bezeichnung Typ 90. Im folgenden Jahrzehnt wurden insgesamt 341 Typ 90 gebaut. Die wie beim Abrams schräg nach hinten ansteigende Wanne ist komplett verschweißt. Der Kern besteht aus hochwertigem japanischem Panzerstahl mit einer (noch geheimen) modularen Panzerung darauf, die aus Keramik, Stahl, einer Legierung und einer Verbundpanzerung besteht, die sich im Feld leicht austauschen lässt. Der Fahrer sitzt vorn links und hat drei Sehrohre mit einem zentralen Tag-/Nachtvisier, der Richtschütze im Turm hat eine einteilige Luke und ein Visier mit einem IR-Sichtgerät mit zehnfacher Vergrößerung und einem Entfernungsmesser.

Die Kommandantenkuppel hat ein Sehrohr mit einem Tagesvisier mit zehnfacher Vergrößerung. Die Form des Turms ähnelt dem des Leopard 2A1-A4. Es gibt einen kompletten ABC-Schutz und automatische Feuermelde- und Löschvorrichtungen für den Besatzungsraum und den Motorraum. Die Seiten der Wanne werden durch Schürzen geschützt, und die Turmfront kann Treffern anderer 120-mm-Kanonen aus Entfernungen bis zu 1.000 Metern standhalten.

TYP 90

Baujahr	1990
Stückzahl	341
Gewicht	50,5 t
Länge (mit Rohr)	9,76 m
Breite	3,43 m
Höhe	2,34 m
Antrieb	10-Zylinder-Dieselmotor Mitsubishi 10ZG32WT mit 1.500 PS
Höchstgeschwindigkeit (Straße)	70 km/h
Besatzung	3 Mann
Panzerung	Gewalzter homogener Panzerstahl + modulare Verbundpanzerung + Seitenschürzen
Hauptbewaffnung	120-mm-Glattrohrkanone Rheinmetall L/44
Kampfbeladung	39 Geschosse

Typ 90

Der Typ 90 besteht fast ausschließlich aus in Japan entwickelten und produzierten Systemen. Eine Ausnahme bildet die 120-mm-Kanone von Rheinmetall, die in Lizenz gebaut wird.

BEWAFFNUNG UND MUNITION

Die 120-mm-Kanone von Rheinmetall ist mit sämtlicher NATO-Munition kompatibel. Sie hat einen mechanischen Ladeautomaten von Mitsubishi mit Fördergurt, der im Turmheck sitzt, sodass der Panzer mit nur drei Mann Besatzung auskommt. Der gesamte hintere Raum im Turm ist für Munition vorgesehen, die zusätzlich noch von einer modularen Ausblasabdeckung geschützt wird. Die Nebenbewaffnung umfasst ein leichtes koaxiales 7,62-mm-MG und ein schweres 12,7-mm-Mehrzweck-MG Browning M2HB in einer Drehzapfenlafette auf dem Turmdach. An den Seiten des Turms sitzen zwei Reihen Nebelbecher, die weiteren Schutz bieten.

Die Feuerleitanlage ist seit dem ersten Serienmodell verbessert worden und hat nun einen Yttrium-Aluminium-Granat-Laser-Entfernungsmesser und einen 32-Bit-Ballistikrechner. Ein verbessertes Wärmebildgerät mit entsprechenden Displays ist ebenso vorhanden wie ein automatisches Verfolgungssystem und eine verbesserte Stabilisierung der Kanone. Es gibt auch ein Wärmebildgerät mit doppelter Zielverfolgung, das aber anscheinend keine Hunter-Killer-Fähigkeit hat.

Für die Fortbewegung sorgt ein 10-Zylinder-Zweitaktdieselmotor Mitsubishi 10ZG32WT mit 1.500 PS mit einem Automatikgetriebe Mitsubishi MT1500, was eine Beschleunigung von 0 auf 200 Meter in 20 Sekunden ermöglicht. Die Hybridfederung mit hydropneumatischen Elementen an den vorderen und hinteren Laufrollenpaaren macht den Panzer sehr beweglich. Die verbleibenden Laufrollen hängen an Drehstäben.

TYP 90 IM DIENST

Aufgrund der Produktion in Japan ist der Typ 90 im Vergleich zu NATO-Panzern recht teuer. Eine geplante Modernisierung wurde aufgrund von Haushaltsproblemen zurückgestellt. Stattdessen gilt die Priorität dem neuen Typ 10. Der Typ 90 ist noch bei der japanischen Fuji School Brigade und der 7. Panzerdivision in Hokkaido im Einsatz. Er hat jedoch nie an einem Gefecht teilgenommen und ist nie in Übersee eingesetzt worden. Dafür hat er an gemeinsamen Übungen im pazifischen Nordwesten der USA teilgenommen. Aufgrund des hohen Gewichts ist auch der Einsatz in Japan selbst eingeschränkt. Er kann nur zwei Drittel der japanischen Brücken überqueren, was seine taktische Beweglichkeit behindert.

VERSIONEN

Drei spezialisierte Versionen des Typ 90 wurden in kleiner Zahl gebaut. Der Typ 90 Dozer ist ein serienmäßiger Typ 90 mit einer Räumschaufel, der bei Pionieraufgaben unterstützen soll. Der Brückenlegepanzer vom Typ 90 ist eine seltene Spezialversion, die anstelle der Kanone über eine Scherenbrücke verfügt. Der Bergepanzer vom Typ 90 ist mit einem Hochleistungs-Hebegerät und einer Räumschaufel ausgestattet, um beschädigte Panzer auf dem Gefechtsfeld zu bergen.

Typ 90

Ein später Typ 90, erkennbar an den zwei Reihen zu drei Nebelwerfern. Die ersten Modelle hatten noch Vierfach-Nebelwerfer.

Typ 10 Hitomaru
Ein Hitomaru vom 5. Panzerbataillon der 5. Brigade der Nordarmee mit Zusatzpanzerung.

Typ 10

Der japanische Typ 10 Hitomaru-shiki sensa („Eins-Null") ist einer der fortschrittlichsten Kampfpanzer der Welt. Dieser Panzer der vierten Generation hat zahlreiche moderne Merkmale, darunter ein fortschrittliches C4I-Führungsinformationssystem. Mit seinen High-Tech-Merkmalen ist der Typ 10, der den Typ 74 der zweiten und den Typ 90 der dritten Generation ablösen soll, einer der teuersten Panzer der Welt. Seine Entwicklung begann Ende der 1990er-Jahre unter dem Projektnamen TK-X/MBT-X, während der damals neue Typ 90 gerade von den Bändern lief. Japan war überzeugt, dass seine Streitkräfte für die Kriegsführung des 21. Jahrhunderts einen noch moderneren Kampfpanzer benötigten. Der erste Prototyp stand 2008 auf den Ketten. Nach ausgiebigen Tests erhielt Mitsubishi im Jahr 2010 einen Vorserienauftrag über 13 Panzer. Die ersten fertigen Panzer wurden im Jahr 2012 eingeführt. Darauf folgten weitere Bestellungen, sodass es bis 2016 bereits 103 Exemplare waren.

TYP 10

Baujahr	2012
Stückzahl	103
Gewicht	48,0 t
Länge (mit Rohr)	9,49 m
Breite	3,24 m
Höhe	2,30 m
Antrieb	V8-Viertakt-Dieselmotor mit 1.200 PS
Höchstgeschwindigkeit (Straße)	70 km/h
Besatzung	3 Mann
Panzerung	Nanokristallstahl + modulare Verbundpanzerung + leichte modulare Verbundpanzerung + Seitenschürzen
Hauptbewaffnung	120-mm-Glattrohrkanone JSW L/44, L/50 oder L/55
Kampfbeladung	40 Geschosse

BEWAFFNUNG

Die Hauptbewaffnung des Typ 10 ist eine 120-mm-Glattrohrkanone von Japan Steel Works (JSW) mit Ladeautomat und austauschbaren Rohren in den Längen L/50 oder L/55. Diese Kanone ist stark beeinflusst von der Rheinmetall-120-mm-Kanone L/44, die JSW in Lizenz für den Typ 90 gebaut hatte. Die Kanone ist kompatibel mit allen 120-mm-NATO-Standardgeschossen und auch allen 120-mm-Geschossen der japanischen Streitkräfte (JGSDF). Dazu kann der Hitomaru ein neu entworfenes KE-Pfeilgeschoss mit Treibspiegel vom Typ 10 abfeuern, das nur von diesem Panzer verwendet werden kann.

Der Ladeautomat sitzt im Turmheck, das dadurch reichlich überdimensioniert wirkt. Unterstützt wird die Kanone durch viele tag- und nachtkompatible Panoramavisiere und Zieleinrichtungen. An der Spitze des Rohres sitzt ein Sensor für das Mündungsbezugssystem, der sich auf der rechten Seite befindet und jegliche Biegung im Rohr entdeckt und dann umgehend die Zielerfassung neu ausrichtet.

Als Nebenbewaffnung verfügt der Typ 10 über ein koaxiales 7,62-mm-MG vom Typ 74 und ein fernbedientes 12,7-mm-MG Browning M2HB auf dem Turmdach vor dem Platz des Kommandanten. An den Turmseiten befinden sich Nebelwerfer, die automatisch ausgelöst werden, wenn der Laser-Warnempfänger meldet, dass der Panzer von einem lasergesteuerten Flugkörper beleuchtet wird. Der Nebel verhindert die lasergesteuerte Zielerfassung durch den Flugkörper. Dazu gibt es einen starken Schutz vor Panzerabwehrgranaten und Hohlladungen.

Die Panzerplatten bestehen aus fortschrittlichem Nanokristall-Walzstahl mit einer optionalen modularen Zusatzpanzerung. Diese besteht entweder aus einem Keramik-Verbundmaterial oder einer leichten Verbundpanzerung. Beide können als zusätzlicher Panzerschutz an Wanne oder Turm angebracht werden.

Der Hitomaru verfügt über einen 1.200 PS starken, wassergekühlten 8-Zylinder-Viertakt-Dieselmotor mit einem stufenlosen Getriebe. Damit kann der voll beladen 48 Tonnen schwere Panzer eine Höchstgeschwindigkeit von 70 km/h vorwärts und rückwärts erreichen. Da er wesentlich leichter ist als der Typ 90, kann er 84 Prozent der Brücken Japans befahren und ist dort somit universell einsetzbar. Das Laufwerk hat eine aktive hydropneumatische Federung für die Fortbewegung im bergigen Gelände Japans. Mit diesem System können alle vier Ecken des Panzers je nach Gelände separat angehoben oder abgesenkt werden. Das erleichtert die Fortbewegung im unebenen Terrain und reduziert die Silhouette beim Bezwingen von Gebirgskämmen. Für Räumungseinsätze in urbaner Umgebung kann vorne ein Räumschild montiert werden. Mit dem fortschrittlichen C4I-Führungsinformationssystem ist eine direkte Kommunikation mit anderen Panzern und der unterstützenden Infanterie über das Netz der japanischen Streitkräfte möglich.

VERSION TYP 11

Der Bergepanzer vom Typ 11 ist die einzige Spezialversion des Typ 10. Rechts am Fahrzeug befindet sich ein großes Schwerlast-Hebegerät, mit dem beschädigte Typ 10 auf dem Gefechtsfeld geborgen werden können. Zur Selbstverteidigung verfügt der Panzer über ein schweres 12,7-mm-MG Browning M2HB. Er wurde aber nur in recht kleiner Zahl gebaut.

Seit 2014 bemüht sich die Türkei darum, den Hitomaru-Motor für ihren Kampfpanzer Altay in Lizenz zu bauen. Bislang ist sie aber an den strengen japanischen Exportgesetzen für Militärgüter gescheitert.

Stingray

Der Stingray ist ein flinker, luftverladebarer Panzer. Sein schlankes und agiles Design wird seinem Namen „Stachelrochen" durchaus gerecht. Er ähnelt den Familien der schnellen und leichten, luftverladebaren Panzern der HSTV/HIMAG-Reihe (1978–1982): Er hat die gleiche leichte, prismenförmige Wanne aus einer Aluminiumlegierung, aber eine konventionelle Drehstabfederung anstelle der hydropneumatischen Federung des HSTV.

Entwickelt wurde er zu Beginn der 1980er-Jahre als Privatinitiative von Cadillac-Gage (heute Textron Marine & Land Systems) für den Export, nicht als Konkurrent für den leichten Panzer M551 Sheridan der US-Streitkräfte. Letztlich wurden aber nur 106 Fahrzeuge nach Thailand exportiert. Um als Exportmodell wettbewerbsfähig zu sein, besaß der Stingray nicht alle fortschrittlichen Merkmale des HSTV und nutzte, wo immer es möglich war, vorhandene Komponenten anderer US-Panzer. Cadillac-Gage hat der Beweglichkeit und der Feuerkraft Priorität vor dem Panzerschutz gegeben. Der Stingray setzt daher auf seine Geschwindigkeit und Beweglichkeit im Gelände und soll Kampfpanzern entkommen oder ihnen ausweichen, anstatt sie zu bekämpfen.

Cadillac-Gage begann das Projekt 1983 und lieferte im Folgejahr den ersten Prototypen aus. Während der Vorführungen für den Exportmarkt begann man bereits mit der Weiterentwicklung. Der Stingray erhielt einen neuen Turm mit dem Drehkranz des M551 Sheridan und des M41 Walker Bulldog, um ihn als Ersatz für diese Panzer auf dem Überseemarkt zu positionieren.

TYPISCHE MERKMALE

Erkennbar ist der Stingray an der gut abgeschrägten Bugplatte. Die Fahrerluke sitzt im oberen Teil, und zwei Stufen folgen bis zum erhöhten Motorraum. Der in der Mitte befindliche Turm hat eine spitze Front und Seiten, die unten nach innen verlaufen, und hinten eine Turmbühne. An den Seiten sitzen zwei Reihen zu acht Nebelwerfern. Der Turm für die dreiköpfige Besatzung besitzt einen elektro-hydraulischen Antrieb, kann aber auch von Hand bedient werden. Die Steuereinheiten sind doppelt für den Kommandanten und den Fahrer ausgelegt. Sie verfügen auch über Tag-/Nachtvisiere. Das in zwei Achsen stabilisierte Tag-/Nacht-Wärmebildgerät des Richtschützen ist von Hughes Electronics. Es besteht nur ein minimaler Schutz gegen panzerbrechendes Feuer aus schweren 14,5-mm-MGs. Als optionales Extra wird allerdings eine Zusatzpanzerung angeboten.

Der Stingray verfügt über eine Version der 105-mm-Zugrohrkanone L7 von British Royal Ordnance mit sehr geringem Rückstoß, die NATO-kompatible Munition verschießen kann und mit zwei Achsen stabilisiert ist, aber von Hand beladen wird. Dazu hat der Stingray ein leichtes 7,62-mm-NATO-Standard-MG und ein 12,7-mm-Fla-MG Browning M2HB rechts auf dem Turmdach.

Zunächst war ein 535 PS starker Motor Detroit Diesel Allison 8V-92TA verbaut, aber das Serienmodell für die thailändische Armee erhielt dann einen wassergekühlten V8-Zweitakt-Turbodiesel mit 550 PS. Das Laufwerk hat sechs kleine Laufrollen mit Kettenspannrolle vorn und Kettenantriebsrad hinten sowie dreigleisige Stützrollen. Es gibt keine gepanzerten Seitenschürzen.

Die Königliche Thailändische Armee beschaffte 1987 106 Stingray, die zwischen 1988 und 1990 geliefert wurden. Weitere Bestellungen gab es nicht. Eine stark modifizierte Version, der Stingray AGS, trat auf dem Binnenmarkt an, aber es gab keine Exportaufträge. Der AGS Sheridan kombiniert die Wanne des Sheridan mit dem Turm des Stingray. Auch diese Variante blieb auf dem Binnenmarkt erfolglos.

STINGRAY II

Ende der 1990er-Jahre entwickelte Textron den neu gestalteten Stingray II. Dieser verfügt über ein moderneres digitales Feuerleitsystem und Zielerfassungssystem mit Hunter-Killer- und verbesserten Erstschlagfähigkeiten. Dazu gab es weitere Modernisierungen: ein Tag-/Nacht-Wärmebildzielgerät Raytheon HIRE, ein verbessertes Visier für den Kommandanten, GPS-Navigation, ein Laser-Warnsystem, ein Abgasnebelgenerator und eine bessere Beweglichkeit.

Auch die Panzerung wurde verstärkt und kann nun dem Feuer von panzerbrechenden 23-mm-Geschossen standhalten. Darüber hinaus gibt es ein besseres Zusatzpanzerungs-Kit, das in wenigen Stunden montiert werden kann und zusätzlichen Schutz gegen Panzerabwehrgranaten, Hohlladungen und Flugkörper bietet. Dieses Zubehör ist aber schwer und reduziert die Höchstgeschwindigkeit auf 66 km/h. Trotz der umfangreichen Verbesserungen ist der Stingray auf dem internationalen Exportmarkt bislang erfolglos geblieben.

STINGRAY

Baujahr	1984
Stückzahl	122
Gewicht	23,4 t
Länge (mit Rohr)	9,30 m
Breite	3,00 m
Höhe	2,70 m
Antrieb	Turbodiesel Detroit Allison 8V-92TA mit 535 PS
Höchstgeschwindigkeit (Straße)	70 km/h
Besatzung	4 Mann
Panzerung	Gewalzter homogener Panzerstahl, 14 – 25 mm
Hauptbewaffnung	105-mm-Zugrohrkanone L/7 mit geringer Geschwindigkeit
Kampfbeladung	32 Geschosse

Leichter Panzer Stingray

Seine dünne Panzerung kompensiert der Stingray durch seine hohe Geschwindigkeit, Beweglichkeit und die Feuerkraft seiner 105-mm-Zugrohrkanone.

Arjun

Der Arjun ist ein indischer Kampfpanzer der dritten Generation, benannt nach einem Helden aus dem Epos „Mahabharata“. Die Entwicklung begann schon 1972, aber die Serienfertigung lief erst 1996 an, da Indien überhaupt keine Erfahrung im Bau von Panzern hatte.

Zwei Prototypen wurden 1988 bis 1989 erprobt, zeigten aber beträchtliche Mängel. Sie wurden umfassend überarbeitet, erwiesen sich aber bei den nächsten Tests erneut als ungeeignet. Besonders bedenklich war eine Tendenz zur Überhitzung, die die Elektronik lahmlegte. Trotz der Mängel bestellte Indien 124 Arjun, von denen die ersten 16 im Jahr 2004 beim 43. Panzerregiment eintrafen. Verzögerungen in der Produktion, Leistungsprobleme und Kostenüberschreitungen bewogen Indien aber, von 2001 bis 2008 652 günstigere T-90S aus Russland zu kaufen und weitere 464 T-90S Bhishma in Lizenz zu bauen.

Mit 59,4 Tonnen ist der Arjun schwerer als die sonst in Indien benutzten Panzer aus der Sowjetzeit. Mit seiner 120-mm-Zugrohrkanone können KE-Pfeilgeschosse mit Treibspiegel, Sprenggranaten, Hohlladungsgeschosse und Quetschkopfgeschosse abgefeuert werden. Daneben hat er ein koaxiales 7,62-mm-MG und ein 12,7-mm-Fla-MG. Das ursprüngliche komplett digitale Feuerleitsystem von Sagem erwies sich bei der Hitze als unzuverlässig und wurde im zweiten Los durch ein in zwei Achsen stabilisiertes Feuerleitsystem ersetzt, das eine Erstschuss-Trefferwahrscheinlichkeit von über 90 Prozent aufwies.

Das fortschrittliche Gefechtsführungssystem ermöglicht die Vernetzung mit anderen Kampfpanzern. Turm und Bugplatte sind durch eine modulare Kanchan-Panzerung geschützt, die aus Verbundpanzerschichten zwischen Panzerstahl besteht. Der Arjun verfügt auch über Seitenschürzen. Ein elektromagnetisches Minenabwehrsystem kann bei Bedarf Schutz gegen Haftminen bieten. Eine reduzierte Signatur erschwert die Entdeckung des Panzers in allen Wellenbereichen.

Der Arjun verfügt über Laser-Entfernungsmesser und Echtzeit-Zielerfassung außerhalb der Sichtweite. Das Feuerleitsystem ist mit einem Radargerät auf dem Turm mit einem Raketenwarngerät und einer Radarwarnanlage

Ein Arjun bei einer Parade in Neu-Delhi. Der Turm ähnelt stark dem des Leopard, da auch deutsche Firmen an der Entwicklung beteiligt waren.

Arjun
Die innovative Kanchan-Modulpanzerung ist teilweise zu erkennen. Anscheinend ist hier neben dem 12,7-mm-Fla-MG noch ein leichtes MG auf der Kommandantenkuppel installiert.

verbunden. Dank seiner vier Laser-Warnempfänger kann der Arjun auch Hubschrauber abschießen. Der wassergekühlte 1.400-PS-Motor von MTU ist mit einem Renk-Getriebe gekoppelt und bietet eine Höchstgeschwindigkeit von 67 km/h.

ARJUN

Baujahr	1996
Stückzahl	248
Gewicht	59,4 t
Länge (mit Rohr)	10,19 m
Breite	3,84 m
Höhe	2,32 m
Antrieb	MTU-Motor mit 1.400 PS
Höchstgeschwindigkeit (Straße)	67 km/h
Besatzung	4 Mann
Panzerung	Gewalzter homogener Panzerstahl + Modul-Verbundpanzerung + Reaktivpanzerung + NERA-Reaktivpanzerung + Seitenschürzen
Hauptbewaffnung	120-mm-Zugrohrkanone
Kampfbeladung	39 Geschosse

MODERNISIERUNG

Der Arjun wurde 2007 in der Wüste erprobt und zeigte zahlreiche Mängel, besonders bei hohen Temperaturen. 2008 beschaffte Indien daher 347 russische T-90 und schloss einen Lizenzvertrag über weitere 1.000. Der Arjun hat unterdessen zahlreiche Modernisierungen erhalten. Besonders die schwierig zu wartenden, ausländischen Komponenten wurden durch indische ersetzt. 2013 waren 75 Prozent aller Arjun aufgrund defekter Teile nicht einsatzbereit. Es dauerte vier Jahre, die Einsatzbereitschaft wieder herzustellen. Zu den Modernisierungen zählen ein mobiles Tarnsystem zur Reduzierung der Signatur und ein fortschrittliches Laser-Warn- und -abwehrsystem, bestehend aus einem Laser-Warnsystem, einem Infrarot-Störgerät und einem Aerosol-Nebelwerfer. Die Kühlung wurde ebenfalls an Einsätze in der Wüste angepasst.

Damit wurde der Arjun wesentlich zuverlässiger. In einem Vergleich mit dem T-90 hat er sich ausgezeichnet geschlagen. Daher hat Indien 2010 ein zweites Los mit 124 Arjun sowie 118 modernisierte Arjun II bestellt. Daneben gab es Prototypen der 155-mm-Panzerhaubitze Bhim, ein 130-mm-Katapult, einen Brückenlegepanzer mit einer 26-m-Auslegerbrücke und den neuen EX, der ein Laufwerk des T-72 mit dem Turm des Arjun verbindet.

ARJUN II

Die Modernisierung des Arjun erreichte ihren Höhepunkt mit dem Arjun II, der zusammen mit israelischen Rüstungsfirmen entwickelt wurde. 13 größere Modifikationen steigerten den Schutz, die Feuerkraft und die Beweglichkeit. Die Erprobung der Prototypen begann im Jahr 2012. Der Arjun II soll 68 Tonnen wiegen und damit der schwerste Panzer der Welt werden. Unter diesem Gewicht leiden natürlich die Beweglichkeit im Gelände und die taktische Einsatzbereitschaft.

Wanne und Turm wurden umgestaltet und erhielten eine Kanchan-Verbundpanzerung. Eine neue wabenförmige Reaktivpanzerung aus nicht explosivem und nicht energetischem Material (NERA) sowie ein automatisches Brandschutzsystem wurden eingebaut. Dazu kamen vor Ort entwickelte Reaktivpanzermodule auf der Basis der Kontakt-5-Technologie aus dem T-90. Die Munition wird nun in speziellen Behältern gelagert, um die Überlebensfähigkeit der Besatzung zu erhöhen.

Der Arjun II hat moderne Laser-Warn- und -abwehrsysteme, die feindliche Sensoren täuschen können. Hauptbewaffnung bleibt die ursprüngliche 120-mm-Zugrohrkanone. Der Arjun II kann auch die israelischen LAHAT-Panzerabwehrlenkflugkörper verschießen und verfügt über bessere Wärmebildzielgeräte und Panoramavisiere sowie eine neue Hunter-Killer-Fähigkeit. Zudem wird für das Serienmodell ein stärkerer Turbodiesel Cummins QSK-38 mit 1.500 PS entwickelt.

MANNSCHAFTSTRANSPORT UND PANZERWAGEN

Die beherrschende Präsenz des Kampfpanzers auf dem Gefechtsfeld ist nur möglich dank der Unterstützung durch andere Kampffahrzeuge: Mannschaftstransportwagen und Panzerwagen wie auch Schützenpanzer.

DIESES KAPITEL UMFASST DIE FOLGENDEN FAHRZEUGE:

- BTR-70
- BTR-80
- BTR-94
- M113A3
- M1126
- M1128
- BvS 10 MK.I Viking
- FV430 Mk.III Bulldog
- Fuchs
- Pandur
- B1 Centauro
- Nurol Ejder
- Achzarit
- EE-9 Cascavel
- Typ 89
- Typ 90 und 92
- PL2
- VTT-323
- Typ 16
- Fahd 240/280

Kampfpioniere der 374th Engineer Company der US Army Reserve auf einem Mannschaftstransportwagen bei einer Übung in Fort Hunter Liggett, Kalifornien, im Jahr 2018.

WAGEN

BTR-70

Der BTR-70, ein flacher amphibischer 8x8-Mannschaftstransportwagen, war bei den sowjetischen Streitkräften von 1972 bis 1991 im Dienst und wurde danach in zwölf Folgestaaten der Sowjetunion eingesetzt. Die Sowjetunion baute zwischen 1972 und 1988 insgesamt 5.134 BTR-70 und exportierte 3.214 in vier andere Staaten. Gleichzeitig entstanden in Rumänien 1.100 modifizierte TAB-77. Heute gibt es in Russland nur noch 95 BTR-70D, aber 1.962 weitere Fahrzeuge werden in 27 Streitkräften anderer Nationen eingesetzt.

Der rund zwölf Tonnen schwere BTR-70 hatte eine dreiköpfige Besatzung und bis zu sieben Infanteriesoldaten an Bord. Angetrieben wurde er von zwei 115-PS-Ottomotoren. Bei Kämpfen in Afghanistan zeigte sich, dass diese bei Treffern zu explodieren drohten. Auf dem BTR-70 war ein kleiner, kegelförmiger Einmannturm mit einem schweren 14,5-mm-MG KPWT und einem koaxialen 7,62-mm-MG PKT montiert. Die nur sieben bis zehn Millimeter starken, verschweißten Platten aus Panzerstahl schützten die Besatzung lediglich vor Kleinwaffenfeuer.

Während der 1990er-Jahre dienten ukrainische BTR-70 bei den Friedenseinsätzen in Jugoslawien. Zeitgleich rüstete Russland 67 dieser Transportwagen mit Dieselmotoren und dem Panzerabwehrlenkflugkörper 9K112 Cobra (AT-8 Songster) zum BTR-70D-1 auf. Von 2001 bis 2004 wurden 97 ukrainische Fahrzeuge mit 300-PS-Dieselmotoren zu BTR-70D umgebaut.

Ferner rüstete Aserbaidschan zwischen 2011 und 2014 16 BTR-70 mit eigenen Dieselmotoren zu BTR-70M um. Einige davon erhielten den südafrikanischen „Lightning“-Turm. Von 2017 bis 2018 erhielten 22 Wagen in Belarus eine stärkere Panzerung, einen vor Ort gebauten 260-PS-Dieselmotor und einen veränderten Innenraum für acht Infanteristen. Ihr Gewicht lag bei 13 Tonnen.

BTR-70

Baujahr	1972
Stückzahl	unbekannt
Gewicht	12,0 t
Länge	7,50 m
Breite	2,84 m
Höhe	2,32 m
Antrieb	2 × V8-Dieselmotor GAZ-69B mit je 115 PS
Höchstgeschwindigkeit (Straße)	80 km/h
Besatzung	3 Mann (+ 7 Infanteristen)
Panzerung	Gewalzter homogener Panzerstahl, 7 – 12 mm
Hauptbewaffnung	Schweres 14,5-mm-MG KPWT und ein koaxiales 7,62-mm-MG PKT
Kampfbeladung	500 Geschosse

BTR-70
Dieser BTR-70 trägt den weißen Adler der Fallschirmjäger und diente von 1996 bis 1997 beim ukrainischen Spezialbataillon VDV 240 der NATO-geführten Stabilisationskräfte (SFOR) in Bosnien-Herzegowina.

BTR-70D-1 Cobra-K

Dieser modernisierte russische BTR-70D-1 Cobra-K aus dem Jahr 1988 hat eine dreifarbige Tarnung in Khaki/Oliv/Rotbraun und zwei Panzerabwehrlenkflugkörper AT-8 Songster auf dem Turmdach.

BTR-70D-1 COBRA-K

Baujahr	1996
Stückzahl	unbekannt
Gewicht	13,0 t
Länge	7,50 m
Breite	2,84 m
Höhe	2,32 m
Antrieb	V8-Dieselmotor KamAZ 7403 mit 260 PS
Höchstgeschwindigkeit (Straße)	92 km/h
Besatzung	3 Mann (+ 7 Infanteristen)
Panzerung	Gewalzter homogener Panzerstahl, 7 – 12 mm
Hauptbewaffnung	30-mm-Maschinenkanone 2A72, 2 x Panzerabwehrlenkflugkörper AT-8
Kampfbeladung	500 Geschosse

TAB-77

Baujahr	1977
Stückzahl	über 160
Gewicht	13,0 t
Länge	7,42 m
Breite	2,84 m
Höhe	2,32 m
Antrieb	2 x Dieselmotor Saviem 797-05M1 mit je 132 PS
Höchstgeschwindigkeit (Straße)	92 km/h
Besatzung	3 Mann (+ 8 Infanteristen)
Panzerung	Gewalzter homogener Panzerstahl, 7 – 12 mm
Hauptbewaffnung	Schweres 14,5-mm-MG KPWT und ein koaxiales 7,62-mm-MG PKT
Kampfbeladung	600 Geschosse

TAB-77

Der in Rumänien in Lizenz gebaute TAB-77 basiert in weiten Teilen auf dem BTR-70 und war 2007 auf dem ISAF-Einsatz in Afghanistan. Das merkwürdige Tarnmuster zeigt kleine olivfarbene Schnörkel auf einem dunklen Khaki-Grundton.

BTR-80

Der BTR-80 war ebenfalls ein flacher amphibischer 8x8-Mannschaftstransportwagen mit drei Mann Besatzung, von dem in der Sowjetunion 5.100 Stück zwischen 1986 und 1991 gebaut wurden. Im Prinzip handelte es sich um einen modifizierten BTR-70 mit Dieselmotor. Er wurde in neun Folgestaaten der Sowjetunion sowie in 27 anderen Staaten eingesetzt.

Ab 1992 wurden in Russland und in der Ukraine, aber auch in Ungarn, Rumänien und Nordkorea zahlreiche modernisierte Versionen gebaut. Der 13,6 Tonnen schwere Wagen hatte einen 260-PS-Dieselmotor, konnte sieben Soldaten an Bord nehmen und war durch acht bis 18 Millimeter dicken Panzerstahl geschützt. Der kegelförmige Turm trug ein 14,5-mm-MG KPWT und Nebelwerfer mit sechs Rohren. Einige Versionen hatten auch ein koaxiales 7,62-mm-MG. Der Schützenpanzer BTR-80A hatte die 30-mm-Maschinenkanone 2A72 statt des KPWT.

VERSIONEN

Seit 1993 sind in Russland 34 modernisierte Versionen als Umrüstung oder Neufahrzeuge erschienen, darunter die BTR-80M, -80S und -82, das ABC-Spürfahrzeug RKhM-4 und außerdem die Selbstfahrlafette 2S23 Nona-SVK mit dem 120-mm-Mörser 2A60 mit gezogenem Rohr.

BTR-80

Baujahr	1984
Stückzahl	über 5.000
Gewicht	13,4 t
Länge	7,65 m
Breite	2,90 m
Höhe	2,41 m
Antrieb	Dieselmotor KamAZ-7403 mit 260 PS
Höchstgeschwindigkeit (Straße)	90 km/h
Besatzung	3 Mann (+ 7 Infanteristen)
Panzerung	6 – 20 mm Frontbogen
Hauptbewaffnung	Schweres 14,5-mm-MG KPWT / 30-mm-Kanone 2A72
Kampfbeladung	400 Geschosse

BTR-80

2006 verkaufte die Ukraine 98 generalüberholte, ehemals ungarische BTR-80 an den Irak. Dieses Fahrzeug fuhr Patrouillen gegen Aufständische im Bezirk Wasit im Südosten von Bagdad.

BTR-80

Dieser ukrainische BTR-80, hier 2014 bei Kämpfen in „Neurussland" (den pro-russischen Bezirken in der Ostukraine), hat eine ungewöhnliche, zusätzliche Käfigpanzerung an den vorderen Seitenteilen der Wanne.

Der fortschrittliche BTR-82A, der seit 2013 in Russland gebaut wird, hat einen fernbedienten Waffenstand mit drei Waffen: eine 30-mm-Maschinenkanone, ein koaxiales MG und zwei Nebelwerfer mit je drei Rohren. Er hat auch eine Stahl-/Verbundpanzerung, eine Unterbodenpanzerung gegen Minen, einen fortschrittlichen Splitterschutz innen, ein GLONASS-Navigationssystem, neue Visiere und einen 300-PS-Motor. Von 2013 bis 2017 exportierte Russland 101 BTR-82A nach Kasachstan sowie 28 nach Syrien, im Paket mit 47 BTR-80.

BTR-82

Baujahr	2013
Stückzahl	204 (+ 129 Exportmodelle)
Gewicht	15,4 t
Länge	7,65 m
Breite	2,90 m
Höhe	2,80 m
Antrieb	Dieselmotor KamAZ 740.14-300 mit 300 PS
Höchstgeschwindigkeit (Straße)	100 km/h
Besatzung	3 Mann (+ 7 Infanteristen)
Panzerung	Gewalzter homogener Panzerstahl + Verbundpanzerung
Hauptbewaffnung	Schweres 14,5-mm-MG
Kampfbeladung	400 Geschosse

BTR-82

Der von 2012 bis 2018 in Russland gebaute BTR-82 war eine Ableitung des BTR-80 mit einem schweren 14,5-mm-MG.

Ukrainische Soldaten verlassen einen BTR-80 bei einer Übung während der Operation Rapid Trident in Jaworiw, Ukraine.

BTR-94

Von 1999 bis 2002 baute die Ukraine 50 BTR-94 für eine dreiköpfige Besatzung als Exportversion des sowjetischen BTR-80, von dem die Ukraine nach dem Zusammenbruch der Sowjetunion 456 Exemplare erhalten hatte. Jordanien kaufte alle 50.

Statt des Standardturms hatte der 14,2 Tonnen schwere BTR-94 den fernbedienten Waffenstand BAU-23x2, der von der Wanne aus gesteuert wurde. Dieser Waffenstand hatte eine 23-mm-Zwillingsmaschinenkanone und ein koaxiales 7,62-mm-MG sowie zwei Nebelwerfer mit je drei Rohren. Die Panzerung aus Panzerstahl und Verbundmaterial unterliegt der Geheimhaltung und wird ergänzt durch einen Kevlar-Splitterschutz für den Innenraum. Der BTR-94 hatte einen 300 PS starken V12-Dieselmotor und konnte eine komplette Infanteriegruppe mit zehn Soldaten aufnehmen. 2004 verschenkte Jordanien seine BTR-94 an den Irak, wo sie heute noch im Dienst bei der motorisierten Polizei stehen.

Von 2001 bis 2013 baute die Ukraine die modernisierte Exportversion BTR-3U. Dieser 16,7 Tonnen schwere Mannschaftstransportwagen konnte sechs Soldaten aufnehmen und hatte den fernbedienten Waffenstand für Afghanistan. Dieser verfügte über eine 30-mm-Kanone ZTM-1, ein 7,62-mm-MG, einen 30-mm-Granatwerfer und den Panzerabwehrlenkflugkörper 9K113 Konkurs. Auch andere Waffen können eingebaut werden. 519 BTR-3U wurden in sechs Staaten exportiert.

Außerdem baute die Ukraine zwischen 2009 und 2018 den modernisierten BTR-3E1. Dieser 16-Tonner für den Export hatte den Shturm-Waffenstand mit allen vier Waffen aus dem BTR-3, allerdings mit zwei ukrainischen Panzerabwehrlenkflugkörpern Barye statt dem Konkurs. Thailand hat 230 BTR-3E1 beschafft, weitere 22 sind noch bei der Ukraine im Einsatz.

BTR-94
Das Profil dieses BTR-94 der irakischen Polizei, hier im Jahr 2007 in einem dreifarbigen Tarnkleid, zeigt gut die Höhe des fernbedienten Waffenstands BAU-23x2.

BTR-94

Baujahr	1999
Stückzahl	50
Gewicht	14,2 t
Länge	7,65 m
Breite	2,90 m
Höhe	2,80 m
Antrieb	V12-Dieselmotor mit 300 PS
Höchstgeschwindigkeit (Straße)	85 km/h
Besatzung	3 Mann (+ 10 Infanteristen)
Panzerung	Gewalzter homogener Panzerstahl + Verbundpanzerung
Hauptbewaffnung	23-mm-Zwillingskanone ZU-23-2
Kampfbeladung	200 Geschosse

M113A3

Der amerikanische M113A3 wurde 1987 eingeführt und ist die neueste Version des M113. Mit 80.000 Exemplaren in zahlreichen Versionen ist der M113 bei 51 Streitkräften vertreten und war an zahllosen Konflikten beteiligt. Im Jahr 2018 gab es noch 5.800 M113 in US-Unterstützungseinheiten und 29.035 Exemplare bei anderen Streitkräften.

Der M113 von 1962 war ein 12,3 Tonnen schwerer, kastenförmiger Wagen auf Ketten mit Dieselmotor und zweiköpfiger Besatzung. Er konnte elf Soldaten transportieren, hatte ein schweres 12,7-mm-MG und eine Panzerung aus einer Aluminiumlegierung.

M113A3

Baujahr	1987
Stückzahl	59.928
Gewicht	12,5 t
Länge	5,30 m
Breite	2,69 m
Höhe	2,52 m
Antrieb	V6-Zweitakt-Dieselmotor Detroit 6V-53T mit 275 PS
Höchstgeschwindigkeit (Straße)	67 km/h
Besatzung	2 Mann (+ 11 Infanteristen)
Panzerung	Aluminiumlegierung, 13 – 44 mm
Hauptbewaffnung	Schweres 12,7-mm-MG M2HB Browning
Kampfbeladung	1.300 Geschosse

M113A3
Das kastenförmige Design des M113A3 ist an diesem Fahrzeug, das 2005 im Irak eingesetzt wurde, gut zu erkennen. Er hat eine zusätzliche Schottpanzerung und einen großen Schild für die Kanone.

M113A3
Dieser für den Ortskampf optimierte M113A3 trägt eine umfangreiche Käfigpanzerung. Zusätzliche Sehrohre am Turm sollen das Lagebild der Besatzung verbessern.

1987 erschien der modernisierte M113A3, gleichzeitig rüstete man die vorhandenen M113 auf diesen Standard auf. 59.928 M113A3 wurden bis 2012 gebaut. Die Schlittenlafette auf dem Dach konnte diverse Waffen aufnehmen, darunter ein 7,62-mm-MG oder ein 12,7-mm-MG. Dazu verfügte der M113A3 über einen Splitterschutz innen, ein besseres Getriebe, den stärkeren Motor 6V-53T und zwei externe Tanks hinten an der Wanne.

Von 2004 bis 2013 waren amerikanische M113A3 im Irak entweder mit einer Käfig- oder einer Zusatzpanzerung aus 25 Millimeter starken Stahlplatten ausgestattet. Die kanadischen TLAV (M113A3 mit einem schweren 12,7-mm-MG auf dem Turm und einem koaxialen 7,62-mm-MG), die von 2008 bis 2011 in Afghanistan eingesetzt wurden, erhielten ebenfalls eine Käfigpanzerung.

DER ISRAELISCHE ZELDA

Israel hat heute noch 5.787 M113/Zelda. Der zwischen 1973 und 1979 modernisierte M113 Zelda Toga hat die typische Toga-Zusatzpanzerung aus perforiertem Panzerstahl.

Auch andere Staaten haben Modernisierungen vorgenommen, um die Lebensdauer des M113 zu verlängern. Von 2012 bis 2017 rüstete Brasilien 251 M113A2 mit stärkeren Motoren auf den Standard A2 Mk.I auf. Ende 2018 begann Thailand, 34 M113A3 mit dem verbesserten Laufwerk N-2000 auszustatten.

Ein M113A3 auf Patrouille bei Ramadi im Zentral-Irak im Jahr 2004 mit Infanteriesoldaten des 1st Brigade Combat Team („Devil"). In dieser frühen Phase des Feldzugs hatten die M113A3 der Brigade noch keine Käfigpanzerung.

M113A3 TLAV

Die kanadische TLAV-Version mit fernbedientem Waffenstand im Irak (2010–2013). Dieser enthielt ein schweres MG sowie ein von innen bedienbares 7,62-mm-MG mit einem Schild auf der hinteren Wanne.

M113A3 TLAV

Baujahr	1987
Stückzahl	158
Gewicht	12,5 t
Länge	5,30 m
Breite	2,69 m
Höhe	2,52 m
Antrieb	V6-Zweitakt-Dieselmotor Detroit 6V-53T mit 275 PS
Höchstgeschwindigkeit (Straße)	64 km/h
Besatzung	2 Mann (+ 11 Infanteristen)
Panzerung	Aluminiumlegierung, 13–44 mm
Hauptbewaffnung	Schweres 12,7-mm-MG M2 in einem fernbedienten Waffenstand, 1x 7,62-mm-MG
Kampfbeladung	1.300 Geschosse

M113 ZELDA TOGA

Baujahr	1973
Stückzahl	über 500
Gewicht	12,5 t
Länge	5,25 m
Breite	3,10 m
Höhe	1,85 m
Antrieb	V6-Zweitakt-Dieselmotor Detroit 6V-53T mit 212 PS
Höchstgeschwindigkeit (Straße)	61 km/h
Besatzung	2 Mann (+ 11 Infanteristen)
Panzerung	Aluminiumlegierung, 13–44 mm
Hauptbewaffnung	Schweres 12,7-mm-MG M2HB Browning, 1x mittleres 7,62-mm-MG
Kampfbeladung	500 Geschosse

M113 Zelda Toga

Der israelische Zelda Toga hatte die ungewöhnliche perforierte Toga-Zusatzpanzerung. Diverse Geräte in Bündeln befinden sich auf der Bugplatte und auf dem Dach.

M1126

Das luftverladbare Infanterietransportfahrzeug M1126 Stryker wurde zwischen 1999 und 2002 entwickelt. Der 4x8/8x8-Wagen gehört zur Stryker-Familie der mittleren Panzerfahrzeuge. Das 17,2 Tonnen schwere, flache, kantige Fahrzeug kann eine komplette Infanteriegruppe von neun Soldaten aufnehmen. Es verfügt über den fernbedienten Waffenstand M151 Protector, der entweder mit einem schweren 12,7-mm-MG, einem 7,62-mm-MG M240 oder einem 30-mm-Granatwerfer Mk.19 bestückt werden kann. Dazu hat er fortschrittliche Zielerfassungssysteme und das digitale Kommunikationspaket FBCB2. Geschützt wurde der M1126 durch gehärtete Stahlplatten, die Kleinwaffenfeuer standhalten, verstärkt mit einer zusätzlichen verschraubten Keramik-Verbundpanzerung. Mit dem 347-PS-Dieselmotor erreicht er eine Höchstgeschwindigkeit von 100 km/h auf der Straße. 2012 verzeichneten die US-Streitkräfte 4.187 Exemplare der 17 Stryker-Versionen.

Kampferfahrungen im Irak und in Afghanistan führten zu werksseitigen Veränderungen bei 1.029 M1126 zwischen 2006 und 2017. 452 M1126-DVH erhielten einen doppelten, V-förmigen Unterboden gegen Minen und Sprengfallen, während 217 mit einer Käfigpanzerung ausgestattet wurden. Weitere 360 M1126-ECP hatten einen stärkeren 450-PS-Motor, ein besseres Fahrwerk und neue rechnergesteuerte Gefechtsführungssysteme. Fahrzeuge mit den DVH- und ECP-Modifikationen wurden als Stryker-1A bezeichnet.

Von 2016 bis 2018 erhielten 81 M1126 als XM1296 Dragoon eine stärkere Bewaffnung und wurden nach Deutschland verlegt, um wieder auflebende Bedrohungen aus Russland zu dämpfen. Sie verfügten über den Mittelkaliber-Waffenstand Kongsberg, auf dem die starke 30-mm-Maschinenkanone XM813 Mk.44 Bushmaster II mit Doppelgurtzuführung montiert war.

Ein Stryker M1126 der US Army verlässt 2002 eine C-17 Globemaster III auf dem Luftwaffenstützpunkt Andrews. Er hat 16 Nebelwerferrohre und ein schweres MG.

US-Soldaten der 25th Infantry Division besteigen im Jahr 2010 in Mossul einen mit Käfigpanzerung ausgerüsteten Stryker durch die Hecktüren. Sandsäcke sollen zusätzlichen Schutz bieten.

M1126 STRYKER

Baujahr	2002
Stückzahl	1.426
Gewicht	17,2 t
Länge	7,27 m
Breite	2,64 m
Höhe	3,12 m
Antrieb	V6-Dieselmotor Caterpillar 3126 mit 347 PS
Höchstgeschwindigkeit (Straße)	100 km/h
Besatzung	2 Mann (+ 9 Infanteristen)
Panzerung	Gewalzter homogener Panzerstahl + Verbundpanzerung + Käfigpanzerung
Hauptbewaffnung	Schweres 12,7-mm-MG M2HB
Kampfbeladung	2.000 Geschosse

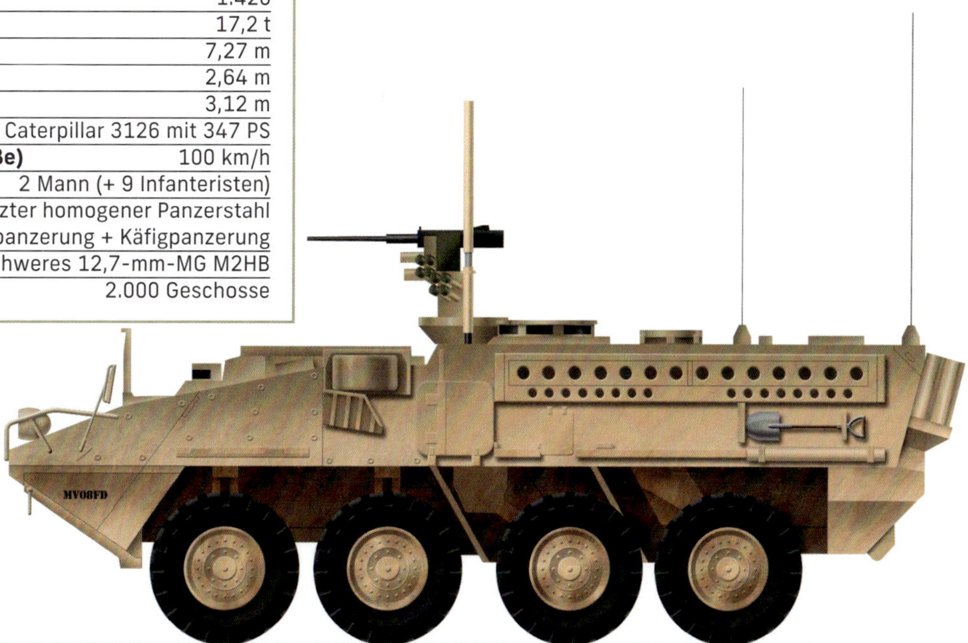

M1126 Stryker
Das Profil dieses Stryker zeigt die starke Ähnlichkeit mit dem Radpanzer MOWAG Piranha.

M1128 Stryker MGS

Das Profil des M1128 MGS zeigt die enorme Länge des unbemannten Turms mit der 105-mm-Kanone mit Ladeautomat. Die Kanone ist fast so lang wie das gesamte Fahrzeug.

M1128

Der ebenfalls luftverladbare und zur Stryker-Familie gehörende M1128 Mobile Gun System (MGS) ist ein hoch tödliches, mobiles 4x8/8x8-Geschütz für die Feuerunterstützung. Der M1128 wurde von 1999 bis 2007 entwickelt, und zwischen 2007 bis 2010 baute General Dynamics 142 Stück. Das 18,7 Tonnen schwere Fahrzeug hat eine dreiköpfige Besatzung und einen langen, schmalen, flachen Turm mit einem niedrigen Profil. In diesem Turm saß eine 105-mm-Zugrohrkanone M68A2 mit Autolader. Diese voll stabilisierte Kanone konnte bei einer Feuerfolge von sechs Schuss/min KE-Pfeilgeschosse mit Treibspiegel, Hohlladungsgeschosse und Quetschkopfgeschosse abschießen, von denen insgesamt 18 Schuss an Bord waren. Außerdem befanden sich auf dem Turm ein koaxiales 7,62-mm-MG, ein schweres 12,7-mm-MG auf einer Drehzapfenlafette und zwei Nebelwerfer M6 mit je vier Rohren. Die dünnen Panzerplatten aus gehärtetem Stahl boten Schutz vor Kleinwaffenfeuer, diese konnten bei Bedarf mit einer verschraubten Keramik-Verbundpanzerung ergänzt werden. Schutz im Innenraum boten ein Kevlar-Splitterschutz, der typische ABC-Schutz und eine automatische Brandunterdrückungsanlage.

M1128 STRYKER MGS

Baujahr	2002
Stückzahl	142
Gewicht	18,7 t
Länge (mit Rohr)	7,63 m
Breite	2,96 m
Höhe	3,31 m
Antrieb	V6-Dieselmotor Caterpillar 3126 mit 347 PS
Höchstgeschwindigkeit (Straße)	96 km/h
Besatzung	3 Mann
Panzerung	Gewalzter homogener Panzerstahl + Verbundpanzerung + Käfigpanzerung
Hauptbewaffnung	105-mm-Kanone M68A2 mit Ladeautomat
Kampfbeladung	18 Geschosse

Die bei den Kämpfen im Irak und in Afghanistan eingesetzten M1128 hatten auch eine Käfigpanzerung gegen Panzerabwehrgranaten und eine Klimaanlage. Mit dem 347-PS-Dieselmotor war der M1128 etwas langsamer als der wesentlich leichtere M1126. Vor der Einführung des M1128 hatte der Panzerjäger M1136 ATGM die taktische Rolle übernommen. Auf ihm waren zwei TOW-Flugkörperstartgeräte montiert.

BvS 10 Mk.I Viking

Der von 2001 bis 2005 bei BAE und Hägglunds entwickelte BvS 10 Mk.I Viking ist ein geschütztes Geländefahrzeug (ATV(P)) in vier Versionen: Mannschaftstransportwagen, Führungsfahrzeug, Berge- und Werkstattfahrzeug und Verwundetentransportfahrzeug.

Zwischen 2005 und 2008 erhielten die Royal Marines insgesamt 108 BvS 10. 33 gingen mit einer auffälligen Käfigpanzerung nach Afghanistan. Das vollamphibische Fahrzeug besteht aus zwei miteinander verbundenen Segmenten auf Ketten. Im vorderen Teil befinden sich der Fahrer und drei Soldaten, während in der hinteren Kabine entweder acht voll ausgerüstete Soldaten oder eine dreiköpfige Mörser-, MG- oder Panzerabwehrgruppe Platz findet.

BEWEGLICHKEIT IM GELÄNDE

Da der 260-PS-Motor seine Kraft auf alle vier Ketten überträgt, hat der BvS 10 eine ausgezeichnete Geländegängigkeit selbst auf Sand oder Schnee. Er funktioniert bei extremer Kälte genau so gut wie bei extremer Hitze. Das Fahrzeug hat dünne, aufgeschraubte Panzerstahlplatten, die vor Kleinwaffenfeuer schützen. Dazu verfügt es über einen Ring für einen fernbedienten Waffenstand. Dort können unter anderem ein schweres 12,7-mm-MG, ein 7,62-mm-MG oder ein Panzerabwehrlenkflugkörper montiert werden. Dazu gibt es zwei Nebelwerfer.

2006 und 2007 kaufte die niederländische Marineinfanterie 53 Mk.I. Von 2012 bis 2014 beschaffte Schweden 150 modernisierte Mk.II, die einen stärkeren Motor, einen besseren Schutz vor Minen und ein überarbeitetes Fahrwerk hatten. Großbritannien kaufte 22 Wagen vom Typ Mk.II sowie zwei Führungsfahrzeuge, während Frankreich 129 Mk.II beschaffte. Parallel modernisierte Großbritannien seine 99 Mk.I zum Standard Mk.II.

BVS 10 MK.I VIKING

Baujahr	2005
Stückzahl	464
Gewicht	8,5 t
Länge	7,60 m
Breite	2,34 m
Höhe	2,20 m
Antrieb	V6-Dieselmotor von Cummins mit 260 PS
Höchstgeschwindigkeit (Straße)	85 km/h
Besatzung	1 Mann (+ 6 – 11 Infanteristen)
Panzerung	Gewalzter homogener Panzerstahl
Hauptbewaffnung	Schweres 12,7-mm-MG M2HB Browning
Kampfbeladung	600 Geschosse

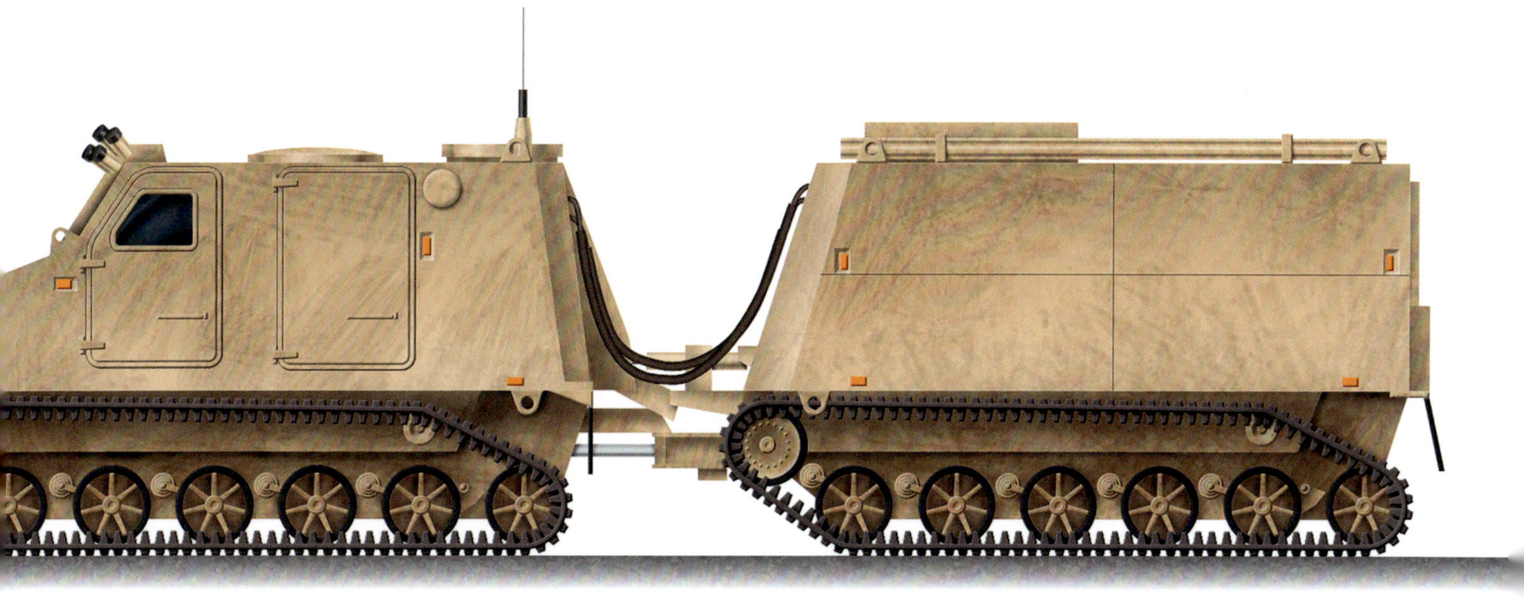

BvS 10 Viking

Sicherlich einer der merkwürdigsten Mannschaftstransportwagen: Dieser „doppelte" britische BvS 10 Mk.I Viking war im Jahr 2008 im sandfarbigen Wüstentarnkleid im südlichen Irak eingesetzt.

FV430 Mk.III Bulldog

Bei dem 2007 vorgestellten FV430 Mk.III Bulldog handelt es sich um eine dringende Modernisierung des überholten FV432, der sich im Irak und in Afghanistan als sehr angreifbar durch Sprengfallen, Minen und Panzerabwehrgranaten der Aufständischen erwiesen hatte. Seit 1963 waren 2.600 Mannschaftstransportwagen des FV432 (eine von acht Versionen) gebaut worden, von denen 2007 noch 1.485 im Dienst standen. Der FV432 war ein Wagen auf Ketten für eine zweiköpfige Besatzung und zehn Soldaten, der einen kastenförmigen Aufbau hatte. Nur durch dünne Panzerstahlplatten geschützt, hatte er ein 7,62-mm-MG L7 GMPG auf einer Drehzapfenlafette und einen 210-PS-Ottomotor oder einen 240-PS-Dieselmotor.

MODERNISIERUNG

Von 2007 bis 2011 rüstete BAE 600 Fahrzeuge auf den Standard Mk.III Bulldog hoch. Sie hatten nun eine Klimaanlage, pfeilförmige Reaktivpanzerkacheln von Rafael an den Seiten der Wanne sowie zusätzlich rechteckige Reaktivpanzerkacheln und eine Käfigpanzerung vorn an der Wanne. Dazu kamen kastenförmige, weit nach unten reichende gepanzerte Seitenschürzen und ein Warnsystem gegen Sprengfallen.

Auch der fernbediente Waffenstand war neu, entweder von Swarm oder Sampson, mit oder ohne Schutzschild, auf ihm war ein 7,62-mm-MG montiert. Fortschrittliche Zielerfassungskomponenten wie das Lageerfassungssystem (LSAS) von Thales und das digitale Kommunikationssystem von Bowman wurden eingebaut, ebenso wie ein stärkerer Dieselmotor K60 Mk.IV und eine neue Lenkung.

FV430 MK.III BULLDOG

Baujahr	2007
Stückzahl	600
Gewicht	15,3 t
Länge	5,25 m
Breite	2,80 m
Höhe	2,30 m
Antrieb	Dieselmotor Rolls-Royce K60 No.4 Mk.IV mit 240 PS
Höchstgeschwindigkeit (Straße)	52 km/h
Besatzung	2 Mann (+ 10 Infanteristen)
Panzerung	Gewalzter homogener Panzerstahl + Reaktivpanzerung + Käfigpanzerung + Seitenschürzen 7,6 – 12,7 mm
Hauptbewaffnung	7,62-mm-MG L7 GMPG
Kampfbeladung	1.600 Geschosse

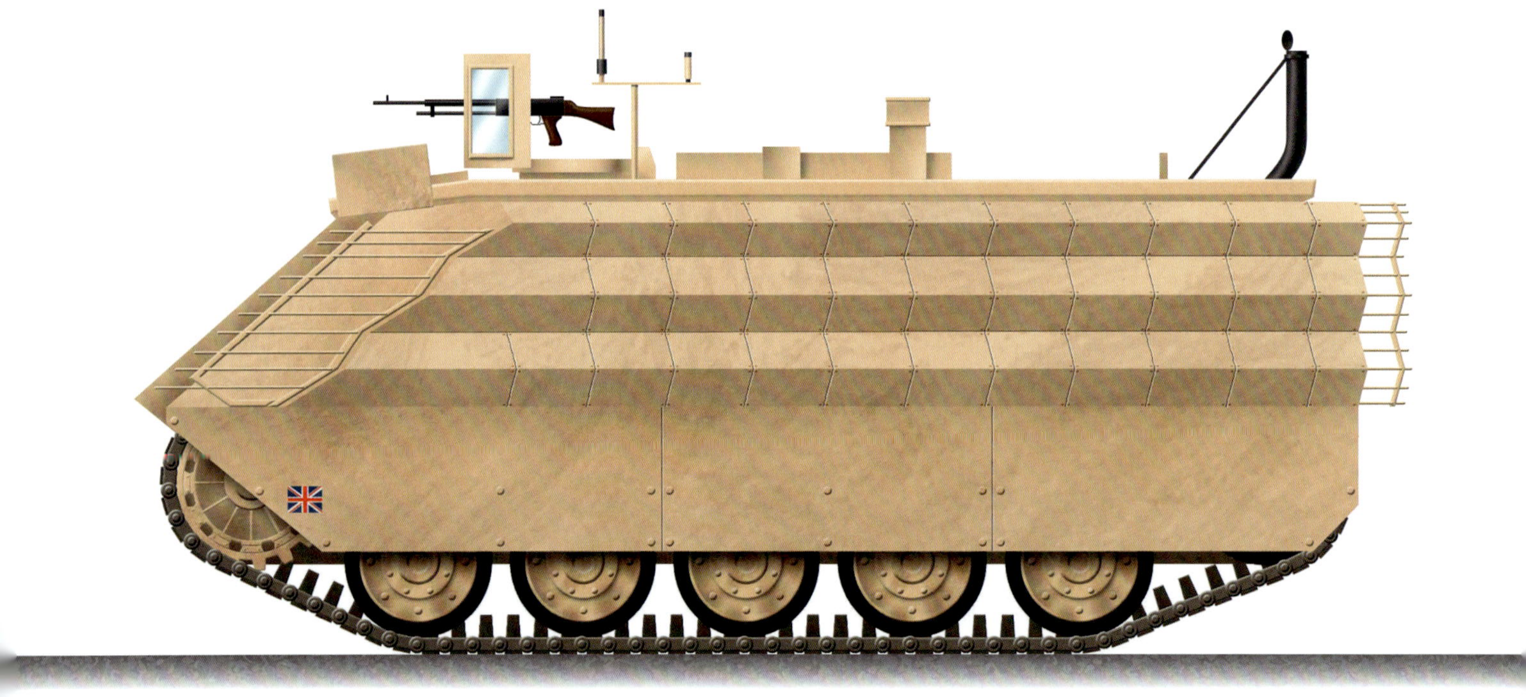

FV430 Mk.III Bulldog

Für den Einsatz im Irak wurden die alten britischen FV432 mit pfeilförmigen und rechteckigen Reaktivpanzerkacheln von Rafael, Käfigpanzerung und modularen Seitenschürzen ausgerüstet.

TPz Fuchs
Ein ABC-Spürpanzer Fuchs A1 der Bundeswehr beim ISAF-Einsatz der NATO 2004 in Afghanistan. An der Seite der Wanne sieht man die sechs 76-mm-Granatwerfer von Wegmann.

Fuchs

Der Transportpanzer Fuchs ist ein 6x6-Mannschaftstransportwagen der Bundeswehr. Von 1979 bis 2005 wurden 1.236 Exemplare für die Bundeswehr gebaut und 2.406 weitere in neun Staaten exportiert. Der Fuchs I verfügte über zwei 7,62-mm-MGs und sechs 76-mm-Granatwerfer. Einige Fahrzeuge hatten auch eine 30-mm-Kanone, einen Panzerabwehrlenkflugkörper MILAN oder ein schweres 12,7-mm-MG. Der 19 Tonnen schwere Radpanzer hatte einen 320-PS-Motor, der eine Höchstgeschwindigkeit von 105 km/h ermöglichte. Eine selbsttragende geschweißte Panzerwanne bot Schutz vor Kleinwaffenfeuer.

FUCHS II

Baujahr	2007
Stückzahl	1.000 (geplant)
Gewicht	23,0 t
Länge	6,83 m
Breite	3,04 m
Höhe	2,54 m
Antrieb	V6-Dieselmotor MTU TE20 mit 456 PS
Höchstgeschwindigkeit (Straße)	100 km/h
Besatzung	2 Mann (+ 9 Infanteristen)
Panzerung	Gewalzter homogener Panzerstahl, 8 mm
Hauptbewaffnung	7,62-mm-MG MG3
Kampfbeladung	1.000 Geschosse

KAMPFWERTSTEIGERUNGEN

Es gibt diverse Zusatzpanzerungssätze. Der Mannschaftstransportwagen kann zehn Soldaten befördern. Zu den Spezialversionen gehören Pionier-, Bombenräum-, ABC-Spür- und EloKa-Fahrzeuge. Der ABC-Spürpanzer M93/M93A1 Fox der US Army nahm 2003 an der Invasion im Irak teil, während der Fuchs I Einsätze im Kosovo und in Afghanistan hatte.

Der ab 2007 gebaute Fuchs II ist größer, mit einem stärkeren 456-PS-Dieselmotor und einem besseren Schutz vor Sprengfallen und ABC-Bedrohungen. Bei der Bewaffnung gab es folgende Optionen: ein Turm E8 mit einem 7,62-mm-MG und entweder einem Panzerabwehrlenkflugkörper oder einer 30-mm-Kanone oder ein fernbedienter Waffenstand Typ 609 mit einem schweren 12,7-mm-MG oder einem 40-mm-Granatwerfer.

Der amphibische Fuchs II wog 23 Tonnen und hatte Platz für neun Infanteriesoldaten. Die Wanne schützt vor 7,62-mm-MG-Feuer, eine Zusatzpanzerung bietet Schutz gegen panzerbrechende Geschosse bis 30 Millimeter. Es sollen 1.000 Fahrzeuge gebaut werden. Die Vereinigten Arabischen Emirate haben 32 ABC-Spürpanzer Fuchs II erhalten, auch Kuwait und Algerien beschaffen ihn.

Pandur

In den 1980er-Jahren wurden in Österreich mehr als 2.500 6x6-Radpanzer Pandur gebaut. Mit zwölf Soldaten an Bord erreichte er eine Höchstgeschwindigkeit von 105 km/h und verfügte über ein schweres 12,7-mm-MG. Stahlplatten boten Schutz vor Kleinwaffenfeuer, eine Zusatzpanzerung auch gegen Minen und panzerbrechende Munition.

Es gibt zwölf Versionen, darunter ein Fla-Panzer mit 20-mm-Zwillingsflak, ein Aufklärungspanzer mit 25-mm-Kanone und ein Feuerunterstützungsfahrzeug mit 90-mm-Kanone. Österreich besaß 224 Mannschaftstransportwagen, 45 Aufklärungspanzer mit 30-mm-Mauser-Kanone und 40 Jagdpanzer mit HOT-4000-Flugkörpern. 700 gingen an die NATO. 1996 kaufte Kuwait 70 Mannschaftstransportwagen Pandur mit der stärkeren 30-mm-Bushmaster-Kanone. Slowenien hat das Fahrzeug in Lizenz produziert.

PANDUR II

PANDUR II	
Baujahr	2007
Stückzahl	273
Gewicht	22,2 t
Länge	7,36 m
Breite	2,69 m
Höhe	2,08 m
Antrieb	Dieselmotor Cummins ISC 350 mit 285 PS
Höchstgeschwindigkeit (Straße)	100 km/h
Besatzung	2 Mann (+ 12 Infanteristen)
Panzerung	Gewalzter homogener Panzerstahl + Zusatzpanzerung 6 – 14 mm
Hauptbewaffnung	Schweres 12,7-mm-MG
Kampfbeladung	1.100 Geschosse

Der Pandur II ist ein kampfwertgesteigerter 8x8-Wagen für den Export mit einem MG und Platz für zwölf Soldaten. Er ist in einer Hercules luftverladbar. Die portugiesische Version hat eine Zusatzpanzerung gemäß STANAG 4569 Stufe IV. Es wurden 190 Fahrzeuge gebaut, darunter sieben Schützenpanzer mit einem 12,7-mm-MG in einem fernbedienten Waffenstand und 30 mit einer 30-mm-Kanone.

Die tschechische Version verfügt über eine Rafael-Zusatzpanzerung und einen verstärkten Unterboden gegen Minen. 96 der tschechischen Schützenpanzer haben eine 30-mm-Kanone in einem fernbedienten Waffenstand und zwei 76-mm-Granatwerfer mit je vier Rohren. 93 Mannschaftstransportwagen haben ein fernbedientes 12,7-mm-Mini-Samson-MG. Von dem in Slowenien in Lizenz gebauten KOV Krpan Pandur II gibt es die Schützenpanzerversion X8 Krpan mit einer 105-mm-Kanone in einem HITFACT-Turm von OTO Melara.

Pandur II

Pandur II, ein 8x8-Mannschaftstransportwagen aus Österreich. Dieses Versuchsfahrzeug wurde 2007 von den tschechischen Streitkräften erprobt. Nach der erfolgreichen Erprobung wurde das Fahrzeug 2012 beschafft.

B1 Centauro

Jagdpanzer B1 Centauro mit einer kreiselstabilisierten 105-mm-Kanone OTO Melara L/52 mit geringem Rückstoß und einer verschraubten Zusatzpanzerung.

B1 Centauro

Der Radpanzer Centauro wurde Mitte der 1980er-Jahre in Italien gebaut. Nach dem Serienanlauf 1991 entstanden etwa 600 Stück. Hauptwaffe des Centauro ist die kreiselstabilisierte 105-mm-Kanone OTO Melara L/52 mit einem geringen Rückstoß, die Sprenggranaten, panzerbrechende Geschosse, Sprenggranaten mit Splitterwirkung, Hohlladungsgeschosse und KE-Pfeilgeschosse mit Treibspiegel verschießen kann. Die Nebenbewaffnung umfasst zwei oder drei 7,62-mm-NATO-MGs: eines koaxial, eines auf dem Dach in einer Drehzapfenlafette und optional eines in einer Drehzapfenlafette auf der Kommandantenluke. Das rechnergesteuerte Feuerleitsystem hat stabilisierte Visiere, ein Wärmebildgerät, einen Laserentfernungsmesser und Nachtvisiere.

PANZERUNG

Die Wanne des Centauro aus verschweißtem Stahl kann panzerbrechenden 14,5-mm-Geschossen standhalten. Eine verschraubte Zusatzpanzerung bietet Schutz gegen panzerbrechende Geschosse bis zu 30 Millimeter. Mit zwei Vierfach-Nebelwerfern und einem Laser-Warnempfänger wird der aktive Schutz vervollständigt. Der 520 PS starke Turbodiesel ermöglicht eine Höchstgeschwindigkeit von 108 km/h auf der Straße.

B1 CENTAURO

Baujahr	1991
Stückzahl	550
Gewicht	25,0 t
Länge (mit Rohr)	7,85 m
Breite	2,94 m
Höhe	2,73 m
Antrieb	6-Zylinder-Turbodiesel Iveco Fiat MCTA mit Ladeluftkühler und 520 PS
Höchstgeschwindigkeit (Straße)	108 km/h
Besatzung	4 Mann
Panzerung	Gewalzter homogener Panzerstahl und zusätzliche Verbundpanzerung 15 – 30 mm
Hauptbewaffnung	Kreiselstabilisierte 105-mm-Kanone OTO Melara L/52 mit geringem Rückstoß
Kampfbeladung	40 Geschosse

Es gibt diverse Versionen des Centauro, unter anderem eine extrem leichte 155-mm-Panzerhaubitze L/39, ihre Geschosse erreichen eine Entfernung von bis zu 60 Kilometern. Der Schützenpanzer Freccia ist ein aufgerüsteter Centauro mit einem besseren Hitfist-Plus-Turm, zwei Spike-Panzerabwehrlenkflugkörpern und Platz für acht Infanteriesoldaten. Beim Prototypen Draco handelt es sich um einen Flugabwehrpanzer, der 76-mm-DART-Munition verschießt.

Italien exportierte 238 Centauro nach Jordanien, Oman und Spanien und setzte ihn selbst bei den Friedenseinsätzen in Bosnien-Herzegowina und Somalia ein. Auch im Irak-Krieg wurde der Centauro 2003 eingesetzt, und spanische und italienische Fahrzeuge dienen bei UNIFIL im Libanon.

Nurol Ejder

Der Ejder („Drache“) ist ein 6x6-Mannschaftstransportwagen der türkischen Firma Nurol. Der Prototyp basiert auf dem erfolglosen Nurol RN 94 aus den 1990-Jahren und wurde 2007 fertiggestellt. Georgien bestellte bereits 2008 72 Ejder, die im folgenden Jahr ausgeliefert wurden. In der Standardausführung verfügt der Ejder über ein fernbedientes leichtes 7,62-mm-MG in einem Turm und einen automatischen 40-mm-Granatwerfer.

Alternativ gibt es einen fernbedienten Waffenstand mit einem schweren 12,7-mm-MG, eine 25-mm-Kanone oder eine 90-mm-Kanone. Die voll verschweißte Wanne bietet Panzerschutz gemäß STANAG 4569 Stufe I-IV, während der V-förmige Boden vor Minen und Sprengfallen schützt. Neben einer modularen Zusatzpanzerung gibt es optional einen zusätzlichen Rüstsatz gegen Minen und Sprengfallen. Dazu ist eine automatische Brandunterdrückungsanlage installiert, auf Wunsch mit einem ABC-Schutzsystem.

Mit dem 402-PS-Turbodiesel von Cummins und dem Allison-Automatikgetriebe ist der Ejder ein schnelles, agiles Geländefahrzeug mit einer Watfähigkeit von 1,9 Metern. Er kann 60 Zentimeter hohe Hindernisse überwinden und Steigungen von 70 Prozent bewältigen. Mit 18 Tonnen Gewicht erreicht der Ejder eine Höchstgeschwindigkeit von 110 km/h. Er ist vollamphibisch und luftverladbar.

Ein 6x6-MTW Ejder der georgischen Streitkräfte bei einer Übung in Tbilisi.

NUROL EJDER

Baujahr	2008
Stückzahl	90
Gewicht	18,0 t
Länge	7,05 m
Breite	2,69 m
Höhe	2,40 m
Antrieb	Cummins-Dieselmotor mit 402 PS
Höchstgeschwindigkeit (Straße)	110 km/h
Besatzung	2 Mann (+ 10 Infanteristen)
Panzerung	Gewalzter homogener Panzerstahl + modulare Zusatzpanzerung
Hauptbewaffnung	7,92-mm-LMG + 40-mm-Granatwerfer
Kampfbeladung	2.100 Schuss für das MG

Ejder

Der Ejder ist modular aufgebaut und bietet zahlreiche Versionen: einen Schützenpanzer, ein Aufklärungsfahrzeug, einen Lenkflugkörperträger, ein Sanitätsfahrzeug, einen Mörserträger und ein Berge-/Pionierfahrzeug.

Achzarit

Der Achzarit („Der Grausame“) ist ein israelischer Mannschaftstransportwagen von 1988. Von sowjetischen T-54/T-55, die während des arabisch-israelischen Kriegs erbeutet wurden, wurde der Turm entfernt und die Wanne zu einem Transportraum für elf Soldaten umgebaut, mit Hecktür und Rampe.

Der Achzarit verfügt über drei fernbediente 7,62-mm-MGs, eines in einem Überkopf-Waffenstand von Rafael auf der Kommandantenkuppel und zwei hinten auf dem Dach. Dazu gibt es einen Nebelwerfer. Einige dieser Fahrzeuge haben einen fernbedienten Waffenstand von Samson mit einem schweren 12,7-mm-MG. Insgesamt wurden 250 Panzer umgebaut.

Über der originalen Panzerung hat der Achzarit eine Reaktivpanzerung. Zusätzliche Reaktivpanzermodule an den Seiten schaffen eine Verbundpanzerung von bis zu 200 Millimetern Stärke. Das Dach ist mit Reaktivpanzerkacheln verstärkt, das Heck mit gepanzerten Gitterplatten. Der Achzarit hat ABC-Schutz und eine automatische Brandunterdrückungsanlage. Der 650-PS-Motor ist etwas schwach für das Kampfgewicht.

Zu den Spezialversionen zählen ein Sanitätsfahrzeug, das „Aquarium“ mit einer Kuppel aus Panzerglas, die kugelsichere „Hundehütte“ für den Ortskampf, der Bergepanzer HATAP mit Winde und Räumschaufel und der experimentelle Schützenpanzer RCWS-30 mit einer fernbedienten 30-mm-Maschinenkanone. Der Achzarit II von 2010 hat einen stärkeren Motor und einen kugelsicheren Glasturm zum Schutz der Kommandantenkuppel.

Der Achzarit findet sich bei der israelischen Givati-Brigade und wird derzeit in Judea, Samaria und Gaza eingesetzt. Er war auch an der Operation Regenbogen und am Gaza-Konflikt beteiligt.

ACHZARIT II

Baujahr	1988
Stückzahl	250
Gewicht	40,0 t
Länge	6,20 m
Breite	3,60 m
Höhe	2,00 m
Antrieb	NIMDA-Dieselmotor mit 650 PS
Höchstgeschwindigkeit (Straße)	65 km/h
Besatzung	3 Mann (+ 7-11 Infanteristen)
Panzerung	Gewalzter homogener Panzerstahl + Verbundpanzerung + Reaktivpanzerung 20 – 200 mm
Hauptbewaffnung	3 x fernbediente 7,62-mm-MGs
Kampfbeladung	3.000 Geschosse

Achzarit Mark II
Der Achzarit Mark II mit stärkerem Motor. Dieses Fahrzeug hat drei leichte MGs, davon eines in einem fernbedienten Waffenstand von Rafael.

Achzarit „Aquarium“
Er hat seinen Namen von dem kugelsicheren Waffenstand aus Panzerglas, der oben über eine Luke verfügt.

EE-9 Cascavel

Der EE-9 Cascavel („Klapperschlange") ist ein brasilianischer 6x6-Radpanzer von Engesa auf der Basis des M8 Greyhound. Er wurde in sechs Versionen gebaut. Der Cascavel I von 1974 wog 13,4 Tonnen, hatte die 37-mm-Kanone des M8, eine Panzerung von sechs bis zwölf Millimetern, einen 158-PS-Dieselmotor und eine Boomerang-Aufhängung der doppelten Hinterachse. Damit war er 90 km/h schnell. Der Cascavel II hatte eine 90-mm-Kanone und ein automatisches Getriebe. Der Cascavel III aus den 1980er-Jahre hatte eine stärkere 90-mm-Kanone aus Belgien und einen neuen 212-PS-Dieselmotor, der nun 100 km/h ermöglichte.

Die Nebenbewaffnung umfasste ein koaxiales 7,62-mm-MG und ein optionales schweres 12,7-mm-MG, beide von Browning, in einer Drehzapfenlafette. Der Cascavel IV teilte sich mehr Komponenten mit dem EE-11 Urutu, unter anderem den 230-PS-Motor, der für 110 km/h gut war. Der Cascavel V hatte einen Dieselmotor von Mercedes-Benz

CASCAVEL III	
Baujahr	1980
Stückzahl	2.407 (alle Versionen)
Gewicht	13,4 t
Länge (mit Rohr)	5,20 m
Breite	2,64 m
Höhe	2,68 m
Antrieb	Dieselmotor Detroit 6V-53N mit 212 PS
Höchstgeschwindigkeit (Straße)	100 km/h
Besatzung	3 Mann
Panzerung	Gewalzter homogener Panzerstahl, 6 – 12 mm
Hauptbewaffnung	90-mm-Cockerill-Kanone
Kampfbeladung	44 Geschosse

Cascavel III

Ein kampfwertgesteigerter Cascavel III mit der tödlicheren belgischen Cockerill-Kanone und einem stärkeren Motor. Mit der Kanone hat er eine enorme Durchschlagskraft.

Cascavel Gordo

Der Cascavel II Gordo („Fette Klapperschlange") trägt seinen Spitznamen wegen des breiteren Turmdrehkranzes für die 90-mm-Kanone DEFA D-921. Er wurde in vier Staaten exportiert.

mit 190 PS. Der von Equitron modernisierte Cascavel MX-8 hatte einen MTU/Mercedes-Turbodiesel mit 300 PS, eine reduzierte Wärmesignatur, neue Nachtsicht-/Zielerfassungsgeräte, mehrere Entfernungsmesser und zwei Lenkflugkörper-Startgeräte.

Insgesamt wurden 2.407 Cascavel gebaut. Brasilien beschaffte 600 Fahrzeuge und exportierte 1.300 weitere in 23 Staaten, darunter Kolumbien (120), Zypern (126), Irak (400) und Libyen (500). Die irakischen Cascavel wurden zum größten Teil im Irak-Iran-Krieg (1980–1988), im Golfkrieg 1991 und bei der Invasion des Irak 2003 zerstört. Die libyschen Cascavel dienten im Grenzkrieg Libyen-Tschad und im Bürgerkrieg in Libyen. Andere wurden bei den Bürgerkriegen im Kongo und in Kolumbien eingesetzt.

Aufklärungspanzer EE-9 Cascavel vor der Übergabe an die 9. Division der 4. Brigade des irakischen Heeres.

CASCAVEL IV

Baujahr	1990
Stückzahl	2.407 (alle Versionen)
Gewicht	13,4 t
Länge (mit Rohr)	5,20 m
Breite	2,64 m
Höhe	2,68 m
Antrieb	Dieselmotor Detroit 6V-53T mit 230 PS
Höchstgeschwindigkeit (Straße)	110 km/h
Besatzung	3 Mann
Panzerung	Gewalzter homogener Panzerstahl, 6 – 12 mm
Hauptbewaffnung	90-mm-Cockerill-Kanone
Kampfbeladung	44 Geschosse

Cascavel IV

Der Cascavel IV hat Verbesserungen an Motor und Getriebe sowie Run-Flat-Reifen und eine Reifendruckregelung, was seine Beweglichkeit verbessert. Vor dem Konkurs von Engesa im Jahr 1993 wurden nur wenige Exemplare gebaut.

Typ 89

Von 1997 bis 2008 baute die chinesische Rüstungsfirma Norinco kettengetriebene Mannschaftstransportwagen vom Typ 89 (oder ZSD-89/YW534). Dieses lange, flache Fahrzeug wog 14,3 Tonnen, hatte zwei Mann Besatzung und konnte bis zu 13 Soldaten transportieren. Diese gelangten durch eine Hecktür in der Wanne in das Fahrzeug und konnten aus mehreren Schießluken feuern. Der Typ 89 ist vollamphibisch. Im Wasser nutzt er die Ketten zur Fortbewegung und erreicht so 6 km/h.

BEWAFFNUNG

Weiter hinten auf der Wanne befindet sich ein kleiner, schmaler und eckiger Turm. Er hat vorn eine Öffnung für das schwere 12,7-mm-Fla-MG QJC88. Dank der Öffnung ist eine außerordentlich große Erhöhung von 90° möglich. Daneben hat der Typ 89 zwei Nebelwerfer mit je drei Rohren, die vorn auf den leicht abgeschrägten Wannenseiten angebracht sind.

Für den Schutz sorgten dünne, verschweißte Panzerplatten, die Kleinwaffenfeuer bis zum Kaliber von 12,7 Millimetern standhalten. Auch die üblichen Komponenten für den ABC-Schutz sind verbaut. Mit dem 320 PS starken, luftgekühlten Dieselmotor deutscher Herkunft erreichte der Typ 89 eine eher bescheidene Höchstgeschwindigkeit von 68 km/h auf der Straße. Das Laufwerk bestand aus fünf mittelgroßen Laufrollen pro Seite, aufgehängt an einer Drehstabfederung. China hat 34 Exportmodelle YW534/ZSD-89-II an Äthiopien und Simbabwe verkauft. Bei Norinco entstanden auch 13 weitere Versionen, unter anderem der Schützenpanzer YW307.

TYP 89

Baujahr	1997
Stückzahl	1.043 (+ 34 Exportmodelle)
Gewicht	14,3 t
Länge	6,15 m
Breite	3,13 m
Höhe	3,10 m
Antrieb	Dieselmotor Deutz BF8L 413F mit 320 PS
Höchstgeschwindigkeit (Straße)	68 km/h
Besatzung	2 Mann (+ 13 Infanteristen)
Panzerung	Gewalzter homogener Panzerstahl
Hauptbewaffnung	Schweres 12,7-mm-Fla-MG QJC88
Kampfbeladung	1.200 Geschosse

Typ 89

Sri Lanka hat neun Exportmodelle YW534/ZSD-89-II beschafft. Diese Fahrzeuge haben zwei doppelte Nebelwerfer pro Seite und nicht drei wie die chinesischen Typ 89.

WZ551A

Ein Mannschaftstransportwagen WZ551A aus Tansania mit einem schweren 12,7-mm-MG.

TYP 92 (WZ551A)	
Baujahr	1995
Stückzahl	2.015 (+ 209 Exportmodelle)
Gewicht	12,9 t
Länge	6,63 m
Breite	2,80 m
Höhe	2,80 m
Antrieb	Dieselmotor Deutz BF8L 413F mit 320 PS
Höchstgeschwindigkeit (Straße)	85 km/h
Besatzung	3 Mann (+ 9 Infanteristen)
Panzerung	Gewalzter homogener Panzerstahl
Hauptbewaffnung	Schweres 12,7-mm-Fla-MG QJC88
Kampfbeladung	1.500 Geschosse

Typ 90 und Typ 92

Bei den WZ551 (Typ 90/ZSL-90) und WZ551A (Typ 92/ZSL-92) handelt es sich um kleine, amphibische 6x6-Mannschaftstransportwagen aus China, die sich durch ihren flachen, kastenförmigen Aufbau auszeichnen. Von 1984 bis 1986 baute Norinco den Typ 90 und lieferte 95 Stück aus. Er hatte Platz für drei Mann Besatzung und neun Infanteriesoldaten, für die es sechs Schießluken gab. Dieser Wagen war vollamphibisch und wurde durch zwei Schrauben am Heck angetrieben.

In dem kleinen, nach vorn offenen Turm fanden ein schweres 12,7-mm-Fla-MG und ein koaxiales 7,62-mm-MG Platz. Die dünnen Platten aus Panzerstahl boten Schutz vor Kleinwaffenfeuer. Der tägliche Dienst bei der Volksbefreiungsarmee zeigte, dass der Typ 90 untermotorisiert war und die Beweglichkeit im Gelände zu wünschen übrig ließ. Daraufhin wurde von 1990 bis 1994 der kampfwertgesteigerte, 12,9 Tonnen schwere Typ 92 entwickelt. Dieser unterschied sich von seinem Vorgänger durch Achsen in gleichmäßigen Abständen. Wie der Typ 90 hatte er auch das gleiche schwere 12,7-mm-Fla-MG. Daneben baute Norinco ebenfalls den Schützenpanzer WZ551B mit einer 25-mm-Maschinenkanone. Für die Fortbewegung des Typ 92 sorgte ein luftgekühlter Dieselmotor mit 320 PS.

EXPORTE

China hat 209 Typ 90/92 erfolgreich in 14 verschiedene Staaten exportiert, darunter Nepal, Tansania und Sri Lanka, das 102 Stück beschaffte.

PL2

WM301A (PTL02)

Sri Lanka hat die Exportversion des chinesischen Jagdpanzers PL2 mit der 105-mm-Kanone beschafft. Man kann deutlich erkennen, dass der Turm völlig anders konstruiert ist.

Der 2011 eingeführte PL2 ist ein hoch tödlicher Panzerkampfwagen/Jagdpanzer auf der Basis des 6x6-Typ-92. Der Prototyp hieß PL0. Es handelt sich um ein Hybridfahrzeug aus Wanne und Laufwerk des Typ 92 mit einer modifizierten Version der 100-mm-Jagdpanzerkanone Typ 86, die in einem hohen, kastenförmigen Zweimannturm saß. Die 100-mm-Glattrohrkanone mit geringem Rückstoß verschoss KE-Pfeilgeschosse mit Treibspiegel, Sprenggranaten und Hohlladungsgeschosse, von denen 30 Schuss an Bord waren. Als Nebenbewaffnung hatte der PL2 ein schweres 12,7-mm-MG auf dem Turm und ein koaxiales 7,62-mm-MG. Für die Tödlichkeit hatte der PL2 das gleiche Feuerleitsystem wie der Kampfpanzer Typ 88.

PANZERUNG UND ABC-SCHUTZ

Wie der Typ 92 ist der PL2 durch dünne, verschweißte Platten aus Panzerstahl geschützt, die der Besatzung Schutz vor Kleinwaffenfeuer bis zu 12,7 Millimeter bieten. Dazu ist er ABC-geschützt und hat eine automatische Brandunterdrückungsanlage. Der 19 Tonnen schwere PL2 hat den gleichen 320-PS-Dieselmotor wie der Typ 90 und erreicht damit eine Höchstgeschwindigkeit von 80 km/h auf befestigten Straßen.

Norinco hat auch eine Exportversion des PL2 unter der Bezeichnung WM301A (PTL02) hergestellt. Dieser hatte einen flacheren Turm mit einer spitz zulaufenden Front. Dort fand eine 105-mm-Kanone Platz. Der PTL02 wurde erfolgreich nach Kamerun, Dschibuti, Myanmar, Nepal, Sri Lanka und in den Tschad exportiert.

PL2

Baujahr	2011
Stückzahl	489 (+ 164 Exportmodelle)
Gewicht	19,0 t
Länge (mit Rohr)	8,30 m
Breite	2,96 m
Höhe	3,15 m
Antrieb	Dieselmotor Deutz BF8L 413F mit 320 PS
Höchstgeschwindigkeit (Straße)	80 km/h
Besatzung	3 Mann
Panzerung	Gewalzter homogener Panzerstahl
Hauptbewaffnung	100-mm-Glattrohrkanone mit geringem Rückstoß
Kampfbeladung	30 Geschosse

PL0

Dieser hoch tödliche chinesische Prototyp PL0 mit der 100-mm-Kanone tauchte erstmals bei der Militärparade in Peking auf, wo er sich mit weißen Felgenkränzen und in einer fünffarbigen digitalen Tarnung zeigte.

VTT-323

Der aus dem chinesischen Typ 63 entstandene VTT-323 (M1973-Sinhung) ist heute der wichtigste Mannschaftstransportwagen Nordkoreas. Er wiegt 13,9 Tonnen und ist ein kastenförmiges Fahrzeug mit einer sanft abfallenden Front, das neben der vierköpfigen Besatzung eine zehn Mann starke Infanteriegruppe aufnehmen kann.

Der 1973 eingeführte Standardwagen hat einen kleinen, kegelförmigen Turm hinten auf dem flachen Dach der Wanne, in dem ein schweres 14,5-mm-Fla-MG und ein koaxiales 7,62-mm-MG saßen. Einige VTT-323 hatten dazu ein 14,5-mm-MG in einer Drehzapfenlafette auf dem Turmdach. Zwei stärker bewaffnete Versionen verfügten jeweils über ein 14,5-mm-Zwillings-MG auf dem Turm und ein Vierfach-Startgerät für Panzerabwehrlenkflugkörper 9M14 Malyutka (AT-3 Sagger) hinten auf dem Turmdach. Das Fahrzeug wurde durch sechs bis 13 Millimeter starke, verschweißte Platten aus Panzerstahl geschützt, hatte aber weder ABC-Schutz noch Seitenschürzen oder Nebelwerfer.

Mit fünf großen Laufrollen pro Seite, aber ohne Stützrollen, wurde der vollamphibische VTT-323 von einer vor Ort hergestellten Kopie des in deutscher Lizenz gebauten Dieselmotors BF8L 413F angetrieben. Damit erreichte er auf der Straße 65 km/h.

Von 1973 bis 1996 baute Nordkorea 3.214 VTT-323 in 14 Versionen, darunter das Führungsfahrzeug VTTC-323 und den Raketenpanzer Susong-Po. Der 2011 eingeführte, kampfwertgesteigerte VTT-323-M2010 hatte eine längere Wanne mit einer zusätzlichen Laufrolle pro Seite sowie bessere Zielerfassungssysteme.

VTT-323

Baujahr	1973
Stückzahl	1.959
Gewicht	13,9 t
Länge	5,48 m
Breite	2,98 m
Höhe	2,58 m
Antrieb	Dieselmotor Deutz BF8L 413F mit 320 PS
Höchstgeschwindigkeit (Straße)	65 km/h
Besatzung	4 Mann (+ 10 Infanteristen)
Panzerung	Gewalzter homogener Panzerstahl, 6 – 13 mm
Hauptbewaffnung	Schweres 14,5-mm-Fla-MG KPVT
Kampfbeladung	900 Geschosse

VTT-323 Susong-Po

Zu den 14 Versionen des VTT-323 zählt auch der Raketenpanzer Susong-Po mit 107-mm-Mehrfachraketenwerfer. Aus drei Reihen zu je sechs Startgeräten kann er Raketen vom Typ 75 über eine Distanz von acht Kilometern abfeuern.

Typ 16

Der japanische Typ 16 (Hitoroku-shiki kidou-sentou-sha) ist ein hoch tödlicher Panzerwagen (Jagdpanzer) auf der Basis eines 8x8-Mannschaftstransportwagens. Da er klein und leicht ist, ist er luftverladbar und kann sich rasch in städtischen oder bergigen Umgebungen fortbewegen.

Der Typ 16 ist schnell und hat eine enorme Feuerkraft. Die Produktion bei Mitsubishi lief 2015 an, und bis Ende 2018 sollten 99 Fahrzeuge gebaut werden. Im März 2023 kündigte die japanische Beschaffungsbehörde an, 250 Typ 16 in Auftrag zu geben. Auf die lange Wanne und das Fahrwerk des Mannschaftstransportwagens Komatsu Typ 96 wurde hinten ein Turm gesetzt. Für den Antrieb sorgt ein 570-PS-Turbodiesel, der bei einem Gewicht von nur 26 Tonnen für eine beeindruckende Höchstgeschwindigkeit von 100 km/h gut ist.

Seine Beweglichkeit ist der wichtigste Schutz des Typ 16, weil er nur leicht mit verschweißten Stahlplatten gepanzert ist. Die Frontpanzerung hält dem Beschuss mit 30-mm-Geschossen stand, die seitliche Panzerung Kleinwaffenfeuer bis 12,7 Millimeter. Als Hauptbewaffnung hat der Typ 16 eine 105-mm-Kanone L/52 L7 britischer Herkunft, die bei JSW in Lizenz gebaut wird. Diese Kanone kann panzerbrechende Munition, KE-Pfeilgeschosse mit Treibspiegel, Hohlladungsgeschosse und Quetschkopfgeschosse verschießen. Das Feuerleitsystem entspricht dem des japanischen Kampfpanzers Typ 10. Als Nebenbewaffnung stehen ein 12,7-mm-MG Browning M2HB HMG, ein koaxiales 7,62-mm-MG und zwei Nebelwerfer mit vier Rohren zur Verfügung.

TYP 16

Baujahr	2015
Stückzahl	99
Gewicht	26,0 t
Länge (mit Rohr)	8,45 m
Breite	2,98 m
Höhe	2,87 m
Antrieb	Wassergekühlter 4-Zylinder-Turbodiesel mit 570 PS
Höchstgeschwindigkeit (Straße)	100 km/h
Besatzung	4 Mann
Panzerung	Gewalzter homogener Panzerstahl, 8 – 30 mm
Hauptbewaffnung	105-mm-Zugrohrkanone JSW L/52
Kampfbeladung	40 Geschosse

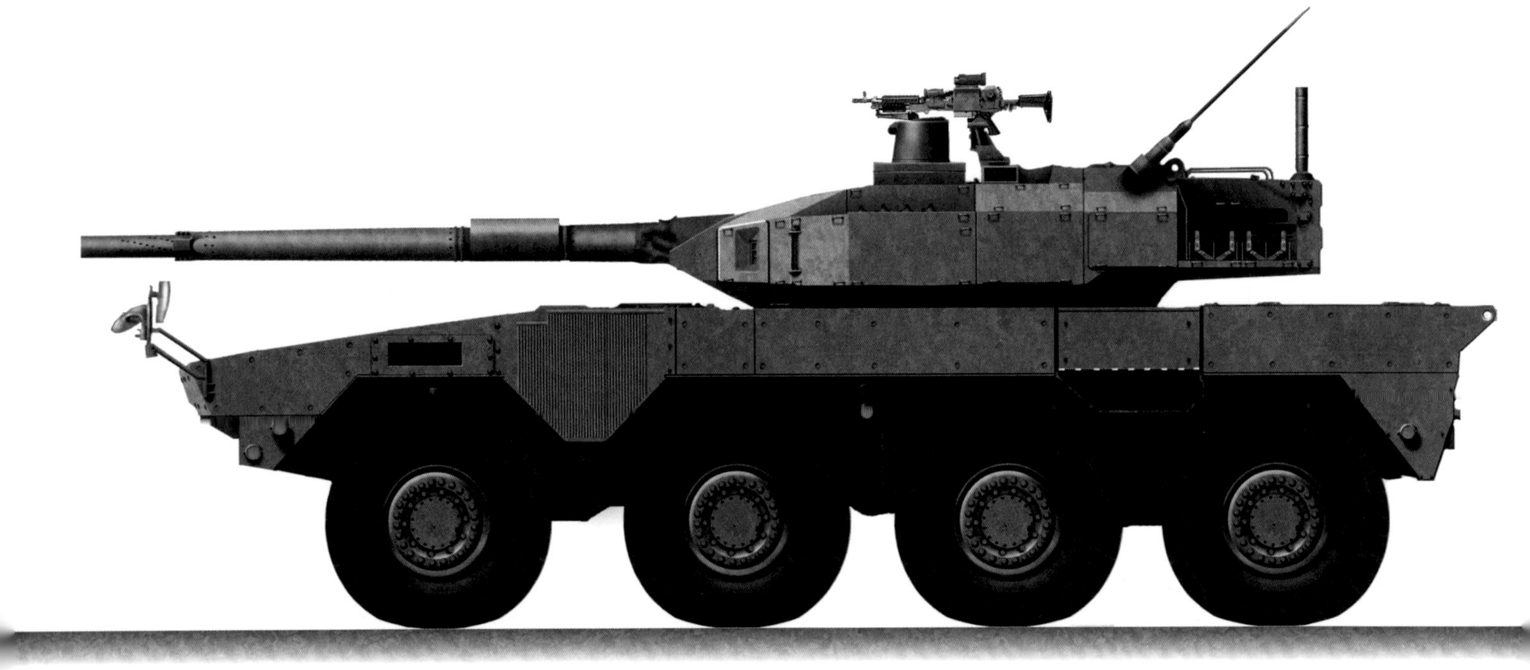

Typ 16

Der Typ 16 hat eine starke 105-mm-Kanone mit einer ungewöhnlichen Mündungsbremse/-feuerdämpfer, bestehend aus spiralförmigen Löchern im Rohr.

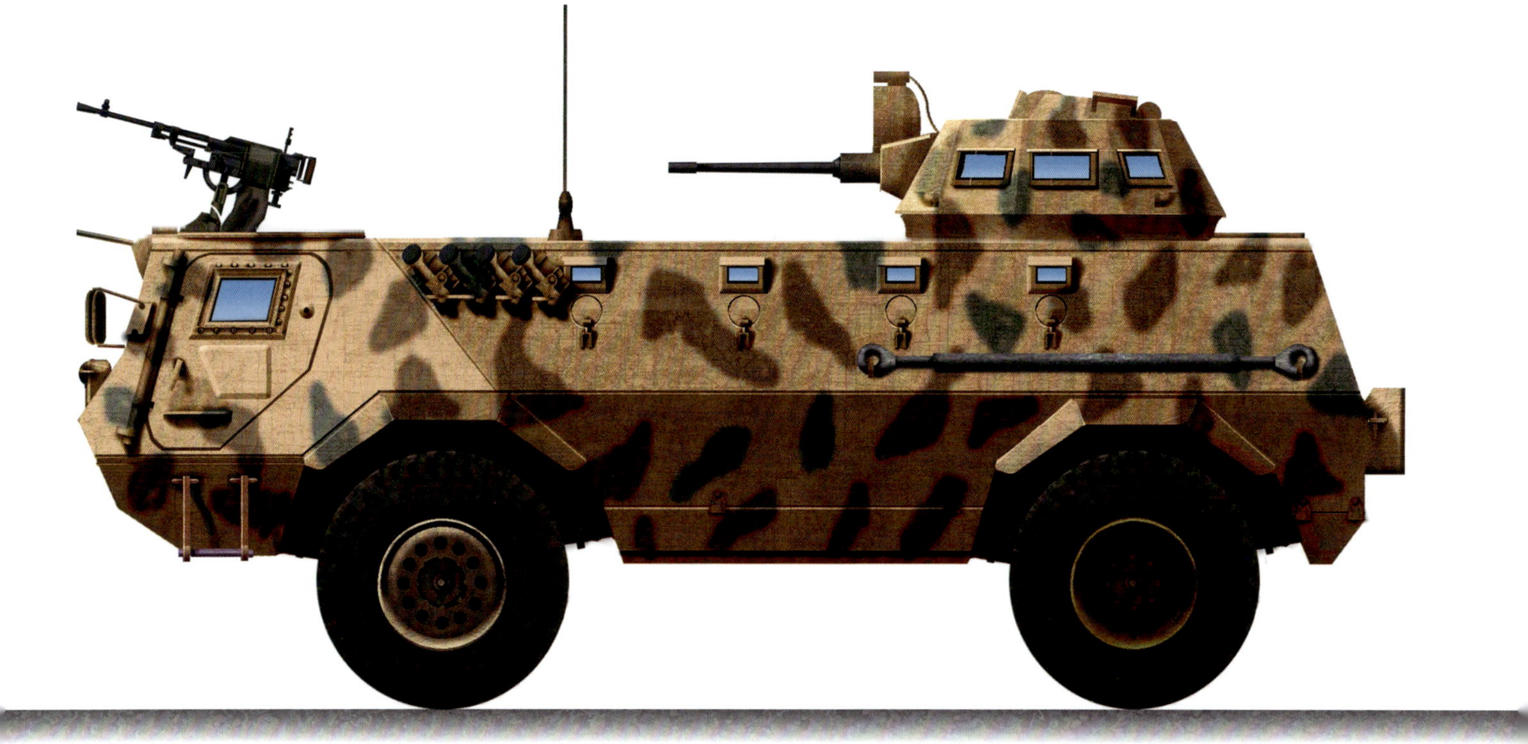

Fahd 240

Der Fahd 240 unterscheidet sich nur in der Bewaffnung von dem späteren Fahd 280. Diese Version hat eine 20-mm-Maschinenkanone im Turm und ein MG im Bug.

Fahd 240/280

Der Fahd ist ein in Deutschland entwickelter 4x4-Mannschaftstransportwagen mit ABC-Schutz für Ägypten. Seit dem Serienproduktionsstart 1985 wurden mehr als 1.900 Stück gebaut.

Das Chassis eines Mercedes-Benz LAP 1117/32 wurde mit einem Panzeraufbau versehen, ähnlich wie bei dem deutschen Fuchs. Die eckige Wanne bietet rundum Schutz vor Kleinwaffenfeuer durch verschweißte, acht Millimeter starke Platten aus Panzerstahl. Der Wagen kann zehn Infanteriesoldaten befördern und verfügt über einen 280-PS-Turbodiesel von Mercedes-Benz, der eine Höchstgeschwindigkeit von 100 km/h ermöglicht.

Meist hat der Fahd drei 7,62-mm-MGs PK oder FN MAG. Es können aber auch eine 20-mm-Maschinenkanone oder ein MILAN-Lenkflugkörper auf dem Dach installiert werden. Als Versionen gibt es Berge-/Werkstattfahrzeuge, Sanitätsfahrzeuge, Minenleger, Führungs- und Polizeifahrzeuge.

Der kampfwertgesteigerte Fahd 280 hat einen unter französischer Lizenz gebauten Turm BTM-208 mit einem schweren 12,7-mm-MG und einem koaxialen 7,62-mm-MG.

FAHD 280

Baujahr	1990
Stückzahl	900 (+ 430 Exportmodelle)
Gewicht	11,3 t
Länge	7,50 m
Breite	3,50 m
Höhe	2,90 m
Antrieb	Turbodiesel Mercedes-Benz OM 366 LA mit 280 PS
Höchstgeschwindigkeit (Straße)	100 km/h
Besatzung	2 Mann (+ 10 Infanteristen)
Panzerung	Gewalzter homogener Panzerstahl, 8 mm
Hauptbewaffnung	Schweres 12,7-mm-MG
Kampfbeladung	1.500 Geschosse

Der Schützenpanzer Fahd 280-30 aus den 1990er-Jahren hatte eine 30-mm-Maschinenkanone und ein Startgerät für die Flugkörper AT-4 Spigot oder AT-5 Spandrel.

Die ägyptischen Streitkräfte haben derzeit 1.200 Fahd 240/280. Die ägyptischen Grenzkontrollkräfte haben den Fahd mit Nachtsichtgeräten. Für die Polizei- und Sicherheitskräfte gibt es eine eigene Version.

ERFOLGREICHER EXPORT

700 Fahd wurden nach Algerien, Bangladesch, Kuwait, Mali, Oman und in den Sudan exportiert. Kuwait verlor fast alle seine 200 Fahrzeuge im Golfkrieg 1991. Der Fahd wurde auch bei Friedenseinsätzen in Bosnien-Herzegowina und Somalia genutzt.

SCHÜTZENPANZER UND SPÄHPANZER

Neben den Mannschaftstransportwagen unterstützen auch Schützenpanzer und Spähpanzer den Kampfpanzer auf dem Gefechtsfeld. Sie helfen ihm, seine Präsenz zur Geltung zu bringen.

DIESES KAPITEL UMFASST DIE FOLGENDEN FAHRZEUGE:

- BMP-1
- BMP-2 und BMP-3
- BMPT Terminator
- BMD-3
- XC-360P Rosomak
- M2 Bradley
- EIFV
- ACV-15
- LAV-25
- Coyote
- FV101 Scorpion
- FV102 Striker
- FV107 Scimitar
- FV510 Warrior
- Ajax
- VBCI
- Panhard VBL
- Der deutsche Puma
- Der italienische Puma
- LGS Fennek
- YPR-765
- Piranha
- Tulpar
- ASCOD Ulan/Pizarro
- Dardo
- ASLAV
- VCTP
- Typ 85
- Typ 92B
- ZBD-97
- ZBD-2000 (ZTD-05)
- ZBD-05
- ZBD-09 Snow Leopard
- K200
- ACV-300 Adnan
- Typ 87
- Typ 89

Der Schützenpanzer Bradley M2A2 hat eine Zusatzpanzerung an der Wanne und am Turm.

BMP-1

Der vollamphibische sowjetische BMP-1 von 1966 war ein flacher Schützenpanzer für drei Mann Besatzung und acht Infanteriesoldaten. Von 1967 bis 1983 entstanden in der Sowjetunion 20.400 BMP-1. Weitere 22.140 wurden in 59 Staaten entweder in Lizenz gebaut oder dorthin exportiert. Auf dem flachen Wannendach hatte der 13,2 Tonnen schwere BMP-1 (Sp-1) einen kleinen, kegelförmigen Einmannturm mit einer 73-mm-Kanone, einem koaxialen 7,62-mm-MG und einer Panzerabwehrlenkrakete 9M14 Maljutka (AT-3 Sagger). Die Panzerung war sechs bis 33 Millimeter stark, und der Dieselmotor leistete 300 PS.

Zwischen 1970 und 1983 wurden sechs modernisierte Schützenpanzer und 19 Spezialversionen gebaut. Heute stehen in Russland noch 527 BMP-1 im Einsatz, in 48 weiteren Staaten sind es 5.936 Stück. Viele der Export- und Lizenzmodelle sind vor Ort noch weiter modernisiert worden. Der Irak setzte im Golfkrieg 1991 900 importierte BMP-1 ein sowie 107 vor Ort modifizierte Saddam II, die eine Zusatzpanzerung oben an der Wanne und gummierte Seitenschürzen aufwiesen.

Von 1997 bis 2006 entstanden im Iran 140 Mannschaftstransportwagen Boragh für acht Infanteriesoldaten mit einem oben offenen Einmannturm mit einem schweren 12,7-mm-MG. Kasachstan baute den BMP-1-29BM mit dem Mörser Wassiljok-82. Im Jahr 2016 entstand in der Ukraine der Schützenpanzer BMP-1 UM mit einem fernbedienten Schkwal-Waffenstand, in dem eine 30-mm-Kanone ZTM-1, ein koaxiales 7,62-mm-MG und ein 30-mm-Granatwerfer saßen.

Noch 2017 baute die Slowakei 18 BMP-1 zu 15,3 Tonnen schweren Spähpanzern BPvSI um. Diese verfügten über neue ISTAR-Komponenten sowie einen fernbedienten Waffenstand Turra-30 mit einer 30-mm-Maschinenkanone und einem doppelten Startgerät für den Panzerabwehrlenkflugkörper AT-5 Spandrel.

BMP-1 (SP-1)

Baujahr	1973
Stückzahl	4.678
Gewicht	13,2 t
Länge	6,74 m
Breite	2,94 m
Höhe	2,15 m
Antrieb	V6-Dieselmotor UTD-20/3 mit 300 PS
Höchstgeschwindigkeit (Straße)	65 km/h
Besatzung	3 Mann (+ 8 Infanteristen)
Panzerung	Gewalzter homogener Panzerstahl, 6 – 33 mm
Hauptbewaffnung	Halbautomatische 73-mm-Glattrohrkanone 2A28 Grom
Kampfbeladung	50 Geschosse

BMP-1
In den letzten Jahren haben die georgischen Schützenpanzer BMP-1 an der Nordgrenze des Landes zu Tschetschenien und Dagestan an Einsätzen gegen moslemische Terroristen teilgenommen.

BMP-1
Dieser syrische BMP-1 in seiner zweifarbigen Tarnung in Khaki/Oliv wurde 2014 in den erbitterten Kämpfen des syrischen Bürgerkriegs eingesetzt.

BMP-2 und BMP-3

Der 14,3 Tonnen schwere sowjetische Schützenpanzer BMP-2 von 1981 hatte die Wanne seines Vorgängers, aber einen größeren Zweimannturm. Dort befanden sich eine 30-mm-Maschinenkanone, ein koaxiales 7,62-mm-MG und der Panzerabwehrlenkflugkörper AT-5 Spandrel.

Die Panzerung des BMP-2 bot vorn Schutz vor 23-mm-Geschossen, am restlichen Gefährt vor Kleinwaffenfeuer bis 12,7 Millimeter. Die Unterbodenpanzerung wurde ebenfalls verbessert. Zwischen 1981 und 2014 bauten oder beschafften die Sowjetunion, Russland und 24 weitere Staaten insgesamt 31.426 BMP-2.

Es gab drei modernisierte Versionen (2D/2E/2M), während in anderen Staaten 47 verschiedene Versionen des BMP-2 entstanden. Von 1987 bis 2007 baute Indien 1.250 modifizierte Schützenpanzer Sarath, während die Ukraine 248 ihrer aus der Sowjetunion geerbten BMP-2 zum BMP-2a umbaute. Russland hat 168 BMP-2 zum Schützenpanzer BMP-2M Bereschok umgebaut, der mit ISTAR-Komponenten und zwei doppelten Panzerabwehrlenkflugkörpern 9M113 Kornet ausgerüstet wurde.

Der stark überarbeitete Nachfolger beider Modelle war der hoch tödliche, 18,7 Tonnen schwere BMP-3. Von 1987 bis 2018 bauten die Sowjetunion und Russland 2.384 BMP-3 aller Versionen, von denen 837 in elf Staaten exportiert wurden. Er bietet Platz für drei Mann Besatzung und sieben Infanteriesoldaten. Der Zweimannturm hat drei Waffen: eine 100-mm-Zugrohrkanone (die den Flugkörper AT-10 Stabber verschießen kann), eine 30-mm-Maschinenkanone und ein koaxiales 7,62-mm-MG PKT. Zwei weitere MGs sind im Bug installiert. Schutz bieten eine Aluminium-Stahl-Verbundpanzerung und das Lenkwaffen-Abwehrsystem Schtora.

Inzwischen sind in Russland 18 Versionen des BMP-3 entstanden, darunter der BMP-3-100 Dragun (Dragoon) mit fernbedientem Waffenstand (2017) und der 9P157-2 mit dem Panzerabwehrlenkflugkörper Khrizantema-S (AT-15 Springer).

BMP-2 SARATH

Baujahr	1981
Stückzahl	1.250
Gewicht	14,3 t
Länge	6,73 m
Breite	3,15 m
Höhe	2,45 m
Antrieb	V6-Dieselmotor UTD-20/3 mit 300 PS
Höchstgeschwindigkeit (Straße)	65 km/h
Besatzung	3 Mann (+ 7 Infanteristen)
Panzerung	maximal 33 mm
Hauptbewaffnung	30-mm-Maschinenkanone 2A42, Panzerabwehrlenkflugkörper 9M113 Konkurs
Kampfbeladung	40 Geschosse

BMP-2

Diese indische Lizenzversion BMP-2 Sarath („Siegeswagen“) hat eine ungewöhnliche Tarnung mit kleinen olivgrünen oder braunen Buchstaben T, L und I auf einer vierfarbigen Grundtarnung in Sandbeige, Türkis und Hellolivtönen.

BMP-2

Dieser modernisierte ukrainische BMP-2, hier 2014 im Bezirk Donezk im Kampf gegen pro-russische Separatisten, hat ein Startgerät für Panzerabwehrlenkflugkörper AT-5 Spandrel auf dem Turm.

BMP-3

Baujahr	1987
Stückzahl	2.384
Gewicht	18,7 t
Länge (mit Rohr)	7,14 m
Breite	3,20 m
Höhe	2,40 m
Antrieb	10-Zylinder-Dieselmotor UTD-29M mit 300 PS oder 500 PS
Höchstgeschwindigkeit (Straße)	72 km/h
Besatzung	3 Mann (+ 7 Infanteristen)
Panzerung	Magnesiumlegierung + Zusatzpanzerung aus Stahl + Reaktivpanzerung + Selbstschutzsystem
Hauptbewaffnung	100-mm-Zugrohrkanone 2A70
Kampfbeladung	40 Geschosse

BMP-3

Der BMP-3 ist eine völlige Neukonstruktion. Dieser russische BMP-3 hat als Truppenabzeichen einen weißen Doppelkopfadler im Stil des russischen Kaiserreiches.

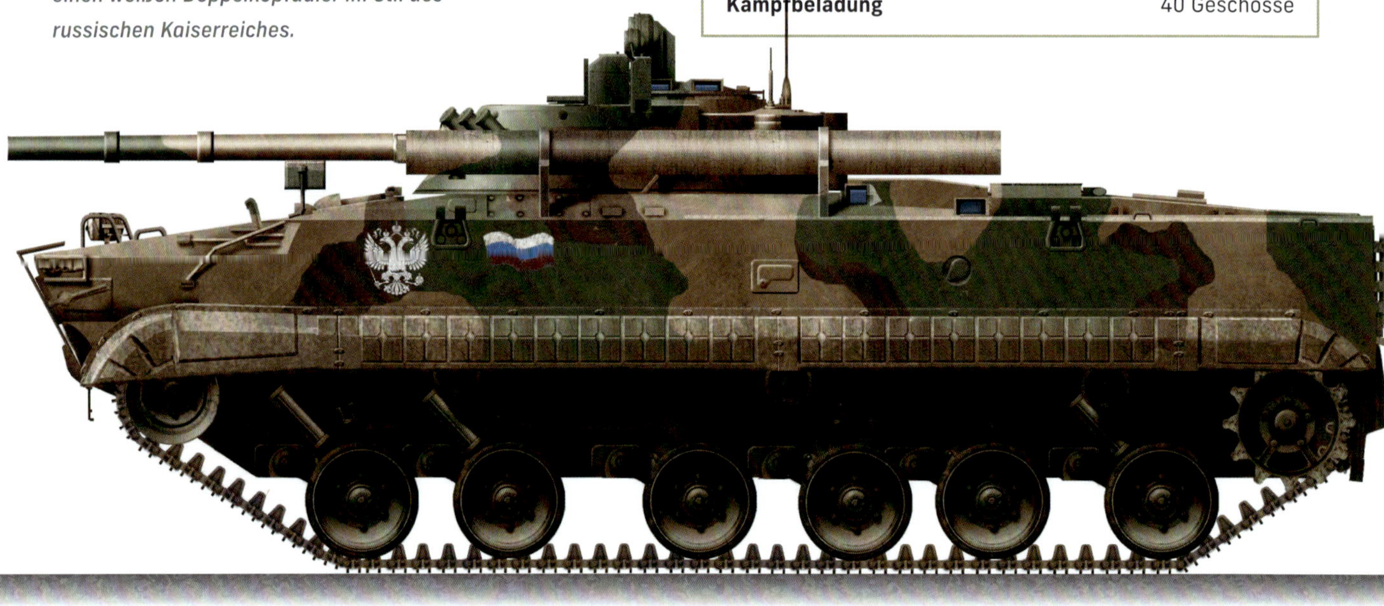

BMPT Terminator

Der unverwechselbare BMPT Terminator ist ein hoch tödlicher russischer Kampfunterstützungspanzer. Er wurde 2002 bis 2004 bei Uralwagonsawod (UWS) entwickelt, die ersten Prototypen wurden von 2003 bis 2004 erprobt.

Laufwerk und Wanne des Kampfpanzers T-72 wurden mit einem neuen Aufbau mit flachem Dach ausgestattet. Dieser Panzer soll Feuerkraft in den urbanen Nahkampf bringen. 2011 kaufte Kasachstan 14 BMPT, 2017 beschaffte Russland zwölf Stück, 2018 dann Algerien mindestens 68 (und eventuell weitere 232) leicht modifizierte BMPT-72.

BMPT TERMINATOR

Baujahr	2002
Stückzahl	26
Gewicht	47,0 t
Länge	7,20 m
Breite	3,80 m
Höhe	3,37 m
Antrieb	V12-Dieselmotor W-92S2 mit 1.000 PS
Höchstgeschwindigkeit (Straße)	60 km/h
Besatzung	5 Mann
Panzerung	Gewalzter homogener Panzerstahl + modulare Verbundpanzerung + Reaktivpanzerung + Seitenschürzen
Hauptbewaffnung	30-mm-Maschinenkanone 2A42 mit Doppelgurtzuführung
Kampfbeladung	800 Geschosse

Statt des halbkugelförmigen Turms des T-72 hat der BMPT einen fernbedienten Waffenstand. Dieser verfügt gleich über vier tödliche Systeme: eine 30-mm-Zwillings-Maschinenkanone 2A42, ein 7,62-mm-MG PKTM und zwei Granatwerfer AD-19. An den Seiten des Waffenstands befinden sich je zwei Panzerabwehrlenkflugkörper 9M120 Ataka-T (AT-9 Spiral-2).

Die Maschinenkanonen (für die 800 Schuss an Bord sind) haben eine beeindruckende Feuerfolge von 200 bis 800 Schuss/min. Eine von ihnen kann nur panzerbrechende Geschosse und die andere Sprenggranaten verschießen. Die automatischen Granatwerfer können 400 Granaten pro Minute über eine Entfernung von 1.700 Meter abfeuern.

Der 47 Tonnen schwere BMPT ist gut geschützt. Über der Grundpanzerung aus Panzerstahl befinden sich Verbundpanzermodule, Relikt-Reaktivpanzerkacheln und Seitenschürzen, teilweise mit Käfigpanzerung. Mit dem 1.000 PS starken Dieselmotor ist der BMPT beweglicher als der T-72 und erreicht eine Höchstgeschwindigkeit von 60 km/h auf der Straße.

BMPT

Dieser einzigartige russische BMPT Terminator ist bis an die Zähne bewaffnet. Der Waffenstand verfügt über vier Waffensysteme. Dazu gibt es je sieben Nebelwerfer pro Seite an der Kante des Wannendachs.

BMD-3

Der 1982 bis 1984 beim Wolgogradski Traktorny Sawod (WgTS – Wolgograder Traktorenwerk) entworfene BMD-3 war ein leichter Luftlandepanzer. Etwas größer als seine Vorgänger BMD-1 und BMD-2, verfügte er über ein hohes Laufwerk mit einem flachen, kastenförmigen Aufbau, auf dem ein halbkugelförmiger Turm saß. Von 1985 bis 1991 baute WgTS 36 BMD-3 für die sowjetischen Luftlandekräfte. Nach dem Zusammenbruch der Sowjetunion Ende 1991 baute das Werk von 1992 bis 1997 für Russland 97 Fahrzeuge, weitere zehn wurden nach Angola exportiert.

Der 12,9 Tonnen schwere Panzer hatte eine dreiköpfige Besatzung und konnte vier Infanteriesoldaten befördern. Auf dem Turm saßen drei Waffen: ein 7,62-mm-MG, eine doppelt stabilisierte 30-mm-Maschinenkanone 2A42 mit Doppelgurtzuführung und das Startgerät 9P135M für den Panzerabwehrlenkflugkörper 9K111 Fagot (Bassoon) AT-4 Spigot oder 9M113 Konkurs (Contest) AT-5 Spandrel. Vorn an der Wanne befanden sich ein 30-mm-Granatwerfer AGS-17 und ein leichtes 5,45-mm-MG RPK.

Der voll ABC-geschützte BMD-3 hat eine Panzerung aus einer Aluminiumlegierung an der Wanne und Stahlplatten am Turm. Das bot lediglich Schutz vor Feuer aus schweren 12,7-mm-MGs. Im Feld konnten zusätzliche SNPRE-Reaktivpanzerkacheln angebracht werden.

Das Laufwerk hatte fünf kleine Laufrollen pro Seite und vier hoch liegende Stützrollen. Mit dem 450 PS starken Dieselmotor war eine Höchstgeschwindigkeit von 70 km/h auf der Straße möglich.

BMD-3

Baujahr	1985
Stückzahl	143
Gewicht	12,9 t
Länge (mit Rohr)	6,00 m
Breite	3,13 m
Höhe	2,45 m
Antrieb	10-Zylinder-Dieselmotor UTD-29 mit 450 PS
Höchstgeschwindigkeit (Straße)	70 km/h
Besatzung	3 Mann (+ 4 Infanteristen)
Panzerung	Aluminiumlegierung/Panzerstahl + Reaktivpanzerung
Hauptbewaffnung	30-mm-Maschinenkanone 2A42 mit Doppelgurtzuführung
Kampfbeladung	860 Geschosse

BMD-3

Dieser russische BMD-3 mit weicher Rohrblende trägt das Standard-Tarnkleid für Frühjahr und Sommer: ein verwischtes Muster in Khaki, Hell- und Mittelanthrazit.

XC-360P Rosomak

Der XC-360P Rosomak („Bärenmarder") ist eine in Polen gebaute Lizenzversion des finnischen 8x8-Radpanzers Patria AMV. 2005 bis 2013 wurden 377 als Mannschaftstransportwagen und 313 als Schützenpanzer gebaut. Eine auswechselbare, modulare Panzerung bietet Schutz gegen Geschosse bis zu 30 Millimeter und gegen zehn Kilogramm TNT-Minen oder -Sprengfallen. Es gibt eine Brandunterdrückungsanlage und ABC-Schutzsysteme.

ROSOMAK M3

Der Rosomak 3 hat eine zweiköpfige Besatzung und Platz für zehn Infanteriesoldaten. Bewaffnet ist er mit einem schweren 12,7-mm-MG auf dem Dach und einem 40-mm-Granatwerfer Mk.19. Der Schützenpanzer M1 hat einen Hitfist-Turm von OTO Melara mit einer 30-mm-Maschinenkanone ATK Mk.44 Bushmaster II und einem koaxialen 7,62-mm-NATO-MG UMK-2000C. Neben drei Mann Besatzung ist Platz für acht Soldaten. Der M1 hat einen 483-PS-Dieselmotor von Scania und erreicht 120 km/h auf der Straße. Das vollamphibische Fahrzeug kann in einer C-130 Hercules transportiert werden. Versionen tragen Spike-Panzerabwehrlenkflugkörper oder 120-mm-Mörserträger, außerdem gibt es das 105-mm-Feuerunterstützungsfahrzeug Wilk.

LIZENZVERSION

Der 2015 modifizierte Rosomak XP ist eine polnische Lizenzversion des finnischen Patria AMV XP mit einer stärkeren Panzerung und einem besseren 603-PS-Motor. Die Slowakei haben 30, die Vereinigten Arabischen Emirate 40 Rosomak beschafft. Der Rosomak wurde im Irak, in Afghanistan (als kampfwertgesteigerter Schützenpanzer M1M mit Käfigpanzerung), im Tschad und der Zentralafrikanischen Republik eingesetzt.

ROSOMAK M1

Baujahr	2005
Stückzahl	313
Gewicht	22,5 t
Länge	7,88 m
Breite	2,83 m
Höhe	3,28 m
Antrieb	V6-Dieselmotor Scania DI12 56A03PE mit 483 PS
Höchstgeschwindigkeit (Straße)	120 km/h
Besatzung	3 Mann (+ 8 Infanteristen)
Panzerung	Gewalzter homogener Panzerstahl und zusätzliche Verbundpanzerung 5 – 12 mm
Hauptbewaffnung	30-mm-Maschinenkanone ATK Mk.44 Bushmaster II
Kampfbeladung	500 Geschosse

KTO-Rosomak

Vor dem Einsatz in Afghanistan rüstete Polen einige seiner Rosomak M1 auf den Standard M1M auf. Er erhielt Gitter gegen Panzerabwehrgranaten (als Käfigpanzerung) an allen vier Seiten der Wanne.

M2 Bradley

Der in die Jahre gekommene M2 Bradley ist weiterhin der wichtigste Schützenpanzer der US Army, während der Spähpanzer M3 Bradley CRV für die Aufklärung nicht zu entbehren ist. Der bei United Defense (heute BAE) entwickelte Schützenpanzer M2 Bradley wurde 1981 als hoch tödlicher Infanterietransporter eingeführt, der mit dem Kampfpanzer M1 Abrams Schritt halten konnte. Der 29,6 Tonnen schwere M2 Bradley konnte sechs Infanteriesoldaten im hinteren Kampfraum transportieren. Seine flache, kastenförmige Wanne hatte eine abgeschrägte Bugplatte und sanft abfallende Seiten.

M2A3 BRADLEY

Baujahr	2000
Stückzahl	1.931
Gewicht	36,7 t
Länge	6,50 m
Breite	3,28 m
Höhe	3,38 m
Antrieb	V8-Dieselmotor Cummins VTA-903T mit 600 PS
Höchstgeschwindigkeit (Straße)	59 km/h
Besatzung	3 Mann (+ 7 Infanteristen)
Panzerung	Aluminiumlegierung/Panzerstahl + Schottpanzerung/Verbundpanzerung + Reaktivpanzerung + Seitenschürzen
Hauptbewaffnung	25-mm-Maschinenkanone M242 Bushmaster
Kampfbeladung	900 Geschosse

In einem großen, spitz zulaufenden Turm auf dem Dach befanden sich vier Waffen: eine 25-mm-Maschinenkanone M242 Bushmaster (mit 900 Schuss an Bord), ein koaxiales 7,62-mm-MG, ein doppeltes Startgerät für TOW-Panzerabwehrlenkflugkörper (mit sieben Flugkörpern) und zwei Nebelwerfer mit je vier Rohren. Bei einer Feuerfolge von bis zu 200 Schuss/min brachte die M242 diverse panzerbrechende Geschosse und Sprenggranaten bis über 2.500 Meter ins Ziel. Die Lenkflugkörper trafen feindliche Kampfpanzer bis zu einer Entfernung von 4.250 Metern.

Für den Schutz sorgte eine Grundpanzerung aus einer Aluminiumlegierung mit einer Laminat-Verbund-/Schottpanzerung. Das Laufwerk hatte sechs Laufrollen pro Seite, und der 500 PS starke Cummins-Dieselmotor sorgte für eine Höchstgeschwindigkeit von 60 km/h auf der Straße. Von 1981 bis 1996 baute United Defense 4.641 M2, von denen 402 nach Saudi-Arabien und 32 in den Libanon gingen.

PROGRAMME ZUR KAMPFWERTSTEIGERUNG

Der M2 ist fünf Mal modernisiert worden. Der 1986 eingeführte M2A1 hatte ein TOW-II-Startgerät, einen besseren

Bradley M2

Hier ist gut zu erkennen, wie hoch der Schützenpanzer M2 Bradley ist. Gut zu sehen sind auch die acht Rohre des Nebelwerfers am Turm rechts und links der Bushmaster-Kanone.

Dieses Foto, aufgenommen 2005 in Tak (Irak), zeigt die komplette dreiköpfige Besatzung des M2 Bradley. Dieser Schützenpanzer vom Tactical Psychological Operation Team 1092 des 155th Brigade Combat Team sorgt für die Sicherung, während der Rest der Einheit auf den Straßen der Stadt Patrouillen fährt.

ABC-Schutz, eine Brandunterdrückungsanlage und Platz für sieben Soldaten. Der 30,5 Tonnen schwere M2A2 hatte eine stärkere Panzerung, einen 600-PS-Motor, Reaktivpanzerkacheln, zusätzliche Laminat-Schottpanzerung, Splitterschutz innen und Platz für sechs Soldaten. Nach dem Golfkrieg 1991, wo 20 M2 verloren gingen, erhielten die modernisierten M2A2-ODS das Gefechtsführungssystem FBC2B, bessere GPS-Komponenten, neue Infrarotvisiere und wieder Platz für sieben Soldaten.

Der in 2000 eingeführte, kampfwertgesteigerte M2A3 wog 36,7 Tonnen und erhielt ein moderneres digitales Feuerleit- und Zielerfassungssystem. Mehrere Hundert wurden im Irak und in Afghanistan eingesetzt, wobei im Lauf der Jahre 147 M2 Bradley verloren gingen. Ab 2018 begann BAE, die ersten von 164 verbliebenen M2A2/M2A3 auf den Standard M2A4 zu bringen. Dieser verfügt über verbesserte Drehstäbe, eine neue Aufhängung und bessere Stoßdämpfer. So hat der im Lauf der Jahre immer schwerere Panzer seine Beweglichkeit zurückgewonnen.

SPÄHPANZER M3 CRV

Der Spähpanzer M3 CRV ist dem M2 sehr ähnlich. Der Spähpanzer hat jedoch seine eigene taktische Aufgabe bei der gepanzerten Aufklärungstruppe. Dem M3 fehlen die Pistolenluken des M2. Er kann zwar nur zwei Soldaten transportieren, hat aber Platz für fünf weitere TOW-Flugkörper. Er wurde seit seiner Einführung kontinuierlich verbessert, wobei der M3A1 besseren ABC-Schutz bot, der M3A2 eine bessere Panzerung und ISTAR-Komponenten hat und der M3A3 voll digitalisiert ist.

EIFV

Der EIFV (Egyptian Infantry Fighting Vehicle) wurde von 1992 bis 1995 bei der US-Rüstungsfirma United Defense speziell für die Bedürfnisse Ägyptens entwickelt. Er war eine kostengünstige, aber besser gepanzerte Version des bekannten M113A2, von dem Ägypten bereits 2.320 Stück besaß. Der EIFV besaß den Turm des Schützenpanzers M2 Bradley und damit dessen Tödlichkeit, kostete aber nicht mal ein Sechstel der Produktionskosten des Bradley. Er hatte eine verlängerte Version des kastenförmigen Chassis des M113 mit einer zusätzlichen (sechsten) Laufrolle pro Seite. Bewaffnet war er mit der 25-mm-Maschinenkanone M242, für die er 800 Schuss an Bord hatte, einem 7,62-mm-MG und zwei TOW-II-Lenkflugkörpern.

Zu der Standardpanzerung des M113 hatte der EIFV zusätzliche rechteckige Verbundpanzerplatten, zwei an der steil ansteigenden Bugplatte sowie sieben seitlich an der Wanne. Damit hielt er Feuer bis zum Kaliber 23 Millimeter stand. Durch den Turm vom Bradley, das längere Fahrgestell und die zusätzliche Panzerung wog er nun 21,7 Tonnen, deutlich mehr als der M113, von dem er abgeleitet wurde. Als Ausgleich erhielt er den stärkeren Detroit-6V-53TIA-Dieselmotor. Obwohl Ägypten viel Interesse an dem einzigen Prototypen zeigte, der bei United Defense entstand, entschied sich die Regierung schließlich gegen den Kauf. So ging dieses interessante Hybridmodell nie in die Serie.

EIFV

Baujahr	1995
Stückzahl	1
Gewicht	21,7 t
Länge	5,26 m
Breite	2,69 m
Höhe	2,52 m
Antrieb	Dieselmotor Detroit 6V-53TIA mit 400 PS
Höchstgeschwindigkeit (Straße)	62 km/h
Besatzung	2 Mann (+ 11 Infanteristen)
Panzerung	Aluminiumlegierung/Panzerstahl und zusätzliche Verbundpanzerung
Hauptbewaffnung	25-mm-Maschinenkanone M242 Bushmaster
Kampfbeladung	800 Geschosse

EIFV

Deutlich zu erkennen sind die sieben Schottpanzermodule aus Verbundmaterial. Man sieht auch den im Vergleich zum M2 Bradley steiler ansteigenden Bug.

ACV-15

Der kleine und vollamphibische Schützenpanzer/Mannschaftstransportwagen ACV-15 wurde zwischen 1990 und 1992 bei FNSS Savunma Sistemlerı A.Ş. in der Türkei entwickelt. Die Konstruktion ist aus dem AIFV und dem M113A1, beide aus den USA, abgeleitet. Von 1992 bis 2007 baute FNSS 2.249 ACV-15 für die Türkei und weitere 547 für vier andere Staaten, unter anderem Malaysia und die Vereinigten Arabischen Emirate.

In seiner Grundversion hat der 14 Tonnen schwere ACV-15 zwei Mann Besatzung und Platz für acht Soldaten. Die hohe, rechteckige Wanne hat einen steil abfallenden Bug. Der doppelt stabilisierte Einmannturm BAE/FNSS Sharpshooter trägt ein koaxiales 7,62-mm-MG und eine 25-mm-Maschinenkanone M242 Bushmaster. Diese lässt sich leicht gegen einen 40-mm-Granatwerfer oder ein schweres 12,7-mm-MG austauschen. An der Front der Wanne befindet sich ein Nebelwerfer mit acht Rohren. Die Stahlpanzerung des ACV-15 bietet Schutz vor 14,5-mm-Munition und wird durch Seitenschürzen gegen Panzerabwehrgranaten ergänzt. Das Vollkettenfahrzeug hat fünf mittelgroße Laufrollen pro Seite, aber keine Stützrollen. Mit der 300-PS-Version des Dieselmotors Detroit 6V-53T, den auch der LAV-25 hat, erreicht es eine Höchstgeschwindigkeit von 65 km/h auf der Straße.

Zu den Spezialversionen zählen ein Feuerunterstützungspanzer mit 100-mm-Kanone, ein Führungspanzer und ein Sanitätspanzer. Der ACV-15-AESV von 2011 ist ein für den Ortskampf optimierter Schützenpanzer mit einer zusätzlichen Käfigpanzerung, einem fernbedienten Waffenstand und zusätzlichen Sensoren. Türkische ACV-15 waren an Einsätzen in Jugoslawien (1992–1998) und in Nordsyrien (2011–heute) beteiligt.

ACV-15

Als Mannschaftstransportwagen hat der ACV-15 den oben offenen ACAV-Turm aus dem M113. Hinter einem großen Schutzschild sitzt das schwere 12,7-mm-MG von Browning.

ACV-15

Baujahr	1992
Stückzahl	2.796
Gewicht	14,0 t
Länge	5,26 m
Breite	2,83 m
Höhe	2,88 m
Antrieb	Dieselmotor Detroit 6V-53T mit 300 PS
Höchstgeschwindigkeit (Straße)	65 km/h
Besatzung	2 Mann (+ 8 Infanteristen)
Panzerung	Gewalzter homogener Panzerstahl + Seitenschürzen
Hauptbewaffnung	25-mm-Maschinenkanone M242 Bushmaster
Kampfbeladung	300 Geschosse

ACV-15

Der türkische ACV-15 hat einen kleinen, voll drehbaren Turm mit einer Maschinenkanone. Zu sehen sind auch die Rohre des Nebelwerfers am Turm und hinten an der Wanne.

LAV-25

Der leichte Radpanzer LAV-25 mit seiner 25-mm-Kanone ist ein luftverladbarer 4x8-/8x8-Spähpanzer auf der Basis des Piranha II. Von 1983 bis 1995 baute General Dynamics in Kanada 893 LAV-25 für das US Marine Corps (USMC), 15 modifizierte Bison für Kanada, 763 Spezialversionen und 1.410 Exportpanzer für 16 weitere Staaten, darunter Saudi-Arabien. Der Spähpanzer hat eine dreiköpfige Besatzung und einen spitz zulaufenden Bug mit einer abgeschrägten Bugplatte. Im hinteren Kampfraum der flachen Wanne finden sechs Infanteriesoldaten Platz.

Der 12,8 Tonnen schwere LAV-25 besitzt einen seitlich abgeschrägten Turm mit der 25-mm-Maschinenkanone M242 Bushmaster, für die an Bord 450 panzerbrechende Geschosse mit Treibspiegel und Sprengbrandmunition (Leuchtspurkörper) vorhanden sind. Im Turm befinden sich auch zwei 7,62-mm-MGs, ein koaxiales M240C und ein M240B/G auf eine Drehzapfenlafette. Die voll verschweißten Platten aus Panzerstahl bieten vorn Schutz gegen 30-mm-Geschosse und sonst gegen 14,5-mm-Geschosse. Mit seinem 275-PS-Dieselmotor erreicht der LAV-25 eine Höchstgeschwindigkeit von 100 km/h.

Von 1997 bis 2001 wurden die LAV-25 des USMC kampfwertgesteigert: Als LAV-25A1 erhielten sie Tarnplatten, die sowohl die optische als auch die thermische Signatur reduzierten, sowie Modifikationen zur Wärmereduzierung der Abgase. Von 2005 bis 2008 wurden die LAV-25A1 dann auf den Standard A2 gebracht.

Diese Änderungen umfassten ein fortschrittliches Feuerleitsystem mit verbesserten Wärmebildgeräten von Raytheon, neue Zusatzpanzermodule, eine verbesserte Brandunterdrückungsanlage und die neue Drehstabfederung der Generation II. Diese LAV-25/25A1/25A2 haben 1991 am Golfkrieg sowie an den Konflikten von 2001 bis 2018 in Afghanistan und 2003 im Irak teilgenommen.

LAV-25

Baujahr	1983
Stückzahl	3.191
Gewicht	12,8 t
Länge	6,39 m
Breite	2,50 m
Höhe	2,69 m
Antrieb	Dieselmotor Detroit 6V-53T mit 275 PS
Höchstgeschwindigkeit (Straße)	100 km/h
Besatzung	3 Mann
Panzerung	Gewalzter homogener Panzerstahl
Hauptbewaffnung	25-mm-Maschinenkanone M242 Bushmaster
Kampfbeladung	450 Geschosse

LAV-25

Das Profil des LAV-25 zeigt deutliche Anleihen bei dem bekannten MOWAG Piranha: Die acht großen Räder, der rautenförmige Querschnitt der Wanne, die abgeschrägte Bugplatte und das lange, flache Oberteil der Wanne fallen sofort in das Auge.

Spähpanzer Coyote
Man erkennt den eingefahrenen Mast des kanadischen Spähpanzers Coyote, hier 2002 in Afghanistan, am vorderen Turmdach. Auf dem Turm sitzen auch die beiden hohen Antennen.

Coyote

Der bei General Dynamics in Kanada gebaute 4x8-/8x8-Spähpanzer Coyote ist eine Weiterentwicklung des LAV-25. Von 1996 bis 1998 erhielt das kanadische Heer 204 Coyote als Ablösung der in die Jahre gekommenen Lynx und Cougar. Im Gegensatz zum LAV-25 hat der Coyote eine vierköpfige Besatzung. Der vierte Mann an Bord ist für die komplexen Überwachungssysteme zuständig. Der 14,4 Tonnen schwere Coyote hat die gleichen tödlichen Waffen wie der LAV-25: die 25-mm-Maschinenkanone M242 Bushmaster, zwei 7,62-mm-MGs C6 und zwei Nebelwerfer mit je vier Rohren. Auch Panzerschutz, Laufwerk und Motor blieben gegenüber dem LAV-25 unverändert. Der Coyote kann allerdings mit zusätzlichen Keramik-Panzerplatten ausgestattet werden.

Der größte Unterschied zwischen dem Coyote und dem LAV-25 sind die hochmodernen ISTAR-Komponenten des ersteren. Dieser hat zwei hohe Antennen sowie einen auf zehn Meter ausfahrbaren Mast voller Sensoren, Radar- und Videokameras. Damit kann er eine Überwachung rund um die Uhr gewährleisten. Dazu können zwei ISTAR-Stative in einer Entfernung von bis zu 200 Metern aufgestellt werden. So kann der Coyote Objekte von der Größe eines Panzers auf bis zu zwölf Kilometern Entfernung entdecken.

Die kanadischen Coyote waren an Friedenseinsätzen im ehemaligen Jugoslawien (1992 – 1995) und im Kosovo (1999) beteiligt. Sie haben auch an Kampfeinsätzen in Afghanistan (2006 – 2011) teilgenommen.

COYOTE

Baujahr	1996
Stückzahl	204
Gewicht	14,4 t
Länge	6,39 m
Breite	2,50 m
Höhe	2,69 m
Antrieb	Dieselmotor Detroit 6V-53T mit 275 PS
Höchstgeschwindigkeit (Straße)	100 km/h
Besatzung	4 Mann
Panzerung	Panzerstahl und zusätzliche Keramikpanzerung
Hauptbewaffnung	25-mm-Maschinenkanone M242 Bushmaster
Kampfbeladung	400 Geschosse

FV101 Scorpion

Der Spähpanzer Scorpion von 1972 war der erste aus einer Reihe von sieben Kettenfahrzeugen für die Aufklärung. Von 1972 bis 1985 baute Alvis 1.506 britische Scorpions sowie 1.532 Exportmodelle für 21 Staaten, wo viele heute noch im Einsatz sind. Wie bei allen Spähpanzern hat die Wanne des FV101 eine lange, abgeschrägte Bugplatte, die in einem waagerechten Wannendach ausläuft. In dem eckigen, abgeschrägten Turm sitzen die 76-mm-Kanone ROF L21A1, ein koaxiales 7,62-mm-MG und zwei Nebelwerfer mit je drei Rohren.

Das 8,1 Tonnen schwere Fahrzeug wird von einer 12,5 Millimeter starken Panzerung aus Aluminium geschützt. Die fünf mittelgroßen Laufrollen pro Seite sind an Drehstäben aufgehängt. Mit dem 190 PS starken Dieselmotor wird eine Höchstgeschwindigkeit von 73 km/h erreicht.

EINSÄTZE

64 britische Scorpions nahmen 1991 am Golfkrieg teil, 36 im Jahr 2003 an der Invasion im Irak. Die Fahrzeuge wurden 2006 in Großbritannien aus dem Dienst gestellt. Der Iran, der von 1977 bis 1979 150 Scorpions beschafft hatte, baute von 1994 bis 2008 die örtliche Version Tosan („Wildpferd“). Der Tosan hatte eine iranische Kopie der 90-mm-Cockerill-Kanone, einen Panzerabwehrlenkflugkörper Toophan („Sturm“), einen neuen Dieselmotor und ein überarbeitetes Laufwerk mit vier Laufrollen pro Seite.

Von 1982 bis 1984 entwickelte Alvis die 8,7 Tonnen schwere Exportversion Scorpion-90. Diese hatte die 90-mm-Cockerill-Kanone, ein zusätzliches 7,62-mm-MG auf dem Dach, modernere Zielerfassungskomponenten und zwei Nebelwerfer mit je vier Rohren. Von 1984 bis 2009 verkaufte Alvis 84 Scorpion-90 an Venezuela, 26 an Malaysia und 81 an Indonesien.

FV101 Scorpion
Dieser Scorpion, Fahrzeug 24A der Royal Scots Dragoon Guards der 7th Armoured Brigade, diente bei der Operation Wüstensturm. Dafür trägt er die sandfarbene Uni-Tarnung mit schwarzen Erkennungsstreifen.

SCORPION-90

Baujahr	1984
Stückzahl	191
Gewicht	8,7 t
Länge (mit Rohr)	4,80 m
Breite	2,23 m
Höhe	2,10 m
Antrieb	5,9-l-Dieselmotor Cummins BTA mit 190 PS
Höchstgeschwindigkeit (Straße)	73 km/h
Besatzung	3 Mann
Panzerung	Aluminiumlegierung, Panzerstahl 6 – 12,5 mm
Hauptbewaffnung	90-mm-Cockerill-Kanone Mk.3 M-A1 L/48,5
Kampfbeladung	42 Geschosse

FV101 Scorpion-90
Die Exportversion Scorpion-90 unterscheidet sich vom Grundmodell durch die lange Kanone und das MG auf dem Turmdach. Dieses Fahrzeug des Heeres von Venezuela hat eine „Dschungeltarnung" in vier Farbtönen.

FV102 Striker

Der acht Tonnen schwere Lenkflugkörperträger FV102 Striker war die zweite Version dieser Spähpanzerfamilie. Daneben gab es noch den Mannschaftstransportwagen FV103 Spartan, den Sanitätspanzer FV104 Samaritan, den Führungspanzer FV105 Sultan und den Bergepanzer FV106 Samson.

1973 baute Alvis 40 Striker für das britische Heer. Er baute zwar auf dem Standardlaufwerk des Spähpanzers auf, hatte aber einen höheren Aufbau als der Scorpion oder der Scimitar und eine abgeschrägte Bugplatte. Der FV103 Spartan hatte das gleiche Profil wie der Striker. Vorn auf dem Wannendach des FV102 befanden sich eine große, zylindrische Kommandantenkuppel sowie eine Lafette für ein 7,62-mm-MG. Hinten auf dem Wannendach gab es ein großes, rechteckiges Fünffach-Startgerät für Flugkörper mit einer Erhöhung von 35°. Dieses System konnte einen bis fünf drahtgelenkte Lenkflugkörper vom Typ Swingfire gleichzeitig abfeuern. Im Innenraum lagerten fünf weitere Flugkörper. Ein Flugkörper feuerte einen Gefechtskopf mit Hohlladung bis zu 4.000 Meter und durchdrang 800 Millimeter senkrechten Panzerstahl.

LENKFLUGKÖRPERTRÄGER FV102 STRIKER

Baujahr	1973
Stückzahl	48
Gewicht	8,1 t
Länge	4,80 m
Breite	2,23 m
Höhe	2,60 m
Antrieb	5,9-l-Dieselmotor Cummins BTA mit 190 PS
Höchstgeschwindigkeit (Straße)	80 km/h
Besatzung	3 Mann
Panzerung	Aluminiumlegierung, Panzerstahl 6 – 12,5 mm
Hauptbewaffnung	Startgerät für fünf Swingfire-Lenkflugkörper
Kampfbeladung	10 Flugkörper

EINSATZ IM GOLFKRIEG

Die ersten Swingfire-Flugkörper brachte der Striker über eine manuelle Steuerung durch den Schützen (MACLOS) ins Ziel, spätere Versionen hatten eine leichter zu bedienende, halbautomatische Steuerung (SACLOS). 1991 nahmen 24 Striker am Golfkrieg teil, und zwölf waren 2003 in der Anfangsphase des Irakkriegs dabei. Von 2005 bis 2006 musterte das britische Heer den Swingfire aus und ersetzte ihn durch den Javelin. Deshalb wurden die 48 vorhandenen Striker aus dem aktiven Dienst entfernt.

FV102 Striker

Ein paar britische Alvis-Lenkflugkörperträger wie dieses Fahrzeug, hier im Camp New Jersey in Kuwait, nahmen 2003 an der von den USA angeführten Invasion des Irak teil. Hier ist das Startgerät hinten auf der Wanne noch in der nicht erhöhten Ruheposition.

FV107 Scimitar

Der 1972 eingeführte Spähpanzer Alvis FV107 Scimitar war eine frühe Version der CVR(T)-Familie. Von 1972 bis 2006 baute Alvis/BAE Systems 325 britische, 175 jordanische und 144 belgische Scimitar. Letztere wurden 2006 aus dem aktiven Dienst genommen.

Der 7,8 Tonnen schwere FV107 hatte eine dreiköpfige Besatzung und war nicht so tödlich wie der Scorpion, mit dem er sich Wanne, Laufwerk und Motor teilte. Der Turm des Scimitar ähnelte dem des Panzerwagens Fox und des Scorpion. Darin saß eine 30-mm-Schnellfeuer-Maschinenkanone RARDEN L21 mit langem Rohr, ein koaxiales 7,62-mm-MG befand sich daneben. Die Kanone L21 konnte panzerbrechende Geschosse mit und ohne Treibspiegel, Panzersplittergeschosse, Sprenggranaten sowie Panzerbrandgeschosse abfeuern. Da er ein wenig leichter ist als der FV101, ist der Scimitar auf der Straße etwas schneller.

36 Scimitar nahmen 1991 am Golfkrieg teil, zwölf 2003 an der Invasion des Irak. Acht Panzer haben Jackal-Aufklärungseinheiten in Afghanistan unterstützt.

FV107 SCIMITAR MK.II

Baujahr	2010
Stückzahl	50
Gewicht	7,8 t
Länge (mit Rohr)	4,90 m
Breite	2,90 m
Höhe	2,10 m
Antrieb	5,9-l-Dieselmotor Cummins BTA mit 190 PS
Höchstgeschwindigkeit (Straße)	80 km/h
Besatzung	3 Mann
Panzerung	Aluminiumlegierung, Panzerstahl + Käfigpanzerung, 6 – 12,5 mm
Hauptbewaffnung	30-mm-Schnellfeuer-Maschinenkanone RARDEN L21
Kampfbeladung	800 Geschosse

MODERNISIERUNG

2009 rüstete BAE viele Scimitar mit neuen Getrieben und Luftfiltersystemen auf. Einige FV107 wurden auch zu Scimitar-/Spartan-Hybridfahrzeugen umgebaut. Von 2010 bis 2012 wurden 50 Scimitar bei BAE auf den Standard Mk.II modernisiert. Diese zwölf Tonnen schweren Fahrzeuge haben einen neuen minengeschützten Unterboden, Käfigpanzerung an Wanne und Turm, Sitze, die die Wucht einer Explosion abfedern können, und generalüberholte Cummins-Motoren. Im Jahr 2018 hatte das britische Heer noch 192 Scimitar und Scimitar Mk.II.

FV107 Scimitar

Dieser frühe Scimitar, wohl aus den 1980er-Jahren, hatte ein Tarnkleid in trübem Feldgrau und Erdbraun. Das Tarnnetz auf dem Kanonenrohr und dem Turm bricht die Silhouette weiter auf.

FV107 Scimitar
Vor der Verlegung nach Afghanistan wurden die britischen Scimitar auf den Standard Mk.II gebracht. Dieser erhöhte die Überlebensfähigkeit dank einer Käfigpanzerung um den Turm und die Wanne.

Ein Mannschaftstransportwagen Spartan des britischen Heeres vom 22nd Engineer Regiment mit IFOR-Abzeichen in Split, Kroatien.

FV510 Warrior

Von 1988 bis 1998 baute Alvis/BAE 384 Schützenpanzer Warrior, dazu 404 Spezialpanzer FV511-15 und 254 Panzer Desert Warrior für Kuwait. Der 28 Tonnen schwere Warrior hatte drei Mann Besatzung und konnte sieben Infanteriesoldaten transportieren.

Der Schützenpanzer hatte einen ähnlichen Aufbau wie die Fahrzeuge der CVR(T)-Familie. Darauf saß ein vorn abgeschrägter Turm mit senkrechten Seiten. In dem Turm von GKN Sankey saß die nicht stabilisierte 30-mm-Schnellfeuer-Maschinenkanone RARDEN L21 mit langem Rohr. Diese Waffe hatte eine nominelle Feuerfolge von 90 Schuss/min. Weiterhin saßen im Turm ein koaxiales 7,62-mm-MG L94A1 sowie zwei Nebelwerfer mit je vier Rohren. Schutz bot eine verschweißte Panzerung aus einer Aluminiumlegierung. Nach dem Golfkrieg 1991 erhielten alle FV510 eine Zusatzpanzerung.

Mit dem 510 PS starken Dieselmotor erreichte der Panzer trotz seines hohen Gewichts eine beachtliche Höchstgeschwindigkeit von 75 km/h auf der Straße. Da der Warrior in die Jahre gekommen ist, hat er mehrere Modernisierungen erfahren. So erhielten 350 Warrior von 2005 bis 2007 Thales-BGTI-Nachtvisiere. Die 112 nach Afghanistan (2006–2015) verlegten Fahrzeuge erhielten eine zusätzliche Käfigpanzerung gegen Panzerabwehrgranaten, stärkere Unterbodenpanzerung gegen Minen und eine „Wrap-Two"-Zusatzpanzerung.

2017 baute Lockheed-Martin die ersten beiden Prototypen für ein Modernisierungsprogramm für insgesamt 250 Fahrzeuge. Diese FV520 Warrior II zeichnen sich aus durch einen neuen Turm mit der fortschrittlichen 40-mm-Maschinenkanone zum Verschuss von Teleskoppatronen (CTAI CT-40), ein moderneres Feuerleitsystem und Thales-Zielerfassungskomponenten. Dazu erhielten sie eine modulare Zusatzpanzerung mit Käfigpanzerung, pfeilförmige Reaktivpanzerkacheln an der Seite der Wanne und minengeschützte Sitze.

FV510 WARRIOR

Baujahr	1988
Stückzahl	384 (+ 254 Exportmodelle)
Gewicht	28,0 t
Länge	6,34 m
Breite	3,00 m
Höhe	2,79 m
Antrieb	V8-Dieselmotor Perkins-Rolls-Royce Condor mit 510 PS
Höchstgeschwindigkeit (Straße)	75 km/h
Besatzung	3 Mann (+ 7 Infanteristen)
Panzerung	Aluminiumlegierung + Zusatzpanzerung
Hauptbewaffnung	30-mm-Schnellfeuer-Maschinenkanone RARDEN L21
Kampfbeladung	250 Geschosse

FV510 Warrior

Der Warrior konnte eine siebenköpfige Infanteriegruppe transportieren, die die großen Hecktüren nutzten. Wie alle britischen Schützenpanzer hat er keine Schießluken. Daher konnten die Soldaten nicht aus dem Panzer schießen.

Dieser britische Warrior, Fahrzeug 330, trägt auf den Zusatzpanzermodulen an der Wannenseite die Abzeichen der Stabilisierungsstreitkräfte SFOR. Hier bei einer Gefechtsübung mit den US-Truppen.

Der neue FV520 Warrior II wird einen neuen Turm erhalten, in dem die 40-mm-Maschinenkanone CT-40 sitzt. Hier ist der Prototyp beim Abfeuern der Kanone zu sehen.

Ajax

2014 erhielt General Dynamics-UK den Auftrag, 589 Schützenpanzer Ajax als Ersatz für die alternden CVR-(T) zu bauen. Das Kettenfahrzeug ist eine Weiterentwicklung des ASCOD der österreichischen und spanischen Streitkräfte und gehört zu einer Familie, von der es neun verschiedene Grundversionen gibt.

Der Vertrag von 2014 umfasste 245 Schützenpanzer Ajax mit Turm, 256 PMRS-Spähpanzer ohne Turm aber mit Waffenstand und 88 Berge-/Werkstattpanzer Atlas/Apollo. Zu den Ajax-Versionen zählen 198 Schützen-/Spähpanzer (RSV), während bei den PMRS-Versionen 59 Mannschaftstransportwagen Ares und 112 Führungspanzer Athena enthalten sind.

Von 2017 bis 2018 wurden vier Ajax RSV Erprobungen unterzogen. Der 38 Tonnen schwere Ajax hat zwei Mann Besatzung und einen langen, flachen Turm von Rheinmetall. Dort befindet sich die fortschrittliche 40-mm-Maschinenkanone von Nexter/BAE zum Verschuss von Teleskoppatronen (CTAI CT-40). Die kompakte Munition braucht 30 Prozent weniger Platz als herkömmliche Munition und ist an ein modernes Feuerleitsystem mit zahlreichen Sensoren und innovativen, digitalen Zielerfassungssystemen gekoppelt.

Hinten auf dem Turm ist ein fernbedienter Waffenstand von Kongeberg mit einem koaxialen 7,62-mm-MG oder einem Javelin-Flugkörper, vorn befinden sich zwei Nebelwerfer mit je acht Rohren. Der Ajax RSV hat eine moderne modulare Panzerung, die an den Wannenseiten über den Seitenschürzen hängt, die wiederum fast auf den Boden reichen. Die ballistisch geformte Unterbodenpanzerung bietet Schutz vor Minen, die Sitze können die Wucht einer Explosion abfedern. Mit dem 816 PS starken Dieselmotor erreicht der Ajax eine Geschwindigkeit von 71 km/h auf der Straße.

AJAX

Baujahr	2018
Stückzahl	4 (589 geplant)
Gewicht	38,0 t
Länge	7,62 m
Breite	3,35 m
Höhe	3,00 m
Antrieb	V8-Turbodiesel MTU 199 TE-21 mit 816 PS
Höchstgeschwindigkeit (Straße)	71 km/h
Besatzung	2 Mann
Panzerung	Fortschrittliche modulare Panzerung + Seitenschürzen
Hauptbewaffnung	40-mm-Maschinenkanone CTAI CT-40
Kampfbeladung	300 Geschosse

Ajax

Dieser Prototyp des Ajax RSV zeigt deutlich die aufgeschraubten Schottpanzermodule oben und unten an den Wannenseiten. Er verfügt nicht über die weichen getarnten Seitenschürzen zur Reduzierung der Wärmesignatur.

VBCI

VBCI CTA-40
Dieser Prototyp CTA-40 von 2015 hat eine 40-mm-Maschinenkanone zum Verschuss von Teleskoppatronen und die „Chamäleon"-Tarnung, bei der organische Leuchtdioden (OLED) die Farbe des Fahrzeugs an die Umgebung anpassen.

Das Véhicule Blindé de Combat d'Infanterie (VBCI) ist ein französischer 8x8-Schützenpanzer. 2008 lief die Produktion an, bis 2015 wurden 630 Fahrzeuge, darunter 110 Führungspanzer, gebaut. Die Wanne besteht aus verstärktem Aluminium und Schweißstahl. Die modulare THD-Zusatzpanzerung aus Titan und Stahl bietet Schutz vor panzerbrechender Munition bis 14,5 Millimeter. Für den aktiven Schutz sorgen vier Galix-Granatwerfer und ein V-förmiger Unterboden, der TNT-Sprengfallen bis zu zehn Kilogramm standhält. Den Antrieb des VBCI besorgt ein 500-PS-Dieselmotor, der für 100 km/ auf der Straße gut ist. Im Dragar-Geschützturm befinden sich eine 25-mm-GIAT-Maschinenkanone und ein koaxiales 7,62-mm-MG. Es ist Platz für neun Soldaten. Der Führungspanzer hat ein 12,7-mm-MG und kann sieben Soldaten transportieren, die Mannschaftstransportwagen-Exportversion hat ein 7,62-mm-MG und kann zehn bis 14 Soldaten aufnehmen.

Der VBCI wurde in Afghanistan und Mali eingesetzt. Katar und die Vereinigten Arabischen Emirate sind in Verhandlungen über die Beschaffung des VBCI. Der Prototyp VBCI 2 von 2015 hat als kampfwertgesteigertes Exportmodell einen 600-PS-Dieselmotor von Volvo, eine 40-mm-Maschinenkanone im Turm, ein fernbedientes 7,62-mm-MG und zwei Lenkflugkörper. Die Wanne aus verschweißtem Aluminium kann durch eine modulare THD-Zusatzpanzerung aus Titan und Stahl verstärkt werden. Die neue „Chamäleon"-Tarnung passt die Farbe des Fahrzeugs dem Hintergrund an und reduziert so die optische und die Infrarotsignatur.

VBCI

Baujahr	2008
Stückzahl	630
Gewicht	25,6 t
Länge	7,60 m
Breite	2,98 m
Höhe	3,00 m
Antrieb	Turbodiesel von Renault mit 500 PS
Höchstgeschwindigkeit (Straße)	100 km/h
Besatzung	3 Mann (+ 9 Infanteristen)
Panzerung	Aluminium/Panzerstahl + modulare THD-Zusatzpanzerung aus Titan und Stahl, 8 – 15 mm
Hauptbewaffnung	25-mm-Maschinenkanone GIAT M811
Kampfbeladung	400 Geschosse

VBCI
Der ursprüngliche VBCI in Afghanistan, etwa 2012, mit einer zusätzlichen Käfigpanzerung gegen eintreffende Panzerabwehrgranaten. Der Dragar-Turm verfügt über eine 25-mm-Maschinenkanone.

Panhard VBL

Der Panhard Véhicule Blindé Léger (leichtes gepanzertes Fahrzeug) wurde 1987 als leichtes 4x4-Aufklärungsfahrzeug in Frankreich entwickelt und 1980 in Dienst gestellt. Insgesamt wurden 2.554 Fahrzeuge gebaut. Der VBL ist durch eine vier bis zwölf Millimeter starke Schicht aus Panzerstahl gegen Kleinwaffenfeuer geschützt. Das Fahrzeug ist vollamphibisch und bietet ABC-Schutz sowie Schutz gegen Minen. Ein 95 PS starker Turbodiesel von Peugeot sorgt für eine Höchstgeschwindigkeit von 95 km/h. Als Hauptbewaffnung dient ein französisches oder belgisches 7,62-mm-MG in einer Ringlafette.

Der Kampfaufklärer hat ein schweres 12,7-mm-Browning-MG, die Panzerjäger sind mit Lenkflugkörpern vom Typ Milan oder Eryx ausgerüstet. Ein spezieller Jagdpanzer verfügt über eine rückstoßfreie 84-mm-Panzerabwehrhandwaffe von Bofors, die 550 Millimeter senkrechten Panzerstahl durchdringt und nur einmal abgefeuert werden kann. Der VBL ist in der C-160 Hercules und im Airbus A400M luftverladbar und kann aus der Luft abgeworfen werden.

Frankreich besitzt derzeit 1.621 VBL. 933 Fahrzeuge wurden in andere Staaten exportiert, darunter befinden sich Griechenland (242) und der Oman (132). Der VBL ging mit den französischen UN-Einheiten nach Bosnien, wo er während der Belagerung von Sarajewo den Spitznamen „Sarajewo-Taxi“ bekam.

Er wurde in den 1990er-Jahren auch im Kosovo, in Somalia und im Libanon eingesetzt, ab 2000 dann auch in Afghanistan, der Elfenbeinküste und Nord-Mali. Nigerianische VBL mit schweren 12,7-mm-Browning-MGs haben ferner umfangreiche Operationen gegen Aufständische im Nigerdelta durchgeführt.

PANHARD VBL

Baujahr	1990
Stückzahl	2.554
Gewicht	3,5 t
Länge	3,80 m
Breite	2,52 m
Höhe	1,70 m
Antrieb	Turbodiesel Peugeot XD3T mit 95 PS
Höchstgeschwindigkeit (Straße)	95 km/h
Besatzung	2 – 3 Mann
Panzerung	Gewalzter homogener Panzerstahl, 4 – 12 mm
Hauptbewaffnung	Französisches AA52- oder belgisches GMPG-7,62-mm-MG
Kampfbeladung	3.800 Geschosse

Panhard VBL
Die Aufklärungsversion ist erkennbar an dem 12,7-mm-MG Browning M2HB mit Schutzschild auf einer Ringlafette. Sie hat auch ein VHF-Funkgerät. Dieses Fahrzeug wurde von UNPROFOR in Jugoslawien häufig eingesetzt.

Der deutsche Puma

Der Puma ist ein Mannschaftstransportwagen/Schützenpanzer, der den in die Jahre gekommenen Marder bei der Bundeswehr ablösen soll. Die Entwicklung begann 1998, im Jahr 2004 gab es die ersten Prototypen und ab 2009 wurden die ersten 350 Panzer gebaut. 2015 wurden sie erstmals in den Dienst gestellt. Der Puma ist einer der am besten geschützten Schützenpanzer der Welt, die Schutzstufe lässt sich zudem variieren. Die Schutzstufe A für den im Airbus A400 luftverladbaren Puma schützt vor panzerbrechenden 14,5-mm-Geschossen. Die Schutzstufe C umfasst eine Schottpanzerung aus AMAP-Verbundpanzerelementen für die Seiten, den Turm und das Dach, die vor mittelkalibrigen Geschossen Schutz bietet. Dieser Schutz wirkt gegen Wuchtgeschosse und Hohlladungen.

UNTERBODENPANZERUNG

Der Unterboden des Puma schützt vor Minen und Sprengfallen bis zu zehn Kilogramm. Dazu soll der Puma ein multifunktionales Selbstschutz-System (MUSS) erhalten, das die Lenksensorik eintreffender Flugkörper stört.

Der Puma hat einen starken 1.090-PS-Turbodiesel von MTU, der mit einer Höchstgeschwindigkeit von 70 km/h dafür sorgt, dass der Puma mit dem Leopard 2 Schritt halten kann. Eine 30-mm-Maschinenkanone Rheinmetall MK 30-2/ABM dient als Hauptbewaffnung. Sie verschießt Unterkalibermunition, panzerbrechende KE-Munition und KETF-Munition, die Wolfram-Subprojektile ausstößt. Die Nebenbewaffnung besteht aus einem koaxialen 5,56-mm-MG HK MG4.

Dazu kann der Puma mit einem Startgerät für den Lenkflugkörper Spike-LR ausgestattet werden. Kanada, Kroatien und Tschechien haben ihr Interesse am Puma bekundet.

SCHÜTZENPANZER PUMA

Baujahr	2009
Stückzahl	190
Gewicht	31,5 t
Länge	7,60 m
Breite	3,90 m
Höhe	3,60 m
Antrieb	V10-Turbodiesel MTU 892 mit 1.090 PS
Höchstgeschwindigkeit (Straße)	70 km/h
Besatzung	3 Mann (+ 6 Infanteristen)
Panzerung	Gewalzter homogener Panzerstahl und AMAP-Verbundpanzerung, 8 – 15 mm
Hauptbewaffnung	30-mm-Maschinenkanone Rheinmetall MK 30-2/ABM
Kampfbeladung	400 Geschosse

Ein deutscher Puma in voller Fahrt auf dem Übungsplatz. Man sieht die Schutzplatten an den Seiten und am Turm.

Der italienische Puma

Der italienische Puma ist ein leichter 4x4- und 6x6-Radpanzer, der den Jagdpanzer Centauro in den Aufklärungseinheiten und als Spähpanzer der Infanterie unterstützt.

1988 stellte das Konsortium aus Iveco Fiat und OTO Melara die ersten Prototypen fertig. In der Folge bestellte Italien 580 Puma (250 6×6 und 330 4×4), die 2003 ihren Dienst aufnahmen. Die selbsttragende Wanne aus acht bis 13 Millimeter starken Stahlplatten bietet Schutz vor Kleinwaffenfeuer. Der 160 PS starke Turbodiesel sorgt für eine Höchstgeschwindigkeit von 110 km/h (4x4) und 100 km/h (6x6). Das Fahrzeug ist luftverladbar und kann in den Hubschraubern CH54 Stallion und CH47 Chinook transportiert werden.

Hauptbewaffnung ist ein 7,62-mm-MG3 oder ein schweres 12,7-mm-MG M2HB. Es können aber auch ein 40-mm-Granatwerfer oder ein fernbedienter Waffenstand von OTO Melara mit einem 12,7-mm-MG installiert werden. Auf dem Dach können zudem Lenkflugkörper vom Typ TOW oder Milan oder eine Mistral-Boden-Luft-Rakete montiert werden. Alle Fahrzeuge haben zwei Nebelwerfer mit je drei Rohren.

Der modulare Aufbau erlaubt einen schnellen Umbau zum Spähpanzer, Flugkörperträger, Mörserträger, San-Panzer oder Führungsfahrzeug. Exporte gab es kaum. Argentinien und Dschibuti haben je zwei Puma beschafft. 2013 erhielt Libyen 20 Puma zur Bekämpfung des IS.

Der 4x4 wird bei acht italienischen Aufklärungsregimentern und zwei Regimentern der Sondertruppen eingesetzt, während der 6x6 bei Infanterieregimentern, den Carabinieri und den Elitetruppen der Fallschirmjäger, Luftlandetruppen und Gebirgstruppen zum Einsatz kommt. Einige Puma waren auch an Friedenseinsätzen in Afghanistan beteiligt.

PUMA 6X6

Baujahr	2003
Stückzahl	250
Gewicht	7,0 t
Länge	4,76 m
Breite	2,09 m
Höhe	1,67 m
Antrieb	4-Zylinder-Turbodiesel Iveco TD mit 160 PS
Höchstgeschwindigkeit (Straße)	100 km/h
Besatzung	2 Mann (+ 4-8 Infanteristen)
Panzerung	Gewalzter Panzerstahl, 8 – 13 mm
Hauptbewaffnung	7,62-mm-MG3 oder ein schweres 12,7-mm-MG M2HB
Kampfbeladung	2.000 Geschosse (7,62-mm)

Puma

Hier sieht man das flache Profil des italienischen Puma 6x6. Die Staukörbe an den Seiten sind für Geräte wie eine Bergungswinde, Kanister und einen Reparatursatz vorgesehen.

LGS Fennek

Der LGS Fennek („Wüstenfuchs") ist ein leichter Vierrad-Spähpanzer der deutschen und niederländischen Streitkräfte. 410 niederländische und 222 deutsche Fahrzeuge wurden 2001 in Auftrag gegeben. Insgesamt wurden 700 Stück gebaut. In der Türkei wurde er ab 2004 in Lizenz produziert. Die Wanne aus verschweißtem Panzerstahl bietet Schutz vor Kleinwaffenfeuer. Mit dem 240-PS-Dieselmotor erreicht der Fennek auf der Straße 115 km/h.

Die niederländische Version hat ein 12,7-mm-MG M2HB und einen Rafael-Spike- oder MRAT-Lenkflugkörper. Das deutsche Fahrzeug hat ein 7,62-mm-MG3 von Rheinmetall, das gegen eine 40-mm-Maschinenkanone Heckler & Koch GMG ausgetauscht werden kann. Es gibt auch einen niederländischen Fla-Panzer mit einem Startgerät für Stinger-Flugabwehrraketen. Beide Versionen verfügen über zwei Nebelwerfer mit je drei Rohren.

Viele deutsche Fenneks haben eine Mini-Drohne Aladin an Bord. Zu den Sensoren gehören ein Wärmebildgerät, eine Tageslichtkamera und außerdem ein Laser-Entfernungsmesser. Dieser kann mit dem GPS und dem Trägheitsnavigationssystem eine exakte Zielmarkierung und Übergabe an andere Panzer über das digitale Gefechtsfeldnetz ermöglichen. Mit dem Führungssystem Adler II kann der Fennek auch als Artilleriebeobachter dienen.

Sowohl Deutschland als auch die Niederlande haben den Fennek in Afghanistan eingesetzt. Das deutsche Heer bildete dort Trupps zur gemeinsamen Feuerunterstützung (JFST), die als vorgeschobene Beobachter und Fliegerleittrupps dienen.

LGS FENNEK (NIEDERLÄNDISCHE VERSION)	
Baujahr	2001
Stückzahl	410
Gewicht	5,5 t
Länge	5,58 m
Breite	2,55 m
Höhe	1,79 m
Antrieb	Dieselmotor von Deutz mit 240 PS
Höchstgeschwindigkeit (Straße)	115 km/h
Besatzung	3 Mann
Panzerung	Gewalzter homogener Panzerstahl, 8 – 13 mm
Hauptbewaffnung	Fernbedientes 12,7-mm-MG M2HB
Kampfbeladung	1.000 Geschosse

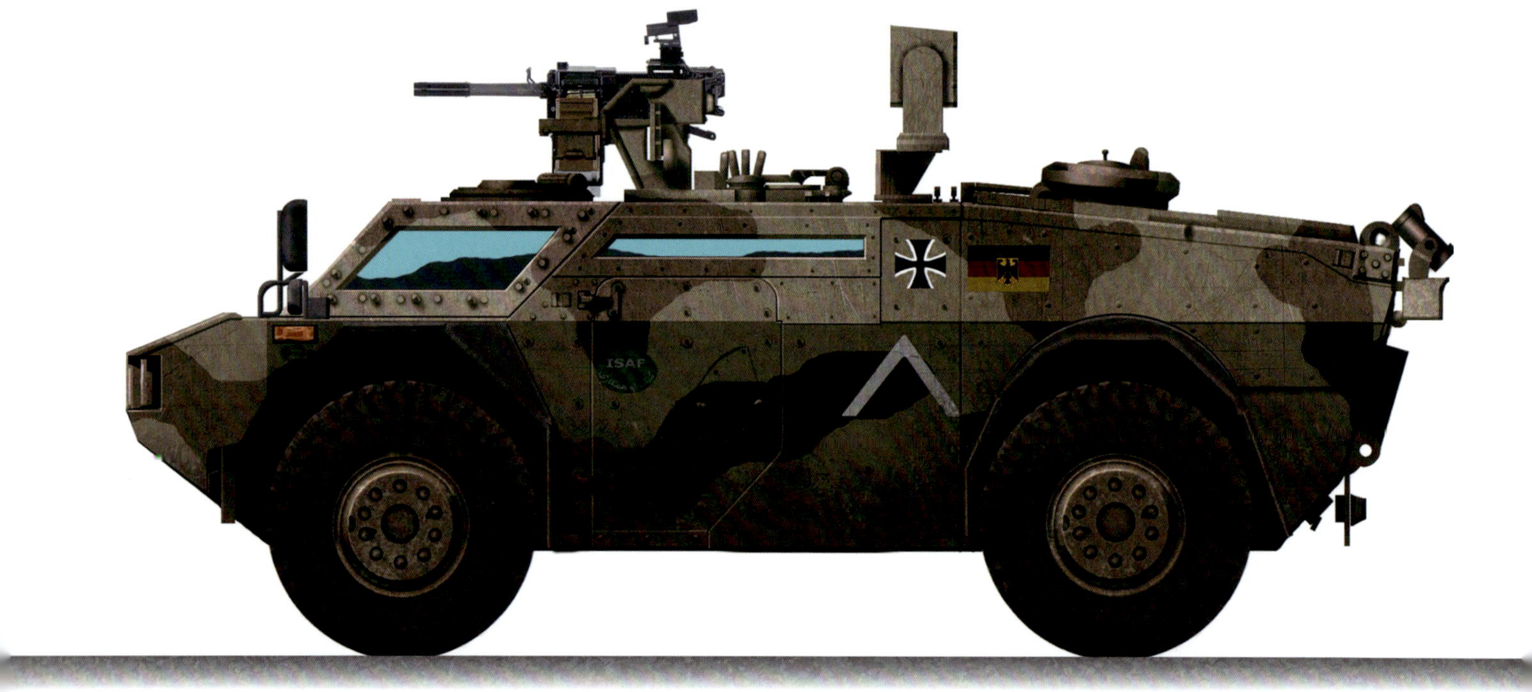

LGS Fennek

Dieser Fennek der Bundeswehr diente bei ISAF in Afghanistan. Oft wurden die Scheiben mit Splitterschutzfolie gegen Panzerabwehrgranaten beklebt.

Ein Fennek des Königlich Niederländischen Heeres. Der Fennek hat ein Beobachtungspaket auf einem ausfahrbaren Mast, der auf diesem Foto gut zu erkennen ist. Die Sensorsuite umfasst ein Wärmebildgerät, eine Tageslichtkamera und einen Laser-Entfernungsmesser.

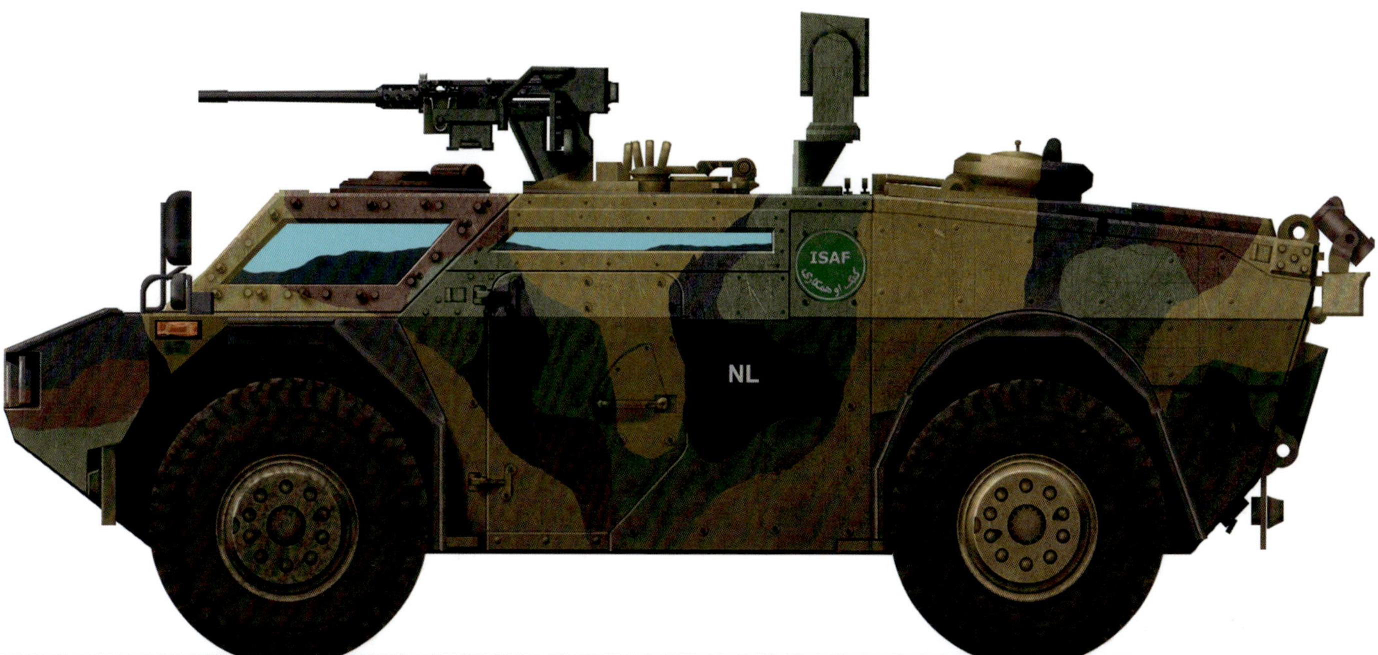

LGS Fennek

Ein niederländischer Fennek, ebenfalls bei der ISAF in Afghanistan. Das 12,7-mm-MG, der Rafael-Spike-Lenkflugkörper und die Beschriftung NL zeichnen die niederländische Variante aus.

YPR-765

Der YPR-765 von BAE 1967 wurde für die Niederlande gebaut. Als dem M2 Bradley als Mannschaftstransportwagen der Vorzug gegeben wurde, konstruierte man das Fahrzeug 1970 zum Schützenpanzer um. Die Niederlande bestellten fünf Jahre später 2.079 Fahrzeuge, darunter 119 mit TOW-Flugkörpern.

Der YPR ähnelte zwar dem amerikanischen M113, aber er hatte eine Wanne aus verschweißtem Aluminium mit verschraubten Stahl-Laminatplatten vorn und an den Seiten. Mit PU-Schaum gefüllte Hohlräume machen das Fahrzeug vollamphibisch. Als Hauptbewaffnung fungierte eine 25-mm-Maschinenkanone Oerlikon Contraves, als Nebenbewaffnung ein koaxiales 7,62-mm-MG FN MAG. Das Fahrzeug konnte bis zu sieben Infanteriesoldaten transportieren.

Mit dem 267-PS-Dieselmotor erreichte es eine Höchstgeschwindigkeit von 61 km/h. Das Feuerleitsystem besaß Tagsichtperiskope mit einem zentralen passiven Infrarotvisier und fünf Periskope für den Kommandanten. Seinen ersten Einsatz absolvierte der YPR bei der IFOR-Friedensmission in Bosnien 1997. Einige Fahrzeuge erhiehlten während des Krieges in Afghanistan zusätzliche Reaktivpanzerkacheln und eine Käfigpanzerung.

Der YPR ist inzwischen technisch überholt und wurde durch 183 Kettenpanzer CV9035NL, 400 Radpanzer Fennek und 200 Boxer ersetzt. 1.408 Fahrzeuge wurden nach Bahrain, Chile, Ägypten, Jordanien, Belgien, in die Philippinen und die Türkei exportiert. Es gibt mehr als 15 Spezialversionen, darunter Batterie-Feuerleitfahrzeuge, Mörserträger, Artilleriebeobachtungsposten, Radarfahrzeuge und Jagdpanzer.

YPR-765

Baujahr	1975
Stückzahl	2.079
Gewicht	25,0 t
Länge (mit Rohr)	5,26 m
Breite	2,82 m
Höhe	2,62 m
Antrieb	V6-Dieselmotor Detroit 53T mit 267 PS
Höchstgeschwindigkeit (Straße)	61 km/h
Besatzung	3 Mann (+ 7 Infanteristen)
Panzerung	Verschweißtes Aluminium mit Stahl-Laminatplatten, 15 – 30 mm
Hauptbewaffnung	25-mm-Maschinenkanone Oerlikon Contraves KBA-B02
Kampfbeladung	314 Geschosse

YPR-765A1

Ein niederländischer YPR-765A1 bei den SFOR-Stabilisierungskräften der NATO im Friedenseinsatz in Bosnien-Herzegowina nach 1996. Die zusätzliche Käfigpanzerung bietet Schutz vor Panzerabwehrgranaten.

Piranha II
Dieser Mowag 8x8 APC90 des Schweizer Heeres hat einen fernbedienten Waffenstand mit einem schweren 12,7-mm-MG und zwei Nebelwerfer mit je vier Rohren.

Piranha

Die seit 1972 bei MOWAG (seit 2004 General Dynamics European Land-Systems, GDELS) in der Schweiz gebaute Piranha-Familie modularer Radpanzer als Schützen-/Spähpanzer ist derzeit die einflussreichste Radpanzerkonstruktion. Bis 2018 wurden 8.118 Piranha oder von ihm abgeleitete Fahrzeuge dort gebaut oder andernorts in Lizenz produziert und sind in 21 Staaten unterwegs. Von dem vollamphibischen, luftverladbaren Fahrzeug gibt es zahlreiche Varianten, darunter LAV-25, Coyote und Stryker. Es gibt fünf Generationen (Piranha I-V) in vier Klassen (4x4, 6x6, 8x8 und 10x10), die unterschiedlich lange Versionen der Wanne mit ihrem rautenförmigen Querschnitt aufweisen. Diese modulare Konstruktion ermöglicht es MOWAG/GDELS, Hauptbewaffnung, Motor, Panzerung und Fahrwerk an die Bedürfnisse des Kunden anzupassen.

VERSION PIRANHA IB

Der 1972 bis 1980 gebaute, nicht ABC-geschützte Piranha IB als 4x4/6x6/8x8-Version hatte einen spitzen Bug, einen 275-PS-Dieselmotor und 3 Mann Besatzung. Von 1976 bis 1980 baute Kanada in Lizenz 185 Piranha IB 6x6 mit einer 76-mm-Kanone als Schützenpanzer AVGP Cougar, von 1983 bis 1987 baute FAMAE in Chile 108 Piranha IB 6x6/8x8, darunter 22 Feuerunterstützungspanzer mit einer 90-mm-Kanone in einem Turm.

SCHÜTZENPANZER PIRANHA II 8X8	
Baujahr	1980
Stückzahl	2.700 (alle Versionen)
Gewicht	10,5 t (unbeladen, ohne Turm/Waffenstand)
Länge	6,98 m
Breite	2,63 m
Höhe	1,90 m
Antrieb	MTU-Dieselmotor mit 275 bis 350 PS
Höchstgeschwindigkeit (Straße)	100 km/h
Besatzung	3 Mann (+ 5 Infanteristen)
Panzerung	Panzerstahl und zusätzliche modulare Verbundpanzerung
Hauptbewaffnung	1 x 12,7-mm-MG im fernbedienten Waffenstand und Granatwerfer
Kampfbeladung	300 Geschosse

PIRANHA II

Der ABC-geschützte Piranha II 8x8 von 1980 hatte ein längeres Chassis, bessere Panzerung, einen modularen Motorraum und eine neue Radaufhängung. Die Schützen- und Feuerunterstützungspanzer Piranha II hatten 275 bis 350 PS und verschiedene Bewaffnungen, darunter eine 25-mm-Maschinenkanone in einem Turm, ein 12,7-mm-MG auf dem Turmdach oder ein 7,62-mm-MG in einem fernbedienten Waffenstand.

Die wichtigsten Export- und Lizenzversionen des Piranha II 8x8 sind: 256 australische Schützenpanzer ASLAV mit 25-mm-Maschinenkanone, 199 kanadische Mannschaftstransportwagen Bison für acht Soldaten, 204 kanadische Spähpanzer Coyote, 34 omanische Schützenpanzer mit 30-mm-Kanone, 36 katarische Feuerunterstützungspanzer mit 90-mm-Kanone, 512 Schweizer APC93 und 893 LAV-25 mit USMC-Maschinenkanone.

PIRANHA IIIH

Der 1995 eingeführte Piranha IIIH 8x8 besaß einen abgerundeten Bug, einen größeren Innenraum sowie Zusatzpanzerung und verschiedene Bewaffnungsmöglichkeiten. Von 1995 bis 1999 baute General Dynamics in Kanada 550 Schützenpanzer LAV III mit 25-mm-Maschinenkanone. 2003 bis 2004 entstanden 102 nicht amphibische leichte Panzerfahrzeuge mit minengeschütztem Unterboden für Neuseeland (NZLAV), acht davon dienten 2012 bis 2013 mit zusätzlicher Käfigpanzerung in Afghanistan. 1998 bis 2004 kaufte Schweden 44 IIIH 10x10 mit 105-mm-Kanone.

PIRANHA IIIC

Der Piranha IIIC von 2005 verfügte über einen 400-PS-Dieselmotor und eine umkonstruierte Radaufhängung. Von 2008 bis 2010 beschaffte Belgien 242 IIIC (teilweise auch in Lizenz gebaut), darunter 18 Direktfeuerfahrzeuge DF90 mit einer 90-mm-Cockerill-Kanone im belgischen Turm CMI-LCTS90. Dänemark kaufte 115 IIIC mit einem 12,7-mm-MG in einem Lemur-Turm. Brasilien beschaffte 30 IIIC 8x8 von 2006 bis 2008, darunter 19 Mannschaftstransportwagen und vier Führungsfahrzeuge. 290 IIIC gingen an sechs weitere Staaten.

Piranha II
Das Heer von Oman beschaffte 34 an das Wüstenklima angepasste Schützenpanzer Piranha II mit der Alvis-30-mm-Kanone in einem Turm.

Jagdpanzer Piranha II CCTS-90
Katar kaufte 36 Jagdpanzer Piranha II CCTS-90 mit dem großen belgischen Turm CMI-CCTS-90 und der langen 90-mm-Cockerill-Kanone. Die Tarnung besteht aus braunen, schablonierten Laubblättern auf der sandfarbenen Grundtarnung.

Piranha IIIC/DF90
Belgien baute 18 DF90 in Lizenz. Diese Piranha IIIC haben den belgischen Turm CMI-LCTS90 mit der 90-mm-Cockerill-Kanone L/48,5.

SCHÜTZENPANZER PIRANHA IIIC 8X8

Baujahr	1994
Stückzahl	2.700 (alle Versionen)
Gewicht	10,5 t (unbeladen, ohne Turm/Waffenstand)
Länge (mit Rohr)	7,45 m
Breite	2,66 m
Höhe	1,90 m
Antrieb	Dieselmotor Detroit 6V-53TA Silver mit 400 PS
Höchstgeschwindigkeit (Straße)	100 km/h
Besatzung	3 Mann (+ 5 Infanteristen)
Panzerung	Panzerstahl und zusätzliche modulare Verbundpanzerung
Hauptbewaffnung	1× 90-mm-Kanone CTS Cockerill
Kampfbeladung	300 Geschosse

Die Frontansicht eines belgischen Direktfeuerfahrzeugs Piranha IIIC/DF90 zeigt den hohen, schmalen Querschnitt und den für die Piranha III–V typischen, abgerundeten Bug.

LAV III

Optisch ähnelte der kanadische LAV III stark dem amerikanischen M1126 Stryker ICV. Beide stammen vom Piranha III 8x8 ab.

PIRANHA IV UND V

Der 2006 eingeführte Schützenpanzer Piranha IV für sechs Soldaten hatte einen 545 PS starken Dieselmotor von MTU und acht verschiedene Bewaffnungen, darunter ein fernbedienter Waffenstand von Landsysteme und die 30-mm-Delco-Kanone. Im Jahr 2009 kaufte Dänemark 90 Fahrzeuge.

2018 lieferte GDELS die ersten von 309 Piranha V 8x8 an Dänemark aus, darunter Mannschaftstransportwagen, Schützenpanzer und Führungsfahrzeuge. Der Piranha V hat einen 580-PS-Dieselmotor von MTU, das energiesparende FEDS-Antriebssystem sowie eine verbesserte modulare Panzerung.

LAV-M(S)

Baujahr	1980
Stückzahl	unbekannt
Gewicht	10,5 t
Länge	6,73 m
Breite	2,51 m
Höhe	2,69 m
Antrieb	MTU-Dieselmotor mit 275 bis 350 PS
Höchstgeschwindigkeit (Straße)	100 km/h
Besatzung	4 Mann
Panzerung	Panzerstahl und zusätzliche modulare Verbundpanzerung
Hauptbewaffnung	1× 120-mm-Mörser, 1x 7,62-mm-MG M240E
Kampfbeladung	40 Geschosse

LAV-M(S)

Saudi-Arabien beschaffte für die vier mechanisierten Brigaden der Nationalgarde den Schützenpanzer LAV-M(S), der auf den Piranha II 8x8 mit dem spitzen Bug zurückgeht.

Tulpar

Der Tulpar („Pegasus“) ist ein türkischer Schützenpanzer für neun Soldaten, den Otokar ab 2013 zur Unterstützung des Kampfpanzers Altay gebaut hat. Er hat das Mizrak-U-Turmsystem mit einem koaxialen 7,62-mm-MG und einer 30-mm-Oerlikon-Maschinenkanone, dazu zwei Granatwerfer mit vier Rohren. Die dreiköpfige Besatzung kann auch Lenkflugkörper abfeuern. Der Tulpar hat einen kompletten ballistischen und ABC-Schutz. Die modulare Panzerung schützt vor Kleinwaffenfeuer. Mit zusätzlichen Panzermodulen hält er Geschossen bis zu 25 Millimetern stand.

FÜR DEN ORTSKAMPF

Der Tulpar ist gut gegen Sprengfallen geschützt, der Unterboden hält einer Explosion von zehn Kilogramm TNT stand. Mit seinem mächtigen 810-PS-Turbodiesel kommt er auf eine Höchstgeschwindigkeit von 70 km/h. Die elektro-optischen Sensoren bieten Rundumsicht bei Tag und Nacht, und für koordinierte Einsätze ist er voll mit dem Altay vernetzt. Der Tulpar wiegt 32 Tonnen und kann im Airbus A400 transportiert werden.

Es sind ein Dutzend Versionen geplant, ein 120-mm-Mörserträger, 122- und 300-mm-TR-Raketenstartgeräte, ein Jagdpanzer mit 105-mm-Kanone und ein Gefechtsfeld-Aufklärungspanzer. Es wird erwartet, dass die Türkei 400 Tulpar in Auftrag geben wird.

Bislang gibt es zwei Prototypen. Auch an den Export ist gedacht. Aserbaidschan prüft derzeit die Beschaffung. Der Prototyp Tulpar-S aus dem Jahr 2015 ist ein leichterer und kleinerer amphibischer Schützenpanzer, der Platz für zwei Soldaten bietet und auch als Aufklärungspanzer mit Lenkflugkörper, Waffenträger oder Mannschaftstransportwagen für acht Soldaten konfiguriert werden kann.

TULPAR	
Baujahr	2013
Stückzahl	2
Gewicht	32,0 t
Länge	7,23 m
Breite	3,40 m
Höhe	2,70 m
Antrieb	V8-Dieselmotor Scania DSI 14/16 mit 810 PS
Höchstgeschwindigkeit (Straße)	70 km/h
Besatzung	3 Mann (+ 9 Infanteristen)
Panzerung	Gewalzter homogener Panzerstahl + modulare Panzerung, 8 – 15 mm
Hauptbewaffnung	30-mm-Oerlikon-Maschinenkanone
Kampfbeladung	210 Geschosse

Tulpar

Der Tulpar soll den türkischen Kampfpanzern Feuerunterstützung geben und Infanteriesoldaten in gefährlichen Umgebungen transportieren.

ASCOD Ulan/Pizarro

ASCOD Ulan

Der österreichische Ulan unterscheidet sich von Spaniens Pizarro durch die geraden Seitenschürzen, die MEXAS-Verbundpanzerung und die schräge Rohrblende der 30-mm-Mauser-Maschinenkanone.

Der ASCOD (Austrian-Spanish co-operative development) ist ein Schützenpanzer für acht Soldaten, den Österreich und Spanien 2001 eingeführt haben. Der Prototyp wurde 1991 fertiggestellt. Fünf Jahre später bestellte Spanien zunächst 144 Pizarro, im Jahr 1999 folgte Österreich mit 112 Ulan. Pizarro und Ulan unterscheiden sich deutlich voneinander. Die Panzerung des Pizarro ist an den Seiten flach und vorne abgeschrägt, sie schützt vor panzerbrechenden 14,5-mm-Geschossen. Zusätzlich kann eine SABBLIR-Reaktivpanzerung montiert werden, die vor Panzerabwehrgranaten und Hohlladungen schützt. Der Ulan hat eine MEXAS-Verbundpanzerung gegen panzerbrechende 30-mm-Geschosse. Für den aktiven Schutz verfügen beide über sechs Nebelwerfer, die auch Splitter- und Sprenggranaten abfeuern können.

Die Hauptbewaffnung ist eine 30-mm-Maschinenkanone Mauser MK-30/2, dazu gibt es ein koaxiales MG, entweder ein MG3 (Pizarro) oder ein FN-MAG (Ulan). Der Dieselmotor von MTU leistet 600 PS (Pizarro) oder 720 PS (Ulan). Die Höchstgeschwindigkeiten liegen damit bei 70 km/h und 72 km/h. Es gibt diverse Versionen des ASCOD, darunter Jagdpanzer mit einer 105- oder 120-mm-Kanone, ein Mörserträger und eine Panzerhaubitze.

AJAX

2014 bestellte Großbritannien einen modifizierten ASCOD mit der Bezeichnung Ajax. Er verfügt über eine 40-mm-Maschinenkanone und einen besseren Panzerschutz. 2004 entwickelte General Dynamics den ASCOD 2 mit einem stärkeren Motor. Seit 2015 bemüht sich Tschechien um die Beschaffung des ASCOD.

ASCOD PIZARRO

Baujahr	2001
Stückzahl	261
Gewicht	26,3 t
Länge	6,83 m
Breite	3,64 m
Höhe	2,43 m
Antrieb	Dieselmotor MTU SV-183 TE-22 mit 600 PS
Höchstgeschwindigkeit (Straße)	70 km/h
Besatzung	3 Mann (+ 8 Infanteristen)
Panzerung	Gewalzter homogener Panzerstahl + Reaktivpanzerung + Verbundpanzerung, 8 – 15 mm
Hauptbewaffnung	30-mm-Maschinenkanone Mauser MK 30/2
Kampfbeladung	200 Geschosse

ASCOD Pizarro

Der Pizarro löste in Spanien den M113 ab und kämpft mit dem Kampfpanzer Leopard 2A4. Er ist an den wellenförmigen Seitenschürzen und der kastenförmigen Rohrblende zu erkennen.

Dardo

Der Dardo ist ein italienischer Schützenpanzer von Iveco Fiat OTO Melara, der den älteren amerikanischen M113 ablösen sollte. Im hinteren Besatzungsraum finden sechs Infanteristen Platz. Die Entwicklung begann Anfang der 1990er-Jahre, und 1998 wurde er eingeführt. Neben der Hauptbewaffnung, einer 25-mm-Maschinenkanone Oerlikon KBA, verfügt er über zwei 7,62-mm-NATO-MGs und zwei Granatwerfer mit je vier Rohren seitlich am Turm. Optional kann auch ein einzelner TOW-Panzerabwehrlenkflugkörper montiert werden.

Die Wanne des Dardo besteht aus einer verschweißten Aluminiumlegierung mit einer Zusatzpanzerung aus Stahl, welche den Bug gegen panzerbrechende 25-mm-Geschosse und die Seiten gegen panzerbrechende 14,5-mm-Geschosse schützt.

Mit seinem 520-PS-Turbodiesel kann der 23,4 Tonnen schwere Dardo eine Höchstgeschwindigkeit von 70 km/h auf der Straße erzielen. Das Feuerleitsystem Galileo Avionica Hitfist ermöglicht auch aus der Bewegung heraus ein präzises Schießen. Der Richtschütze verfügt über einen Laser-Entfernungsmesser und ein Wärmebildgerät, der Kommandant über sechs Panoramavisiere und eines mit 360°-Stabilisierung.

Es wurden 200 Dardo gebaut. Zu den Spezialversionen zählen ein 120-mm-Mörserträger, ein Führungspanzer und ein Jagdpanzer mit einer 105-mm-Kanone. Von den italienischen Streitkräften wurde der Dardo 2004 im Irak eingesetzt.

Ab 2018 waren zehn Fahrzeuge in Afghanistan im Einsatz, andere unterstützten die UNIFIL-Friedensmission im Libanon.

DARDO	
Baujahr	1998
Stückzahl	200
Gewicht	23,4 t
Länge	6,70 m
Breite	3,00 m
Höhe	2,46 m
Antrieb	6-Zylinder-Turbodiesel Iveco Fiat MCTA mit 520 PS
Höchstgeschwindigkeit (Straße)	70 km/h
Besatzung	3 Mann (+ 6 Infanteristen)
Panzerung	Aluminiumlegierung + Zusatzpanzerung aus Stahl, 15 – 30 mm
Hauptbewaffnung	25-mm-Maschinenkanone Oerlikon KBA-B02
Kampfbeladung	200 Geschosse

Schützenpanzer Dardo

Der italienische Schützenpanzer Dardo sollte den M113 ablösen. Die Kanone mit ihrer großen Erhöhung, der Laser-Entfernungsmesser und das Wärmebildgerät ermöglichen den Abschuss von Flugzeugen und Hubschraubern.

ASLAV

Der ASLAV (Australian Light Armored Vehicle) ist ein leichter 8x8-Schützenpanzer, den General Dynamics in Kanada ab 1992 gebaut hat. Er basiert auf dem in Kanada entwickelten LAV-25, der wiederum auf dem Piranha II aufbaut, und ist ein hoch mobiler amphibischer Spähpanzer. Er ist entweder mit vier oder acht angetriebenen Rädern ausgerüstet und kann dank rückbaubarer Rüstsätze in sechs verschiedenen Einsatzrollen dienen: als Granatwerfer-, Führungs-, Überwachungs-, Pionier-, Krankentransport- und Bergefahrzeug.

Die voll verschweißte Wanne ist rundum gepanzert und bietet Schutz vor Kleinwaffenfeuer, zudem hält die Frontpanzerung panzerbrechenden 20-mm-Geschossen stand. Mit seinem 275-PS-Dieselmotor kommt der ASLAV auf eine Höchstgeschwindigkeit von 120 km/h auf der Straße. Die Bewaffnung umfasst eine 25-mm-Maschinenkanone M242 Bushmaster, ein koaxiales 7,62-mm-MG MAG58 und ein weiteres MG auf dem Dach. Dazu verfügt er über zwei 76-mm-Nebelwerfer mit je vier Rohren. Der ASLAV findet sich in den australischen Ausbildungs- und gepanzerten Aufklärungseinheiten, und zwar im 2nd Cavalry Regiment und im 2nd/14th Light Horse (Queensland Mounted Infantry) Regiment.

Der ASLAV wurde von den australischen Streitkräften in Osttimor, im Irak und in Afghanistan eingesetzt. Derzeit stehen 253 Fahrzeuge im Dienst. Er wird zur Zeit durch das Gepanzerte Transport-Kraftfahrzeug (GTK) Boxer abgelöst.

Ein Zug ASLAV vom australischen 2nd Cavalry Regiment feuert bei einem Gefechtsschießen während der Übung Rim of the Pacific im Jahr 2016 seine 25-mm-Maschinenkanonen ab.

ASLAV

Der Mannschaftstransportwagen hat ein 12,7-mm-MG Browning HMG auf einer Drehzapfenlafette. Sechs Soldaten können durch die klappbare Rampe am Heck und die Dachluken aufgenommen werden.

ASLAV

Baujahr	1992
Stückzahl	256
Gewicht	13,45 t
Länge	6,57 m
Breite	2,77 m
Höhe	2,43 m
Antrieb	Dieselmotor Detroit 6V-53T mit 275 PS
Höchstgeschwindigkeit (Straße)	120 km/h
Besatzung	3 Mann (+ 6 Infanteristen)
Panzerung	Gewalzter homogener Panzerstahl und AMAP-Verbundpanzerung, 8 – 15 mm
Hauptbewaffnung	25-mm-Maschinenkanone M242 Bushmaster
Kampfbeladung	510 Geschosse

ASLAV

Als Schützenpanzer verfügt der ASLAV über eine 25-mm-Maschinenkanone M242 Bushmaster und ein 7,62-mm-MG MAG 58 auf dem Dach.

VCTP

Der VCTP (Vehículo de Combate Transporte de Personal) ist ein argentinischer Mannschaftstransportwagen von TAMSE, der viele Komponenten mit dem Kampfpanzer TAM teilt. Sein Chassis basiert auf dem des Marder, ist aber größer und kann zehn Soldaten aufnehmen. Die Wanne hat eine abgeschrägte Bugplatte mit abfallenden Seiten, das Heck ist eckig und das Dach flach. Die Frontpanzerung ist 45 bis 75 Millimeter stark. Der 720-PS-Dieselmotor von MTU erreicht eine Höchstgeschwindigkeit von 80 km/h auf der Straße. Die Bewaffnung besteht aus einer 20-mm-Maschinenkanone Rheinmetall-202 im Turm, einem 7,62-mm-MG FN MAG 60-20 und zwei 88-mm-Nebelwerfern mit je vier Rohren. Neuere Modelle verfügen über eine 20-mm-Maschinenkanone Oerlikon Contraves KAD 18. Zu den Spezialversionen zählen ein 120-mm-Mörserträger und ein Führungsfahrzeug.

Der Prototyp war 1976 fertig, und der VCTP wurde 1979 eingeführt. Im Falklandkrieg 1982 wurde er nicht eingesetzt, da er als noch nicht voll einsatzfähig erachtet wurde. 1983 wurde die Produktion eingestellt, später dann wieder aufgenommen und 1995 erneut eingestellt. Seinen ersten Einsatz hatte er während der Militärrebellion der Carapintadas bei der Wiedereroberung ihrer Stützpunkte. 1992 schickte Argentinien 15 VCTP zu UNPROFOR nach Kroatien, holte sie aber drei Jahre später wieder zurück. Aufgrund von Lizenzproblemen mit seiner deutschen Technologie wurde der VCTP nie exportiert.

VCTP

Baujahr	1979
Stückzahl	350
Gewicht	31,0 t
Länge	6,90 m
Breite	3,29 m
Höhe	2,67 m
Antrieb	V6-Turbodiesel MTU MB833 KA500 mit 720 PS
Höchstgeschwindigkeit (Straße)	80 km/h
Besatzung	2 Mann (+ 10 Infanteristen)
Panzerung	Gewalzter homogener Panzerstahl, 8 – 75 mm
Hauptbewaffnung	20-mm-Maschinenkanone Rheinmetall-202 oder Oerlikon Contraves KAD 18
Kampfbeladung	880/800 Geschosse

VCTP

Die erste Serie des Schützenpanzers VCTP ist an der 20-mm-Maschinenkanone Rheinmetall RH202 zu erkennen. Spätere Serien hatten eine 20-mm-Maschinenkanone Hispano-Suiza Oerlikon Contraves KAD 18.

VCTP

Einer der 15 VCTP, den Argentinien 1992 zu UNPROFOR in Kroatien entsandte. Die Fahrzeuge trugen eine weiß getünchte Wintertarnung.

Typ 85

Der zwischen 2004 und 2005 speziell für den Exportmarkt entwickelte Typ 85 ist ein chinesischer Mannschaftstransportwagen/Schützenpanzer. Die Wanne besteht aus bis zu 14 Millimeter starkem Schweißstahl. Das Fahrzeug bietet vollen ABC-Schutz und hat zwei Nebelwerfer mit je zwei Rohren oben auf dem Bug.

Der Mannschaftstransportwagen YW531H trägt ein schweres 12,7-mm-MG Typ 14, das später durch das neue 12,7-mm-Fla-MG QJC88 ersetzt werden soll. Die Bewaffnung des Schützenpanzers YW307 besteht aus einer 25-mm-Maschinenkanone und einem koaxialen 7,62-mm-MG. Der Schützenpanzer hat eine dreiköpfige Besatzung und kann sieben Soldaten transportieren.

YW309

Der hoch tödliche Schützenpanzer YW309 hat einen Turm WZ501 mit einer halbautomatischen 73-mm-Glattrohrkanone und ein FK-Startgerät Hong Jian-73 Red Arrow. Er hat drei Mann Besatzung und Platz für acht Soldaten. Alle Typ 85 haben einen mit deutscher Lizenz gebauten 320-PS-Dieselmotor, der eine Höchstgeschwindigkeit von 65 km/h auf der Straße ermöglicht. Weitere Versionen sind die Mörserträger YW304 (82 mm) und YW381 (120 mm), der 130-mm-Raketenpanzer YW306 und die 122-mm-Panzerhaubitze YW323.

Norinco hat den Schützenpanzer Typ 85 nach Burma, Bangladesch, Sri Lanka und Thailand exportiert. Nordkorea baute ihn in Lizenz, wo auf dieser Basis auch die 100-mm-Panzerhaubitze M-1977 und der Jagdpanzer Susang-Po mit Panzerabwehrlenkflugkörpern produziert wurden. Inzwischen wurde er auf dem Exportmarkt vom Norinco Typ 90 abgelöst. Bislang hat der Typ 85 keinen Kampfeinsatz gehabt.

TYP 85 (YW309)

Baujahr	1985
Stückzahl	358
Gewicht	14,7 t
Länge	6,27 m
Breite	3,06 m
Höhe	2,48 m
Antrieb	Luftgekühlter Dieselmotor Deutz BF8L 413F mit 320 PS
Höchstgeschwindigkeit (Straße)	65 km/h
Besatzung	3 Mann (+ 8 Infanteristen)
Panzerung	Gewalzter homogener Panzerstahl, 5 – 14 mm
Hauptbewaffnung	73-mm-Glattrohrkanone mit kurzem Rücklauf, FK-Startgerät Red Arrow 73 auf der Kanone
Kampfbeladung	40 Geschosse

YW309

Der hoch tödliche Schützenpanzer YW309 hat einen Turm WZ501 mit einer halbautomatischen 73-mm-Glattrohrkanone und ein FK-Startgerät Hong Jian-73 Red Arrow.

Typ 85

Ein frühes Exportmodell vom Typ 85 mit einem 12,7-mm-Fla-MG Typ 14 in einem halbturmförmigen, offenen Schild. Der Bediener muss die Waffe im Stehen abfeuern.

TYP 89

Baujahr	1985
Stückzahl	358
Gewicht	14,7 t
Länge	6,27 m
Breite	3,06 m
Höhe	2,48 m
Antrieb	Luftgekühlter Viertakt-Dieselmotor Deutz BF8L 413F mit 320 PS
Höchstgeschwindigkeit (Straße)	65 km/h
Besatzung	3 Mann (+ 8 Infanteristen)
Panzerung	Gewalzter homogener Panzerstahl, 5 – 14 mm
Hauptbewaffnung	Schweres 12,7-mm-MG Typ 14
Kampfbeladung	1.120 Geschosse

Typ 89

Der Typ 89 unterscheidet sich nur durch etwas mehr Länge und Breite vom Exportmodell Typ 85.

Typ 92B

Der Typ 92B (oder WZ551B) ist die Schützenpanzerversion des von Norinco gebauten amphibischen 6x6-Mannschaftstransportwagens WZ551A (Typ 92/ZSL-92). Der Bug des Typ 92B besteht aus einem steil ansteigenden Unterteil und einer sanft ansteigenden Bugplatte. In der Deckplatte befinden sich zwei große, gläserne Sehschlitze, danach erstreckt sich das lange, waagerechte Dach bis zum praktisch senkrechten Heck. Der 1995 eingeführte und 13 Tonnen schwere Schützenpanzer Typ 92B kann neun Infanteriesoldaten transportieren.

Der amphibische Typ 92B besaß entweder einen fernbedienten Waffenstand oder einen oben geschlossenen Turm mit der 25-mm-Maschinenkanone ZPT-90 oder einem Nachbau der GIAT und ein koaxiales 7,62-mm-MG. Der Schützenpanzer hatte 400 unterschiedliche panzerbrechende Granaten oder Sprenggranaten für die Kanone an Bord, die eine Feuerfolge von 200 Schuss/min erlaubte.

Einige dieser Schützenpanzer hatten auch ein FK-Startgerät Hong Jian-73 auf dem Turmdach. Dazu hatte jeder Turm auch zwei Nebelwerfer mit je drei Rohren an den vorderen Seiten.

Die Panzerung des Typ 92B bestand aus dünnen, verschweißten Stahlplatten, die nur vor Kleinwaffenfeuer schützten. Der Dieselmotor hatte 320 PS, und das Fahrwerk bestand aus drei großen Rädern pro Seite. Zwei Propeller hinten sicherten die Fortbewegung im Wasser.

Sambia kaufte fünf Exportmodelle VN2A. Weitere Verkäufe sind durchaus möglich. Dazu hat Norinco zwei Export-Prototypen VN2C mit einer 30-mm-Maschinenkanone in einem fernbedienten Waffenstand gebaut.

TYP 92B

Baujahr	1995
Stückzahl	376
Gewicht	13,0 t
Länge	6,63 m
Breite	2,80 m
Höhe	2,80 m
Antrieb	Luftgekühlter Dieselmotor Deutz BF8L 413F mit 320 PS
Höchstgeschwindigkeit (Straße)	80 km/h
Besatzung	3 Mann (+ 9 Infanteristen)
Panzerung	Gewalzter homogener Panzerstahl
Hauptbewaffnung	25-mm-Maschinenkanone ZPT-90
Kampfbeladung	400 Geschosse

Typ 92B

Dieser Schützenpanzer Typ 92B (WZ551B/ZLS-92B) ist eine von vier Versionen, hier mit einem fernbedienten Waffenstand mit einer chinesischen Kopie der Maschinenkanone GIAT und zwei vierrohrigen Nebelwerfern.

ZBD-97

Der ZBD-97 (Typ 97/WZ502) ist ein amphibisches Kettenfahrzeug mit niedriger Silhouette. 2005 wurde dieser hoch tödliche Schützenpanzer/Feuerunterstützungspanzer, dessen Design stark von dem sowjetischen BMP-3 beeinflusst war, von China in den Dienst gestellt.

Der spitze Bug mit der sanft ansteigenden Bugplatte zeigt eine deutliche Schnabelform, wie sie auch spätere ZBD-2000 und ZBD-05 aufweisen. Der Panzer hat eine Aluminiumwanne und kann sowohl seine dreiköpfige Besatzung als auch sieben Infanteriesoldaten befördern. Das 20 Tonnen schwere Fahrzeug hat einen flachen, vorn abgeschrägten Turm aus Schweißstahl mit senkrechten Seiten, eine lizenzierte Kopie des Turms aus dem BMP-3.

Im Turm sitzt eine vor Ort gebaute Lizenzversion der sowjetischen 100-mm-Zugrohrkanone 2A72. Diese kann pro Minute neun bis zehn Sprenggranaten mit Splitterwirkung bis über 4.000 Meter verschießen, ebenso den in der Sowjetunion entwickelten Lenkflugkörper 3UBK10, eine Variante des AT-10 Stabber. Koaxial zur Kanone sitzt im Turm eine 30-mm-Maschinenkanone. Zur Bewaffnung des Turms zählen außerdem noch zwei dreirohrige Nebelwerfer.

Das ABC-geschützte Fahrzeug verfügt über dünne, verschweißte Platten aus Panzerstahl, die lediglich vor Kleinwaffenfeuer schützen. Die Front hält immerhin panzerbrechenden 25-mm-Geschossen stand. Das Laufwerk weist sechs kleine, gummibereifte Laufrollen in unregelmäßigen Abständen auf, und mit dem 590-PS-Motor kommt der ZBD-97 auf eine Höchstgeschwindigkeit von 65 km/h auf der Straße. Im Wasser erreicht der Schützenpanzer, angetrieben von zwei starken Pump-Jet-Propellern, bis zu 20 km/h.

ZBD-97

Baujahr	2005
Stückzahl	438
Gewicht	20,2 t
Länge	7,15 m
Breite	3,20 m
Höhe	2,50 m
Antrieb	Dieselmotor Deutz BF8M1015CP mit 590 PS
Höchstgeschwindigkeit (Straße)	65 km/h
Besatzung	3 Mann (+ 7 Infanteristen)
Panzerung	Aluminiumlegierung/Panzerstahl
Hauptbewaffnung	100-mm-Zugrohrkanone
Kampfbeladung	30 Geschosse

ZBD-97

Dieser hoch tödliche Schützenpanzer verfügt über eine Kopie der mächtigen sowjetischen 100-mm-Zugrohrkanone 2A72. Das digitale Tarnmuster ist bei der Volksbefreiungsarmee derzeit häufig zu sehen, hier ist es feldgrün mit drei weiteren Grüntönen und Sandbeige.

ZBD-2000

Dieser Feuerunterstützungspanzer ZBD-2000 (auch als ZTD-05/105 bekannt) hat eine lange 105-mm-Kanone und die typische feldgrüne digitale Tarnung für Einsätze in der Heimat.

ZBD-2000 (ZTD-05)

Die ZBD-2000, eine Familie leichter und amphibisch optimierter Kettenfahrzeuge von Norinco, wurden 2005 in China eingeführt. Sie waren als Nachfolger der älteren amphibischen Panzer vom Typ 63 gedacht. Die Marineinfanterie wollte sie für Sturmlandungen über große Entfernungen „hinter dem Horizont" einsetzen. Zu dieser Familie gehörten der leichte Feuerunterstützungspanzer ZBD-2000 (ZTD-05), auch als Sturmfahrzeug bezeichnet, der hoch tödliche, leichte amphibische Schützenpanzer ZBD-05 und der turmlose Mannschaftstransportwagen ZSD-05.

Der 28 Tonnen schwere Feuerunterstützungspanzer ZBD-2000 (ZTD-05) hatte eine für Wasserfahrten optimierte Wanne, deren Front unten von der ersten Laufrolle an steil anstieg und in einem spitzen Schnabel mündete. Die flache Bugplatte ging fast nahtlos in das Wannendach über. Hinten auf dem Dach des Dreimann-Panzers saß ein großer, vorn abgeschrägter Turm. In diesem Turm befanden sich eine chinesische Kopie der britischen 105-mm-Zugrohrkanone L7 L/52 sowie ein koaxiales 7,62-mm-MG. Am vorderen Rand des Turms waren zwei waagerecht angeordnete Nebelwerfer mit je vier Rohren montiert.

ZBD-2000 (ZTD-05)

Baujahr	2005
Stückzahl	86
Gewicht	28,0 t
Länge	9,50 m
Breite	3,36 m
Höhe	3,04 m
Antrieb	Dieselmotor von Deutz mit 550 PS
Höchstgeschwindigkeit (Straße)	65 km/h
Besatzung	4 Mann
Panzerung	Gewalzter homogener Panzerstahl
Hauptbewaffnung	Kopie der 105-mm-Zugrohrkanone ROF L7 L/52
Kampfbeladung	46 Geschosse

Auffällig waren die Staukörbe hinten am Turm. Mit dem vorn untergebrachten, kräftigen 550-PS-Dieselmotor konnte der ZBD-2000 eine Höchstgeschwindigkeit von 65 km/h auf der Straße erreichen. Im Wasser dienten zwei starke Pumpenjetdüsen am Heck zur Fortbewegung und beschleunigten den Panzer bis auf 28 km/h. Von 2005 bis 2018 baute Norinco 86 ZBD-2000. Von der Exportvariante VN-16 sind keine Käufer bekannt.

ZBD-05

Der hoch tödliche, leichte amphibische Schützenpanzer ZBD-05 ist der zweite Panzer der Familie ZBD-2000. Beide Fahrzeuge weisen Elemente des sowjetischen/russischen BMP-3 auf. Dieser Schützenpanzer von Norinco wurde 2005 in den Dienst gestellt und wurde wie der ZBD-2000 überwiegend von der chinesischen Marineinfanterie für Sturmlandungen über große Distanzen eingesetzt. Wie alle anderen Fahrzeuge der Familie hat er ein flaches, langes Chassis mit sechs kleinen und weit auseinanderliegenden Laufrollen pro Seite. Während der ZBD-2000 mit einer dreiköpfigen Besatzung auskam, hatte dieser Schützenpanzer vier Mann und konnte acht bis zehn voll ausgerüstete Infanteriesoldaten transportieren.

Der Zweimannturm des 26,5 Tonnen schweren Schützenpanzers war kleiner und saß nicht so weit hinten als der des Feuerunterstützungspanzers. Dafür war er hoch tödlich und verfügte über vier Waffen: eine 30-mm-Maschinenkanone, ein koaxiales 7,62-mm-MG, ein schweres 12,7-mm-MG auf dem Dach sowie zwei Panzerabwehrlenkflugkörper Hong Jian-73, einen auf jeder Seite.

DAS FEUERLEITSYSTEM

Auch ein hochmodernes Feuerleitsystem mit den üblichen Visieren und Entfernungsmessern war an Bord. Wie auch der ZBD-2000 war der Schützenpanzer ZBD-05 ebenfalls mit dünnen Stahlplatten leicht gepanzert, die nur vor Kleinwaffenfeuer schützten. Beide Panzer hatten flache gepanzerte Seitenschürzen, die das obere Laufwerk vor Beschuss schützten.

Von 2005 bis 2018 lieferte Norinco 214 ZBD-05 an die chinesische Marineinfanterie. Venezuela beschaffte 17 Schützenpanzer der Exportversion VN-18.

ZBD-05

Baujahr	2005
Stückzahl	231
Gewicht	26,5 t
Länge	9,50 m
Breite	3,36 m
Höhe	3,04 m
Antrieb	Dieselmotor von Deutz mit 550 PS
Höchstgeschwindigkeit (Straße)	65 km/h
Besatzung	3 Mann (+ 10 Infanteristen)
Panzerung	Gewalzter homogener Panzerstahl
Hauptbewaffnung	30-mm-Maschinenkanone ZPT-99
Kampfbeladung	600 Geschosse

ZBD-05

Dieser amphibische, hoch tödliche Schützenpanzer mit der für die Wasserfahrt optimierten Wanne hatte einen kleinen Turm mit vier Waffensystemen. Das auffällige digitale Tarnmuster der chinesischen Marineinfanterie erstrahlt hier in drei Blautönen auf Sandbeige.

ZBD-09 Snow Leopard

ZBD-09 mit 105-mm-Kanone

Der Typ 07 (auch als ZBD-09/105 bezeichnet) hat eine 105-mm-Kanone in einem mittig platzierten Turm. Die lange Kanone ragt weit über den Bug des Radpanzers hinaus.

Der 2009 eingeführte ZBD-09 Snow Leopard ist ein 8x8-Schützenpanzer nach dem Vorbild des Piranha. Zur Familie gehören neun Fahrzeuge, darunter der Schützenpanzer ZBD-09 mit drei Mann Besatzung und Platz für zehn Soldaten, der Mannschaftstransportwagen ZBD-09 mit offenem Turm und 12,7-mm-MG, der 155-mm-Mörserträger PLZ-09 und der Feuerunterstützungspanzer Typ 07 mit einer 105-mm-Zugrohrkanone. Diese drei Fahrzeuge haben einen langen flachen Rumpf. Das Fahrwerk hat je zwei eng beieinander liegende Räderpaare vorn und hinten mit großen Reifen. Der spitze, vorn abgeflachte Bug erinnert an den Piranha. Die leicht ansteigende Bugplatte geht nahtlos in das lange, waagerechte Dach über.

PANZERUNG

Der 19 Tonnen schwere Schützenpanzer ZBD-09 hat den gleichen flachen Zweimannturm wie der ZBD-05 und vier Waffensysteme an Bord: ein koaxiales 7,62-mm-MG, eine 30-mm-Maschinenkanone, auf dem Dach ein schweres 12,7-mm-MG und zwei Panzerabwehrlenkflugkörper Hong Jian-73, einer auf jeder Seite. Der Dieselmotor von Deutz leistet 440 PS. Dünne, verschweißte Stahlplatten bieten lediglich Schutz vor Feuer bis zum Kaliber 7,62 Millimeter. Nur die etwas stärkeren Frontplatten halten panzerbrechenden Geschossen bis 12,7 Millimeter stand. Die meisten ZBD-09 haben eine modulare Zusatzpanzerung, die an der Front Schutz vor panzerbrechenden 25-mm-Geschossen bietet und rundum vor 12,7-mm-Geschossen.

Von 2009 bis 2018 baute Norinco 537 ZBD-09 für die Volksbefreiungsarmee und verkaufte 13 Exportmodelle VN-1 nach Venezuela.

ZBD-09 SNOW LEOPARD

Baujahr	2009
Stückzahl	537
Gewicht	19,1 t
Länge	8,00 m
Breite	3,00 m
Höhe	2,10 m
Antrieb	Dieselmotor Deutz BF6M 1015C mit 440 PS
Höchstgeschwindigkeit (Straße)	100 km/h
Besatzung	3 Mann (+ 7 – 10 Infanteristen)
Panzerung	Panzerstahl und zusätzliche modulare Panzerung
Hauptbewaffnung	30-mm-Maschinenkanone ZPT-99 (2A72)
Kampfbeladung	650 Geschosse

ZBD-09

Der vom Piranha abgeleitete 8x8-Schützenpanzer hat in seinem flachen Turm eine 30-mm-Maschinenkanone und an dessen Seiten einen Panzerabwehrlenkflugkörper HJ-73. Dieses Fahrzeug trägt ein konventionelleres Tarnmuster in drei Farben.

K200

Der K200 KIFV ist ein südkoreanischer Schützenpanzer, der 1981 entwickelt wurde, um den in die Jahre gekommenen M113 abzulösen. 2.383 Exemplare wurden zwischen 1986 und 1993 gebaut. Der K200 war auf die Aufnahme einer kompletten Infanteriegruppe ausgelegt. Die Wanne besteht aus verschweißtem Aluminium mit aufgeschraubten Laminat-/Stahl-Verbundpanzerplatten, die Schutz vor panzerbrechenden 12,7-mm-Geschossen bieten. Gegen die elektro-optische IR-Zielerfassung verfügt er über sechs Nebelwerfer. Mit seinem 350-PS-Doosan-Dieselmotor kommt er auf eine Höchstgeschwindigkeit von 70 km/h. Bewaffnet ist er mit einem schweren 12,7-mm-MG hinter einem Schild und einem 7,62-mm-MG hinten auf einer Drehzapfenlafette.

Statt der hinteren Waffe kann auch ein TOW- oder Metis-M-Lenkflugkörper montiert werden. In der Version als Fla-Panzer hat er eine 20-mm-Maschinenkanone Vulcan K263 mit sechs Rohren. Im Jahr 2016 wurde der geschützte Cockerill-Waffenstand (CPWS) eingeführt. Er kann eine 25-mm-Maschinenkanone Bushmaster M242, Nexter M811 oder Oerlikon KBA aufnehmen oder aber eine 30-mm-Maschinenkanone Orbital AKL M230LF. Dazu gibt es ein koaxiales 7,62-mm-MG. Außerdem gibt es weitere Versionen wie 81- und 107-mm-Mörserträger und einen Führungspanzer.

Der modernisierte K200A1 von 1994 hat nun einen Turbolader für den Dieselmotor, eine automatische Brandunterdrückungsanlage und vollen ABC-Schutz. Viele K200 werden auf diesen Standard modernisiert. 111 K200A1 wurden nach Malaysia exportiert. Im Gefecht ist der K200 noch nicht eingesetzt worden.

K200 KIFV

Baujahr	1986
Stückzahl	2.383
Gewicht	12,0 t
Länge	5,49 m
Breite	2,85 m
Höhe	2,52 m
Antrieb	Dieselmotor Doosan D2848T mit 350 PS
Höchstgeschwindigkeit (Straße)	70 km/h
Besatzung	3 Mann (+ 9 Infanteristen)
Panzerung	Gewalzter homogener Panzerstahl + Laminat-Stahl-Verbundpanzerung, 12 – 30 mm
Hauptbewaffnung	Schweres 12,7-mm-MG M2HB
Kampfbeladung	400 Geschosse

K200A1

Ein malaysischer K200A1. Hier wurde das hintere MG gegen ein Flugkörper-Startgerät ausgetauscht. Zu sehen sind auch die Nebelwerfer vorn an der Wanne.

ACV-300 Adnan
Der Adnan, ein für Malaysia modifizierter ACV-15, hat eine 25-mm-Maschinenkanone M242 Bushmaster und ein leichtes koaxiales MG. Gut zu erkennen ist der 76-mm-Nebelwerfer von Wegmann am Bug.

ACV-300 Adnan

Der ACV-300 ist eine malaysische Lizenzversion des türkischen ACV-15. Dieser kleine amphibische 14-t-Mannschaftstransportwagen/Schützenpanzer mit einer zweiköpfigen Besatzung kann acht Soldaten an Bord nehmen. Im Jahr 2000 bestellte Malaysia 267 modifizierte ACV-300 bei der türkischen Firma FNSS. Diese wurden von 2001 bis 2007 ausgeliefert. Weitere 75 entstanden 2002 bei DRB-Hicom Defence Technologies (Deftech) in Malaysia.

Zu den Modifikationen des ACV-300 zählen der von Deftech in Lizenz gebaute, stabilisierte BAE/FNSS-Sharpshooter-Turm mit einer 25-mm-Maschinenkanone M242 Bushmaster und einem 7,62-mm-MG. Das Nachtsichtgerät ANVVS-2, die GPS-Navigation KVH TacNav, das Laser-Warnsystem LWD-Avimo und ABC-Filtersysteme sind ebenfalls modifizierte Komponenten. Zudem wurden Schießluken für die Infanteriesoldaten eingebaut.

Die dünne Panzerung aus Stahlplatten bietet Schutz gegen panzerbrechende 14,5-mm-Geschosse. Gepanzerte Seitenschürzen schützen vor Panzerabwehrgranaten. Vorn an der Wanne sitzt ein 76-mm-Nebelwerfer von Wegmann mit acht Rohren. Der ACV-300 hat den 300-PS-Detroit-Dieselmotor des ACV-15 und erreicht damit eine Höchstgeschwindigkeit von 65 km/h.

ACV-300	
Baujahr	2002
Stückzahl	267
Gewicht	14,0 t
Länge	5,26 m
Breite	2,83 m
Höhe	2,88 m
Antrieb	Dieselmotor Detroit 6V-53T mit 300 PS
Höchstgeschwindigkeit (Straße)	65 km/h
Besatzung	2 Mann (+ 8 Infanteristen)
Panzerung	Gewalzter homogener Panzerstahl + Seitenschürzen, 5 – 15 mm
Hauptbewaffnung	25-mm-Maschinenkanone M242 Bushmaster
Kampfbeladung	300 Geschosse

VERSIONEN

Zu den in Malaysia hergestellten Versionen zählen ein Jagdpanzer mit einem pakistanischen Lenkflugkörper Baktar Shikan und ein Schützenpanzer mit einem 40-mm-Granatenabschussgerät und einem schweren 12,7-mm-MG.

2013 setzte das malaysische Heer zwölf ACV-300 beim Angriff auf das Dorf Lahad Datu in der Provinz Sabah ein, das philippinische Aufständische besetzt hatten. Malaysia hat derzeit 211 ACV-300 im Dienst.

Typ 87

Der Typ 87 Burakkuai ist ein japanischer 6x6-Spähpanzer, der bei Komatsu entwickelt und gebaut wurde. Der Prototyp wurde 1985 erprobt, und die Serienproduktion lief von 1987 bis 2013. Die abgeschrägte Wanne aus verschweißtem 8-mm-Walzstahl bietet Schutz vor Kleinwaffenfeuer und Granatsplittern. Für den passiven Schutz sorgen eine automatische Brandunterdrückungsanlage und ein voller ABC-Schutz. Die Hauptbewaffnung ist eine bei JSW in Lizenz gebaute 25-mm-Mehrzweck-Maschinenkanone Oerlikon Contraves KBA, die eine Vielzahl von panzerbrechenden Geschossen und Sprenggranaten abfeuern kann. Als Nebenbewaffnung dienen ein koaxiales 7,62-mm-MG und zwei Granatwerfer mit je vier Rohren am Turm.

NICHT AMPHIBISCH

Der Typ 87 hat einen 305 PS starken Isuzu-Dieselmotor und erreicht eine Höchstgeschwindigkeit von 100 km/h auf der Straße. Er teilt sich das Chassis und viele Fahrwerkskomponenten mit dem Führungs- und Funkpanzerfahrzeug Typ 82, was die Wartung und Instandsetzung vereinfacht. Untypisch für einen Spähpanzer ist er nicht vollamphibisch und hat nur einen Meter Wattiefe.

ENDE DER PRODUKTION

Aus Haushaltsgründen wurde die Fertigung nach 60 Fahrzeugen vorübergehend auf Eis gelegt. Im Jahr 2011 wurde sie wieder aufgenommen, und bis 2013 wurden 111 Typ 87 gebaut. Wie alle japanischen Panzer wurde das Fahrzeug nicht exportiert und wird nur bei den japanischen Bodenselbstverteidigungsstreitkräften eingesetzt.

TYP 87

Baujahr	1987
Stückzahl	111
Gewicht	15,0 t
Länge (mit Rohr)	5,99 m
Breite	2,48 m
Höhe	2,80 m
Antrieb	V10-Dieselmotor Isuzu 10PBI mit 305 PS
Höchstgeschwindigkeit (Straße)	100 km/h
Besatzung	5 Mann
Panzerung	Gewalzter homogener Panzerstahl, 8 mm
Hauptbewaffnung	25-mm-Maschinenkanone Oerlikon Contraves KBA-B02
Kampfbeladung	140 Geschosse

Typ 87

Der japanische Typ 87 ist ein kompakter Spähpanzer auf Rädern. Er hat eine 25-mm-Maschinenkanone Oerlikon Contraves KBA-B02 und ein koaxiales leichtes MG.

Typ 89
Der Typ 89 hat eine 35-mm-Maschinenkanone Oerlikon Contraves KDE mit Doppelgurtzuführung, und die Panzerabwehrlenkwaffe Typ 79 Jyu-MAT kann Hohlladungen und Splittergeschosse mit verzögerter Auslösung abfeuern.

Typ 89

Der Mitsubishi Typ 89 ist ein japanischer Schützenpanzer aus den 1980er-Jahren. Vier Prototypen wurden von 1984 bis 1986 erprobt, und das Fahrzeug wurde 1989 in Auftrag gegeben. Die ersten Serienmodelle kamen dann Anfang 1991 zu den Ausbildungseinheiten, waren aber erst 1999 voll einsatzfähig. Geplant waren 300 Stück, aber Haushaltsprobleme sorgten dafür, dass bislang wohl nur 120 gebaut wurden.

Die Stärke der Panzerung aus verschweißtem Panzerstahl wird geheim gehalten. Der Typ 89 wird von einem 600 PS starken Dieselmotor angetrieben und ist damit auf der Straße bis zu 70 km/h schnell.

TYP 89

Baujahr	1989
Stückzahl	120
Gewicht	29,0 t
Länge (mit Rohr)	6,70 m
Breite	3,20 m
Höhe	3,75 m
Antrieb	V6-Dieselmotor Mitsubishi 6 SY 31 WA mit 600 PS
Höchstgeschwindigkeit (Straße)	70 km/h
Besatzung	3 Mann (+ 6 Infanteristen)
Panzerung	Gewalzter homogener Panzerstahl
Hauptbewaffnung	35-mm-Maschinenkanone Oerlikon Contraves KDE mit Doppelgurtzuführung
Kampfbeladung	550 Geschosse

MASCHINENKANONE MIT DOPPELGURTZUFÜHRUNG

Die Bewaffnung des Typ 89 besteht aus einer 35-mm-Oerlikon-Maschinenkanone mit Doppelgurtzuführung, die panzerbrechende Geschosse abschießen kann, und einem koaxialen 7,62-mm-MG. Es sind auch Startgeräte für zwei leichte Lenkflugkörper Jyu-MAT Typ 79 und zwei Nebelwerfer mit je vier Rohren rechts und links am Turm an Bord. Zahlreiche Periskope bieten einen Panoramablick, und auch ein Laser-Warnsystem ist vorhanden. Im Besatzungsraum finden sechs Soldaten Platz, jeder mit eigener Dachluke, Schießluke und Überkopf-Periskop.

Der Typ 89 hat zwar an internationalen Übungen teilgenommen, aber bislang nicht an Friedenseinsätzen. Die 120 vorhandenen Fahrzeuge sind alle bei der schnellen Eingreiftruppe der Japaner eingesetzt. Es wird damit gerechnet, dass der Typ 89 bis in die 2030er-Jahre im Dienst bleibt.

INTERNATIONALE ABKÜRZUNGEN

ABKÜRZUNG	NAME	ERKLÄRUNG
ACV	Armoured Command Vehicle	Gepanzerter MTW mit Kommunikations-, Führungs-, Steuer- und ISTAR-Systemen (C4ISTAR).
AFV	Armoured Fighting Vehicle	Jedes gepanzerte Kampffahrzeug einschließlich Kampfpanzer, Führungspanzer, Schützenpanzer, MTW und Spähpanzer (siehe jeweilige Einträge).
AIFV	Armoured Infantry Fighting Vehicle	Ein Schützenpanzer mit beträchtlicher Feuerkraft (in der Regel vom Kaliber 25-75 mm), oft auch mit Schießluken für die aufgesessenen Infanteriesoldaten.
AMAP	Advanced Modular Armoured Protection	In Deutschland entwickelter, fortschrittlicher modularer Panzerschutz der vierten Generation mit Nano-Keramik und hoch entwickelten Legierungen.
AMX	Atelier de construction d'Issy-les-Moulineaux	Französischer Rüstungsbetrieb.
APC	Armoured Personnel Carrier	Gepanzerter MTW mit geringerer Feuerkraft (z. B. 7,62- bis 12,7-mm-MG) und in der Regel ohne Schießluken für die aufgesessenen Infanteriesoldaten.
APS	Active Protection System	Abstandsaktives Selbstschutzsystem für Panzerfahrzeuge, um eine Bedrohung zu bekämpfen. So können Splitter abgefeuert werden, um einen eintreffenden Flugkörper ein paar Meter vor dem Panzer zur Detonation zu bringen.
APU	Auxiliary Power Unit	Ein Hilfsaggregat, das die wichtigen Funktionen des Panzers aufrechterhält, wenn der Motor steht oder im Leerlauf läuft.
ARV	Armoured Reconnaissance Vehicle	Ein hoch mobiles Panzerfahrzeug, manchmal auch gleichzeitig MTW, für Späh- und Aufklärungszwecke.
ATGM	Anti-Tank Guided Missile	Ein Panzerabwehrlenkflugkörper, der mittels Drahtverbindung auf sein Ziel abgefeuert wird. Der Bediener sitzt in der Regel geschützt im Panzer.
BAE	British Aerospace Electronics Systems	Ein multinationaler Rüstungskonzern mit Sitz in Großbritannien, der 2018 einen Umsatz von 21,3 Mrd. EUR ausgewiesen hat.
BATW-ERA	Built-In-Anti-Tandem-Warhead-ERA	Eine moderne Reaktivpanzerung zum Schutz vor Tandemhohlladungen. Diese Ladungen sind darauf ausgelegt, durch zwei Detonationen nacheinander einfache Reaktivpanzerungen zu überlisten.
BM	Battle Management	Gefechtsführung – eine militärische Funktion der Koordination und Synchronisation einzelner taktischer Maßnahmen innerhalb eines umfassenderen Plans, siehe ISTAR.
C4I	Command, Control, Communications, Computers and Intelligence	Wie ISTAR ein generischer militärischer Begriff für die Koordination und Steuerung taktischer Maßnahmen zur Entdeckung, Identifizierung und Bekämpfung gegnerischer Mittel. Auch als C2, C3, C4 oder C4ISTAR bezeichnet.
CRV	Cavalry Reconnaissance Vehicle	Eine Art des Spähpanzers der Kavallerietruppen. Diese stehen in der Tradition der alten Kavallerieregimenter, haben aber natürlich keine Pferde mehr.

ABKÜRZUNG	NAME	ERKLÄRUNG
CVR(T)	Combat Vehicles Reconnaissance (Tracked)	Eine Familie von sieben britischen Panzern, die Anfang der 1970er-Jahre eingeführt wurden.
Dual-ERA	Dual-ERA	Version der BATW-ERA-Panzerung (siehe dort).
ECM	Electronic/Electro-optical Countermeasures	Ein passives Schutzsystem, das Laser-Zielmarkierungsgeräte, Laser-Entfernungsmesser und die SACLOS-Steuerung (siehe dort) ablenkt, die einen Flugkörper ins Ziel bringen sollen.
ERA	Explosive Reactive Armour	Ein moderner Panzerschutz. Eine Reaktivpanzerkachel enthält ein explosives Element zwischen zwei Stahlplatten, das bei einem Treffer nach außen detoniert und so die Bewegung des Geschosses oder Flugkörpers durch die Panzerung aufhält.
FCS	Fire-Control System	Ein ballistischer Computer, der mit den ISTAR-Komponenten des Fahrzeugs (Visier des Kommandanten/Richtschützen, Entfernungsmesser, Periskope, Sensoren und digitales Netz) die Vernichtungskraft von Panzern (speziell Kampfpanzern) steuert.
FLIR	Forward-Looking Infra-Red	Eine moderne militärische Kamera, die die Infrarotstrahlung von Wärmequellen wie gegnerischen Fahrzeugen oder Soldaten entdeckt.
FSV	Fire Support Vehicle	Der Feuerunterstützungspanzer ist ein hoch tödlicher Schützenpanzer mit einer 90- oder 105-mm-Kanone.
GDELS	General Dynamics European Land-Systems	Europäisches Unternehmen der General Dynamics Group, das Panzerfahrzeuge entwickelt und baut.
GLONASS	Global Navigation Satellite System	Hoch präzises russisches Satellitennavigationssystem in Konkurrenz zum GPS (siehe dort).
GPMG	General Purpose Machine Gun	Das vielseitige Mehrzweck-MG ist als leichtes (auf Zweibein) und mittleres (auf Dreibein) MG einsetzbar.
GPS	Global Positioning System	Extrem präzises Navigationssystem auf der Basis von Satelliten auf einer Umlaufbahn.
ICV	Infantry Carrying Vehicle	US-Begriff für Schützenpanzer oder MTW.
IED	Improvised Explosive Device	Eine improvisierte Sprengfalle oder Mine mit Sprengstoffladung und Auslöser. Wird oft von Aufständischen eingesetzt.
IR	Infra-Red	Ein Visier oder eine Kamera, die die Infrarotstrahlung von Wärmequellen (gegnerische Fahrzeuge oder Soldaten) entdeckt.
ISAF	International Stabilization and Assistance Force	Die Stabilisierungs- und Friedenstruppen der NATO in Afghanistan (2001 – 2013).
ISTAR	Intelligence, Surveillance, Target-Acquisition and Reconnaissance	Militärische Maßnahme zur Entdeckung, Identifizierung und Bekämpfung gegnerischer Mittel. Sie erleichtert die Gefechtsführung und Führung der Truppen.
JGSDF	Japanese Ground Self-Defence Forces	Die japanischen Bodenselbstverteidigungsstreitkräfte.
K-FOR	Kosovo Force	Friedenstruppe der NATO im Kosovo im ehemaligen Jugoslawien (1999 – heute).
KMDB	Kharkiv Morozov Design Bureau	Sowjetischer (ab 1991 ukrainischer) Rüstungsbetrieb in Charkiw.

ABKÜRZUNG	NAME	ERKLÄRUNG
KMW	Krauss-Maffei (Wegmann)	Deutscher Rüstungsbetrieb, Hersteller des Leopard 2.
MACLOS	Manual Command to Line-of-Sight	Lenkverfahren für einen Flugkörper. Der Bediener verfolgt Ziel und Lenkkörper mittels eines Joysticks und bringt den Flugkörper so in das Ziel. Heute durch das anwenderfreundliche SACLOS-Verfahren abgelöst.
MBT	Main Battle Tank	Kampfpanzer – schwere (40-70 t) und sehr gut geschützte Panzer mit einer großkalibrigen Kanone (100-125 mm) in einem Turm.
MOD	Ministry of Defence	Das britische Verteidigungsministerium.
NATO	North Atlantic Treaty Organization	Die demokratische Militärallianz der westeuropäischen und nordamerikanischen Staaten, die im Kalten Krieg dem kommunistischen Warschauer Pakt gegenüberstand.
NBC	Nuclear, Biological and Chemical	ABC-Bedrohung – verschiedene nicht konventionelle Waffen, gegen die heute die meisten Panzer geschützt sind.
NBCR	Nuclear, Biological, Chemical and Radiological	Alternativer Begriff für ABC-Bedrohungen, gegen die heute die meisten Panzer geschützt sind.
NERA	Non-Explosive/Non-Energetic Reactive Armour	Zusatzpanzerung wie ERA (siehe dort), mit einer inaktiven, energieabsorbierenden Substanz (wie Gummi) anstelle der explosiven Ladung zwischen den Stahlplatten.
NLOS	Non-Line-of-Sight	Fortschrittliche Direktfeuermunition für Panzer, deren Reichweite über den Horizont hinausreicht, sodass der Schütze das Ziel nicht sehen kann.
NORINCO	China North Industries Corporation	Der größte chinesische Betrieb für Konstruktion und Bau von Panzern mit Sitz in Peking.
RHA	Rolled Homogenous Armour	Homogener gewalzter Panzerstahl war der übliche Panzerschutz bis in die 1980er-Jahre. Massive Stahlplatten, die allmählich durch eine Verbundpanzerung ergänzt oder abgelöst wurden.
RPG	Rocket-Propelled Grenade	Panzerabwehrgranate, die ein Soldat mithilfe eines Startgeräts auf einer Kleinwaffe, z. B. einem Sturmgewehr, abfeuert.
RRV	Repair and Recovery Vehicle	Mit Bergepanzern schleppen die Pioniere beschädigte Panzer ab oder reparieren sie vor Ort.
RSV	Recce and Strike Vehicle	Britischer Begriff für die Ajax-Fahrzeugfamilie, die die Rollen von Schützenpanzer und Spähpanzer kombiniert.
RWS	Remote-Weapons Station (oder Remotely Controlled Weapons Station)	Unbemannter turmähnlicher Aufbau auf einem Panzer. Die dort montierten Waffen werden aus dem Fahrzeug heraus fernbedient.
SACLOS	Semi-Automatic-Command-to-Line-of-Sight	Lenkverfahren für einen Flugkörper. Hier richtet der Schütze ein Sichtgerät (wie ein Laser-Zielmarkierungsgerät) auf das Ziel und der Flugkörper folgt dem Strahl bis in das Ziel.
SAM	Surface-to-Air-Missile	Bodengestütztes Flugkörpersystem zur Zerstörung von gegnerischen fliegenden Plattformen wie Flugzeugen, Hubschraubern und Drohnen.
SLAT-A	Slat Armour	Die Käfigpanzerung ist ein zusätzlicher Panzerschutz, bei dem Metallgestelle um Wanne und Turm gelegt werden, die gegen gegnerische Panzerabwehrgranaten oder Hohlladungsgeschosse wirken sollen.

ABKÜRZUNG	NAME	ERKLÄRUNG
SMIB	Second Machine Industry Bureau	Der größte Panzerkonstruktions- und -baubetrieb in Nordkorea.
STANAG	Standardization Agreement	Standardisierte NATO-Militärvereinbarungen.
TCV	Troop Carrying Vehicle	Alternativer Begriff für einen MTW.
TUSK	Tank Urban Survival Kit	Aufrüstungspaket für den amerikanischen Kampfpanzer M1 Abrams speziell für den Ortskampf.
UAV	Unmanned Aerial Vehicles	Fernbedientes unbemanntes Luftfahrzeug für Aufklärung oder Angriff (auch als Drohne bekannt).
UNIFIL	UN Interim Force in Lebanon	UN-Friedenstruppe im Libanon (1972 – heute).
USMC	United States Marine Corps	Die Marineinfanterie der US-Streitkräfte.
UWS	Uralwagonsawod	Sowjetischer (ab 1991 russischer) Rüstungsbetrieb für Panzerkonstruktion und -bau in Nischni Tagil am Ural. Umsatz im Jahr 2018 2,2 Mrd. US-Dollar.

FOTOHINWEISE

Alamy: 102 & 105 (Colin C Hill), 197 (Arterra Picture Library)
Amber Books/Art-Tech: 183
Australian Defence Force: 202 (Cpl. David Said)
BAE Systems: 186 unten
Dreamstime: 6 (Vladimir Zhuralev), 37 (Igor Dolgov), 41 (Katatonia 82), 46 (Victor Zastol'skiy), 47 (Igor Dolgov), 50 (Neascu Razvan Chirnoaga), 76 (Pedro Monteiro), 90 (Staselnik)
Getty Images: 118 (Greg Baker), 119 (AFP/Aamir Qureshi), 130 (Jung Yeon-Je), 136 (Raveendran)
KMW: 83
Shutterstock: 43 (Meoita), 190 (Jörg Hüttenhölscher)
Stock.adobe.com: 3 (Michele Ursi), 4 (Martin)
US Department of Defense: 7, 8 – 9, 13, 17, 19, 30, 53, 54, 57, 61, 64, 75, 86, 138 – 139, 143, 146, 147, 148, 175, 186 oben

Artworks:
Alle Zeichnungen mit freundlicher Genehmigung der Tank Encyclopedia (www.tanks-encyclopedia.com), bis auf folgende:
Amber Books/Art-Tech: 48 – 49, 58 – 59, 66 – 67, 72 – 73, 76–77, 92 – 93, 149, 151, 152, 154, 174, 184 – 185

Ebenfalls im Wieland Verlag erschienen:

David Porter

DEUTSCHE PANZER IM ZWEITEN WELTKRIEG

1939 – 1945

Dieses umfassende Buch beschreibt die Entwicklung der deutschen Panzer von den 1930er-Jahren bis zum Ende des Zweiten Weltkriegs.
Gegliedert nach leichten, mittleren und schweren Panzern, Panzerjägern, Jagdpanzern, Halbkettenfahrzeugen und gepanzerten Radfahrzeugen wird eine Vielzahl von Mustern vorgestellt – vom seltenen Flammpanzer 38(t) bis zum Panzer IV Ausf H, dem „Arbeitspferd" der Wehrmacht.
Mit technischen Daten sowie 250 kunstvollen Illustrationen und Fotos mit authentischen Farbschemata, Camouflage-Mustern und Beschriftungen ist dieses Buch ein wertvolles Nachschlagewerk.

240 Seiten, Format 213 x 285 mm, Hardcover

ISBN 978-3-948264-18-5

EUR 49,90

MILITÄR
FLUGZEUGE
Die berühmtesten Kampfflugzeuge,
Bomber und Transportmaschinen
vom 1. Weltkrieg bis heute
THOMAS NEWDICK

Lockheed F-80 Shooting Star (1944)
Suchoi Su-27 „Flanker" (1977)
Sopwith Camel (1916)
INTERNATIONALE NUTZUNG
TECHNISCHE DATEN (AV-8B)

Ebenfalls im Wieland Verlag erschienen:
www.wieland-verlag.com

Edward Ward

LUFTFAHRZEUGE DER SPEZIALEINHEITEN

Flächenflugzeuge, Hubschrauber und unbemannte Flugzeuge

Spezialeinheiten spielen in der heutigen Zeit eine immer größere Rolle und werden in den Kriegsgebieten für Aufklärung, Nachrichtendienste, Attentate und kleinere Militäroperationen eingesetzt. Sowohl militärische als auch zivile Flugzeuge werden dafür so angepasst, dass sie schnell und mit umfassender technischer Unterstützung verwendet werden können.
Dieses Buch ist nach Typen gegliedert und bietet eine kompakte Übersicht über die wichtigsten Starrflügler, Hubschrauber und unbemannten Luftfahrzeuge (UAVs), die weltweit von Spezialeinheiten eingesetzt werden.

144 Seiten, Format 213 x 285 mm, Hardcover

ISBN 978-3-948264-22-2

EUR 29,90